林地间作

王恭祎 赵波 主编

中国农业科学技术出版社

图书在版编目（CIP）数据

林地间作/王恭祎，赵波主编. —北京：中国农业科学技术出版社，2009.5
ISBN 978-7-80233-915-6

Ⅰ. 林… Ⅱ.①王…②赵… Ⅲ. 林粮间作-研究 Ⅳ. S344.2

中国版本图书馆 CIP 数据核字（2009）第 095466 号

责任编辑	鱼汲胜　宋佳佳
责任校对	贾晓红
出 版 者	中国农业科学技术出版社
	北京市中关村南大街 12 号　邮编：100081
电　　话	13671154890（编辑室）（010）68919704（发行部）
	（010）68919703（读者服务部）
传　　真	（010）68975144
网　　址	http://www.castp.cn
经 销 者	新华书店北京发行所
印 刷 者	北京富泰印刷有限责任公司
开　　本	850mm×1 168 mm　1/32
印　　张	10.25
字　　数	260 千字
版　　次	2009 年 5 月第一版　2009 年 5 月第一次印刷
定　　价	29.00 元

——— 版权所有・翻印必究 ———

编 委 会

策　划　曹广才（中国农业科学院作物科学研究所）

主　编　王恭祎（廊坊市农林科学院）
　　　　　赵　波（北京农学院植物科学技术系）

副主编　（按姓名的汉语拼音排序）
　　　　　陈学珍（北京农学院植物科学技术系）
　　　　　段碧华（北京农学院植物科学技术系）
　　　　　李　晶（东北农业大学农学院）
　　　　　元文革（廊坊市农林科学院）

编　委　（按姓名的汉语拼音排序）
　　　　　陈学珍（北京农学院植物科学技术系）
　　　　　杜宗清（廊坊市农业局技术站）
　　　　　段碧华（北京农学院植物科学技术系）
　　　　　李　晶（东北农业大学农学院）
　　　　　李树卿（廊坊市农林科学院）
　　　　　万　平（北京农学院植物科学技术系）
　　　　　王恭祎（廊坊市农林科学院）
　　　　　王明耀（廊坊市农林科学院）

王瑞华（廊坊市农业局技术站）
吴东兵（中国农业科学院作物科学研究所）
武惠肖（廊坊市农林科学院）
武月梅（廊坊市农业局技术站）
谢　皓（北京农学院植物科学技术系）
元文革（廊坊市农林科学院）
张桂海（廊坊市农林科学院）
张晓颖（廊坊市农业局技术站）
张志国（北京市密云县原种场）
赵　波（北京农学院植物科学技术系）

作者分工

前　言 …………………………… 王恭祎（廊坊市农林科学院）
第一章
　第一节 …………… 赵　波（北京农学院植物科学技术系）
　第二节 …………… 杜宗清（廊坊市农业局技术站）
　第三节 …… 赵　波，万　平（北京农学院植物科学技术系）
　第四节 …………… 武月梅（廊坊市农业局技术站）
　第五节 …………… 赵　波（北京农学院植物科学技术系）
　　　　　　　　张志国（北京市密云县原种场）
第二章
　第一节 …… 陈学珍，谢　皓（北京农学院植物科学技术系）
　第二节 ………………… 元文革（廊坊市农林科学院）
　　　　　　　　张晓颖（廊坊市农业局技术站）
　第三节 …………… 赵　波（北京农学院植物科学技术系）
第三章
　第一节 …………… 赵　波（北京农学院植物科学技术系）
　第二节 …………… 陈学珍（北京农学院植物科学技术系）
　第三节 …………… 王瑞华（廊坊市农业局技术站）
　第四节 …………… 王明耀，张桂海（廊坊市农林科学院）
第四章 ……… 王恭祎，李树卿，武惠肖（廊坊市农林科学院）
第五章 ………………… 李　晶（东北农业大学农学院）
　　　　　　　　吴东兵（中国农业科学院作物科学研究所）
第六章 …………… 段碧华（北京农学院植物科学技术系）
统　稿 …………… 曹广才（中国农业科学院作物科学研究所）

内容简介

这是一本专门论述林地间作的科技书籍。由林粮间作、林经（经济作物）间作、林菜间作、林菌（食用菌）间作、林药间作、林草间作六大部分组成。对于每类林地间作，都从立地条件和应用范围，树木和果树种类选择，与之进行间作的各类作物的种类和品种选择，具体技术要点，生态效益、社会效益、经济效益分析，应用前景等方面进行了较为详尽的论述。特别强调了在退耕还林地区严禁林粮间作。全书自成体系，既反映了发展林下经济的研究成果，也反映了生产成就。本书的理论性和实用性都较强，应该有广泛的读者范围。

前　言

林地间作，从古至今，从中国到世界，都被视为节约资源、充分利用土地的经营模式。当今，全球人口剧增、环境恶化、能源消耗和资源枯竭以及中国人多地少、农业资源紧缺的国情，开展林地间作尤为重要。各地在林地间作中取得了许多宝贵经验，创造了各种类型，显示出林地间作的优越性。目前尚无一本系统介绍林地间作的专著，介绍开展林地间作的范围、条件、类型和提质增效的模式，值得调查、研究和总结。

党和国家提出的坚守18亿亩耕地这条红线，强化农业基础，解决好粮食问题，建设资源节约型和环境友好型农业，是益荫子孙、泽及后代的可持续发展战略。林地间作的实施，符合可持续发展战略的要求，河北省廊坊市开展的林农牧高效栽培模式便是林地间作的事例。在低产立地条件下栽植速生、优质、抗逆性强的杨树新品种——廊坊杨。林木株行距4m×6m或5m×5m，栽树后的前四年在林间种植低秆作物，四年后林木郁闭度达到0.8时，林间养植食用菌、耐阴牧草或中草药，形成林农牧一体化的立体栽培模式。做到一地一水一肥多用，低投高效；农业收入弥补林业的远期见效，林业后期收入填补农业远期短缺，均衡获益；地上部分高低交错，充分利用光和热资源，地下根系深浅分布，分层利用水和肥；农牧业中耕管理，使林业以耕代抚，节省劳力。同时，将种植业与粮油加工业和畜禽养殖业加以配套，实现以林保农，以农促副，以副养畜、以畜增肥，以肥补林的良性循环。

　　事实说明，林地间作是遵循生态学原理，协调生物与环境、生物与生物、生物与资源相互适应、依存和协调。通过能量转化与物质交换，构成一个完整而复杂的生态系统。该系统对气候变化、水分循环、固定地貌、净化空气和抗御自然灾害能力起到非同小可的作用；该系统可以调控土壤微生物结构网络，采取调解土壤碳氮比、土壤三相比，控制微生物系统朝着适宜间作作物生长的土壤理化环境转化。特别是微生物与高等植物具有互利共生作用，以菌根为例，真菌的丝状体与植物活根组织形成整体，能增强高等植物根系从土壤中吸收矿物质能力，促进物质循环，植物为真菌提供了某些光合产物，相得益彰。更重要的是提高土壤肥力，改善土壤理化性能，使低质土壤得到改良；该系统使林木与间作作物地下部的根系形成垂直与水平分布各居其所，充分利用了地力。地上部分植物冠群呈梯状分布，分层接受日光，提高了光照和空气利用率；该系统中的林木间作创造了适宜生长的小环境，保障间作作物的高产、稳产与优质，而间作作物的精耕细作，又促进了林木的迅速生长，相辅相成。

　　总之，林地间作，不仅可以提高土地产出率、资源利用率、劳动生产率和抗风险能力，还可以繁荣农村经济，发展农村生产力，提高农民的生活水平和生活质量，更可以运用生物技术、信息技术、核技术、太空农业技术等高新技术，建立起一个结构合理、功能高效、物质循环，符合生态环境的新型生态农业，达到既无废弃物，又无污染的环境净化体系，步入可持续发展的农业生产道路。

　　目前，全国森林面积 17 490.92 万 hm^2，其中人工林面积 5 364.99 万 hm^2（平原占 1 900 万 hm^2），67.85% 为中幼林；全国果树面积在 20 世纪末统计为 999.32 万 hm^2，到 2006 年仅

水果面积就发展到 1 000 万 hm^2。此外，尚有 7 267 万 hm^2 未被利用而可开发的土地资源，其中 89% 的仍为低质土地，为大面积造林提供了条件。说明林木与果树下的空地与空间之大，是惊人的，也是宝贵的，为发展林下经济创造了条件。

撰写《林地间作》一书，关注焦点是适宜林地间作的范围、条件、树种、类型、间作种类和提质增效的关键技术措施。同时，还应阐述不宜间作的林地。为了保护生态环境，防止水土流失，对超过 13°的山坡林地严禁间作。在坡度 13°以下的缓坡，土层厚度达到 40cm，修成外高内低的宽幅梯田方可间作。

林地间作的类型大体有林粮间作、林经间作、林菜间作、林菌（食用菌）间作、林药间作和林草间作。本书按类型以章节形式撰写，阐述重点为每一类型中的立地条件、应用范围、间作种类、间作规格和模式以及该种质优丰产的关键技术、管理要点和病虫害防治等。

撰写《林地间作》一书，本着"市场经济为导向，实用技术为准绳，深入浅出为原则，经验资料为依据，通俗易懂为手法，提质增效为目标"的指导思想。为了增加本书的趣味性、生动性和可读性，采取理论、实践、资料于一体，典型、对比相结合的形式面世读者。

本书可供农林牧药业生产的科技人员、农业工作者和广大农民群众阅读与应用，也可供高等院校有关专业师生参考。力争为广泛开展林地间作起到推波助澜的作用。

《林地间作》一书，经曹广才先生策划，多单位合作，是集体劳动的结晶。希望广大读者对本书不妥之处，予以批评指正。

本书在出版过程中还得到了北京市属市管高等学校"中青年骨干教师培养计划"支持。

目 录

林 地 间 作

第一章　林粮间作 ·· 1
第一节　应用范围和条件 ································ 1
第二节　杨树与小麦间作 ································ 8
第三节　林果与其他粮食作物间作 ···················· 11
第四节　枣粮间作 ·· 33
第五节　林薯间作 ·· 44

第二章　林经间作 ·· 59
第一节　杨树与大豆间作 ································ 59
第二节　林棉间作 ·· 77
第三节　其他类型林经间作 ····························· 92

第三章　林菜间作 ·· 108
第一节　应用范围和条件 ································ 108
第二节　杨树与菜用甘薯间作 ·························· 112
第三节　枣树与辣椒间作 ································ 123
第四节　其他类型的林菜（果）间作 ··················· 139

第四章　林菌(食用菌)间作 161
- 第一节　林菌间作依据与意义 161
- 第二节　适宜树种、菌种和简易设施 163
- 第三节　林下食用菌栽培技术 165
- 第四节　林下种植食用菌病虫害控制 200
- 第五节　林下发展食用菌的效益分析 213

第五章　林药间作 218
- 第一节　间作体系中的林木与药用植物种类 218
- 第二节　林药间作类型 229

第六章　林草间作 271
- 第一节　林草间作的意义 271
- 第二节　可间作的牧草种类 277
- 第三节　林草间作主要种植技术 293

第一章 林粮间作

第一节 应用范围和条件

一、应用范围

在中国广大农村,无论是山区或平原,南方或北方,人口的急剧增长,土地资源的开发强度不断加大,带来了一系列生态环境和经济发展受阻的问题。诸如粮食不足、能源紧张、土地退化、水土流失严重、劳动力过剩、人均收入低等,严重影响农村的生态环境建设和经济持续发展。现实使人们认识到依靠传统的单一农业和林业生产经营方式,已无法满足人类日益增长的物质和文化生活的需要。因此,建立具有生物多样性的人工生态系统,或通过丰富农林牧渔的多种经营组合,来达到生物多样性和经济需要相结合的目的,已成为现代生态学的热点之一。

林粮间作指在幼林幼果地里,利用行间、株间空隙土地,间作低秆农作物、药材、蔬菜等,以耕代扶,疏松土壤,消除杂草。这样不仅可以合理利用土地,以短养长,保证林粮双丰收,还可减轻水土流失。

新造幼林,特别是在造林后的头几年,常常是树体矮小,根系入土浅,生长缓慢,易遭各种不良环境因子的侵害,其成活和生长均不稳定。因此,及时采取相应抚育措施,不断排除不利因子的干扰,对提高造林质量、巩固造林成果具有十分重要的意义。

林地间作

果园定植第一年后叶面积系数不足 0.1, 3 年才能接近 1。在果树结果之前,园内间作作物,可增加园内的前期收入,提高果农的积极性,同时也对促进幼树生长起很大的作用。

按照林种的主要功能和经济用途,主要林种分为防护林、用材林、经济林、薪炭林、特用林、四旁树等。林粮间作主要应用于用材林、经济林。国务院 2002 年《关于进一步完善退耕还林政策措施的若干意见》以及《退耕还林条例》中都有明文规定,为确保地表植被完整,减少水土流失,更好地巩固退耕还林成果,退耕还林后禁止林粮间作。

退耕还林原则只允许套种可采集利用叶、花、果的多年生经济植物,不得实行林粮间作。主要原因:一是套种的粮食作物争光、争肥、争水,不利于林草的生长;二是粮食作物的经营,不利于林下灌、草植被的天然恢复;三是套种粮食作物必须翻土、松土,将造成新的水土流失。退耕还林的主要目标是生态目标,最根本的目的是防止水土流失。退耕还林是着眼于中国社会经济可持续发展,为减少水土流失,改善生态环境而实施的一项重大生态工程,其目标是要解决生态问题,而全面停耕和严禁林粮间作对达到这一目标至关重要。实施退耕还林,虽然要求与农村产业结构调整相结合,但不能把退耕还林完全等同于农村产业结构调整,也不能等同于绿色通道工程和单纯的扶贫工程。如果以"既可以解决短期内收益问题,又能促进农作物生长"为由,允许在实施退耕还林时进行林粮间作,那么就不可避免地要翻动耕作层,从而发生水土流失,退耕还林的目的就不能达到。其次,在强调生态优先的同时,国家已充分考虑到农民退耕后的生计问题,制定了相当优惠的补助政策。退耕地每 $667m^2$ 每年补助原粮 $100 \sim 150kg$,现金 20 元,还一次性补助种苗费 50 元/$667m^2$,而且补助年限很长,经济林连补 5 年,生态林暂补 8 年,荒山植树地只享受种苗补助费 50 元/667m²，保证了农民退耕还林后有饭吃。如果退耕者在领取国家钱粮补助的同时，又进行林粮间作，那么国家投以巨额实施，最终还是达不到退耕还林的目的。从这一角度看，退耕还林禁止林粮间作是十分必要的。

《退耕还林条例》第六十二条规定，退耕还林者擅自复耕，或者林粮间作、在退耕还林项目实施范围内从事滥采、乱挖等破坏地表植被活动的，尚不构成刑事处罚的，由县级以上人民政府林业、农业、水利行政主管部门依照森林法、草原法、水土保持法的规定处罚。

二、适宜树种

用材林适宜树种有杨树、泡桐；经济林适宜树种有苹果、梨、枣、柿、桃、杏、李、樱桃、板栗、核桃、山楂、石榴、银杏、猕猴桃、柑橘类等。

三、适宜粮食作物

林粮间作必须做到不产生新的水土流失，不影响幼林的生长发育，间种必须选抗逆能力强、产量稳定、有一定经济价值的作物。

林下间作粮食作物，应选择植株矮小、根系浅、地表覆盖率高、有一定耐阴性的作物，如小麦、谷子、大豆、小豆、绿豆、豌豆、甘薯、马铃薯等。

玉米、高粱等作物不适于林下间作。玉米、高粱等作物生长势强，植株发育旺盛，叶片宽大，根系发达，与幼树争夺水分、养分、光照和发育空间。尤其新栽种的果树，处在缓苗或营养生长和生殖生长并进期，由于高秆作物的影响，果树生长受到抑制，推迟了盛果期的年限。

四、实施条件

果园地最好选择交通方便的地带,丘陵、坡地、平地、粮田均可。土壤质地以沙质壤土最好,pH 值 5.5~7.5 为宜。林粮间作,要求耕作层深厚、结构良好、有机质丰富、养分充足、通气性与保水性良好的土壤。林粮间作,应具备机械作业条件,粮食生产中播种收获等农事环节集中,大面积生产中,如果没有机械,造成粮食生产的损失的同时,对果树的管理也不利。在林粮间作中,粮食作物生产和幼龄树木抚育均需要灌溉,因此最好具备灌溉条件。山区只能在梯田内进行林粮间作,防止水土流失。

五、生态效益分析

农林复合生态系统符合重建生态学与丰富生物多样性的原则,近年来在世界范围内得到很大重视,成为生态农林业的一个主流。农林复合生态系统的经营,旨在使广大农民特别是山区农民摆脱贫困,使山区农林业得以持续发展。

农林复合经营在中国有悠久的历史,华北平原和中原地区是农林复合经营类型非常丰富的地区之一。而林粮间作是最普遍的类型。据初步估计,在林粮间作中采用的树种已有 150 种以上,其中以泡桐、枣树、杨树为突出的代表,特别是泡桐与农作物间作,不论其应用范围还是研究的深度都达到了相当的水平。林粮间作可以增加幼林地的覆盖度,减轻水土流失,保护和建设基本农田,提高粮食单产,还可促进幼林的生长,并保护幼林,提高森林保存率,同时还可增加林农经济收入,收到以短养长效果。

在华中和华北等地普遍推行泡桐树下间作小麦。实行桐粮间作，一般株距20~40m，每667m²栽5~6棵桐树为宜。泡桐的根系基本上不与粮食作物争肥争水。在华北地区，小麦开花至成熟期内的灾害性天气主要是干热风。与小麦单作区相比，林粮群落中5月份风速降低30%~40%，气温略降低，日蒸发量减少，土壤5cm深处的含水量提高，减轻了干热风的危害，因而促进了小麦灌浆。由于林网树木的蒸腾作用，使浅层地下水位降到返盐临界深度以下，减少土壤返盐积累，同时也为灌溉和降水对土壤盐分的淋洗创造了有利条件。由于林、沟、路三体合一，排纳汛期过多的积水，避免淋涝和灾害。排蓄结合可拦截地表径流，使宝贵的降水不外流，补充抗旱水源。树木根系的代谢和固N作用可疏松土壤，增加有机肥和矿物质含量。而深层的地下水由于蒸腾的拉力作用，水位又有一定的提高。

表1-1 不同年景的农田产量和林木生长量（单位：kg、cm、m）

年景	农田产量						6 林龄林木生长量					
	玉米		黄豆		薯类		胸径D		树高H		枝下高HV	
	网内	对照	网内	对照	网内	对照	网内	对照	网内	对照	网内	对照
常年	600	580	200	190	1 500	1 600	1.4	1.3	0.7	0.4	0.5	0.3
旱年	440	400	100	80	1 000	800	1.1	0.8	0.3	0.3	0.3	0.2
丰年	620	660	220	240	1 600	1 800	1.5	1.2	0.8	0.5	0.6	0.4
均值	553	546	173	170	1 366	1 400	1.33	0.76	0.07	0.43	0.46	0.3

表1-2 林粮间作农田产量（单位：kg）

项目	黄豆	花生	薯类	玉米	瓜类
间作	240	160	1 800	300	3 500
对照	200	140	1 600	600	3 400
增量（%）	20	14	12.5	-50	9.4

表1-3 不同间作作物的林木年生长量（单位：cm）

间作作物	树高	冠幅
花生	50	30
黄豆	55	35
瓜类	50	30
薯类	52	28
玉米	26	18
纯林	40	21

研究发现，落叶松与大豆间作使土壤酸度提高，有机质含量增加，全N、速效N、P、K的含量增加，其中由于大豆的固氮作用而使间作林土壤中N素含量增加尤为明显（图1）。落叶松间作林下土壤0~15cm和15~30cm深处容重均低于纯林及对照林。其原因是间作林下土壤的固相，尤其是上层固相显著优于纯林土壤，并且团粒结构多，土壤单粒结构多，土壤单粒排列松。

表1-4 不同林型下土壤物理性质

土壤物理性质	土层（cm）	纯林（g/cm³）	间作林1（g/cm³）	间作林2（g/cm³）	对照（g/cm³）
容重（g/cm³）	0~15	1.20	1.18	1.19	1.20
	15~30	1.25	1.23	1.22	1.26
总孔隙度（%）	0~15	51.64	52.61	52.38	51.60
	15~30	49.03	49.25	50.30	49.16
含水量（%）	0~15	0.258	0.305	0.324	0.262
	15~30	0.311	0.381	0.393	0.319

表1-1、表1-2、表1-3、表1-4分别列出了各方面的统计数据。

土壤有机质含量的多少，是衡量土壤肥力高低的一个重要指标。土壤有机质是土壤中各种元素，特别是N、P、K的重要来源。同时由于它具有胶体特性，能够吸附和解吸胶。

间作林下 0~15cm 和 15~30cm 处土壤有机质含量均高于纯林及对照林（图1）。间作林下土壤有机质含量的增加，对于提高土壤肥力及树木的生长是有利的。落叶松林由于大豆的引入，使在有机质综合分解过程中起作用的微生物种和数量发生了变化，从而表现为落叶松间作林的土壤有机质含量高于纯林。

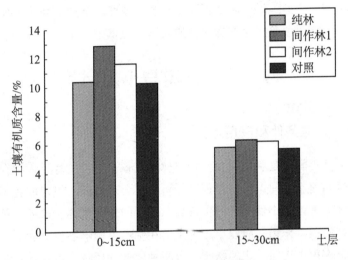

图1 不同样地内土壤有机质含量

间作林的土壤容重均低于纯林，这是由于间作林的抚育措施加强，改善了土壤结构。

间作林的土壤总孔隙度大于纯林及对照林，因而间作林土壤通气性加强，同时保水性能也要好于纯林和对照林。原因是，间作林的保水性能主要是通过水分渗入土体内部贮存起来或变为土内径流，将地表水转变为土壤水，而纯林土壤的渗透作用远不及混交林。另外，从林木根系的垂直分布看，大豆根系分布在土壤表层，落叶松根系除分布于表层土壤中外，尚有大量根系分布于深层，间作林土壤深层含水量的增加对落叶松根系从深层吸水具有重要意义。并且，良好的土壤物理性质能够增加土壤的持水能力，有利于土壤微生物活动，促进腐殖质的分解及土壤肥力作用的发挥和林木根系的穿插生长。

苏北地区杨树与粮食间作和泡桐与粮食间作地的土壤理化性质均优于对照地土壤理化性质；土壤各理化性质间密切相关；土壤全N、全P、有机质含量等都随土壤深度的增加而减少。实施林粮间作对改善土壤的理化性质及增加土壤地力是有效的。

第二节 杨树与小麦间作

一、立地条件和应用地区

林粮间作是利用粮食作物与林木在各自生长发育过程中存在的时间差、空间差上的差别进行科学、合理搭配，组建成在同一地块上种植的小麦与杨树生长周期相异的复合群体。这种林粮间作型的粮食作物一般以小麦为主，在基本不影响小麦产量的前提下，农田中按照一定的株距、行距种植部分杨树，可获得一定的林业效益。实践证明，推广林粮间作种植，能充分利用光、热、水、气、土、肥等自然资源，调节田间小气候的温度和湿度，还具有改良土壤和防止干热风危害的作用，有利于用地养地相结合，是实现大农业可持续发展、大幅度提高林木覆盖率的有效途径。林粮间作型种植形式适宜在黄淮海流域及华北平原农区推广应用。

二、杨树与小麦间作

以河北省中南部为例。

(一) 种植规格和模式

为解决杨树与小麦作物争光问题,杨树种植以南北行向为宜。每两行杨树的株行距均为2m,中间空地为10m,平均33棵/hm^2。在空地里种植小麦,小麦收获后复种夏玉米。

(二) 杨树栽培技术要点

1. 树种选择 选用适应性强、品质好、生长健壮的速生林苗木,如欧美杨107或廊坊杨等,胸径要达2~3cm。

2. 适期栽植 3月中旬至4月初为杨树的适宜栽植期。若人工挖坑为80cm×80cm,若机械挖坑则为直径60cm的圆形坑。每坑施有机肥1kg,化肥0.2kg,填土后浇透水,以利于缓苗。

3. 水、肥管理 夏季注意防旱、排涝。7月上旬完成一次追肥,然后进行中耕松土,以利保墒。在多雨年份,要及时排涝。11月中旬浇一次冻水,以保苗木安全越冬。

4. 加强苗木管理 一是修枝。在缓苗后前三年生长期内,不需要大量修枝,只需修去主干竞争枝与主干夹角小于45°的粗大侧枝及影响树下管理的低矮细小侧枝即可。修枝应在树木发芽前完成;二是浇水。结合小麦起身水、拔节水、灌浆水等,一年浇3~4水;三是施肥。追肥应在树木株间或行间进行,若这次在株间,下次宜在行间交替进行。在树下株行间各挖长50~60cm、宽15~20cm、深15cm的浅沟,将肥撒入其内。追肥应离开树干至少40cm。肥料要均匀分布,不能太集中,盖土深度要不低于15cm。追肥应以有机粗肥为主,可根据土壤情况适当掺施微量元素,如黑矾、Zn肥、K肥等。如遇到大旱年份,及时补水;四是注意防治杨树病虫害。

(三) 小麦栽培技术

1. 选用品种 宜选用早熟、矮秆、抗病、高产品种。如冀麦23、冀麦24、轮选987、京9428、农大215等。播前做好药剂拌种以防治地下害虫，有条件地区可采用包衣种子。

2. 足墒足肥下种 小麦播前要浇足底墒水，施足底肥。一般底施有机肥 $30\sim45m^3/hm^2$，磷酸二氢铵 $300\sim375kg/hm^2$，或过磷酸钙 $750\sim900kg/hm^2$，确保苗全、苗壮。

3. 适宜播期与播量 冀中最佳播期为 9 月 29 日~10 月 5 日。播量 $120\sim150kg/hm^2$，基本苗 270 万~300 万株$/hm^2$。超过适播期后，每晚播 1d 增加 $7.5kg/hm^2$ 播量。采用宽窄行播种，宽行距 26.4cm，窄行距为 13.2cm，播种深度为 3~5cm。

4. 加强冬前管理 一是小麦出苗后及时查苗补种；二是适时冬灌。从立冬始至小雪节浇好封冻水，对脱肥黄苗、弱苗要及时补肥。

5. 加强春季麦田管理 一是肥水管理。一般壮苗麦田在墒情好的情况下，春一水在起身拔节期，并随水追尿素 115~$225kg/hm^2$；第二水在抽穗扬花期。补施 75~$150kg/hm^2$ 尿素；二是化学除草与化控。春季是草害多发季节，在返青至起身期用杜邦巨星或 2,4-D 丁酯加水全田喷雾，进行化学除草。对有倒伏危险的麦田在起身后用多效唑全田喷雾，以有效控制基部第一、第二节间长度。

6. 后期抓好"一喷三防"工作 杀虫剂、杀菌剂、植物生长调节剂按比例混配喷施，以有效防治蚜虫、白粉病，防止植株早衰，提高粒重。

7. 适时收获 小麦蜡熟期及时收获。

三、经济效益分析

林粮间作主要是小麦与杨树间作。目前主要品种是窄冠黑白杨及 107 杨。由于间作树独具特色的窄冠特性，基本不与农作物争肥水、光照和空间，而且能够预防和降低干热风的危害，使小麦产量不受影响。选择窄冠黑白杨、107杨树品种，行距15~20m，株距1.5~2m，可栽种22株/667m^2，第六年可进行采伐，每株树价值160元，平均每株每年收入26元，单位面积每年增加收入580元/667m^{2}以上，小麦基本不减产，经济效益非常可观。林粮间作除了直接经济效益，还有着巨大的生态效益和社会效益。若按每株树木平均冠幅2m计算，林木覆盖面积66m^2/667m^2，折算成林木覆盖率就是10%，是平原农区提高林木覆盖的有效途径。同时可以改善农田气候，增加湿度、减缓风速、防止强光高温，起到防风固沙作用，可有效防止干热风危害。这种杨麦间作种植形式可改善当地生产生活环境，冬季防风，夏季降温，鸟语花香，气候宜人，使居住环境更加舒适，远看林海茫茫，近看麦浪滚滚，林茂粮丰，社会效益显著。

第三节　林果与其他粮食作物间作

一、立地条件和应用地区

选择生态环境良好，农田排灌条件良好，周围没有易发生病、虫、草、鼠害和施用农药多的地块。严格注意田间卫生，彻底清除病残体。土壤性质以沙壤土最适，经改良的沙土和黏土也可，pH值6.5~7.5。不宜选用低洼易涝地和重盐碱地。土层深度要大于30cm，土壤疏松，透气性及保水性好。土壤养分含量达到中等以上肥力养分含量，30cm耕作层内土壤有机质高于1.2%，全N 0.05%~0.07%，速效P（P$_2$O$_5$）15~30kg/hm^2，速效K（K$_2$O）8~10kg/hm^2，碱解N 50~70kg/hm^2。9月底日平均气温>15℃。6~9月平均降水量200~250mm。或有人工浇灌、排涝设施。

二、种植规格和模式

果树的种类不同,种植规格和模式也不同。短枝型苹果品种株行距为(2~3)m×4m、矮化砧密植园株行距为2m×(3~4)m。新栽梨树多采用3m×5m、3m×4m的栽植形式。桃的栽植密度依品种、树形、管理水平和土壤状况等确定。主枝自然开心树形400~500株/667m^2(4m×5m,4m×6m);"Y"字树形2m×5m、2m×6m,山地3m×4m。柑橘类(3~3.5)m×4m,柿5m×5m。

栽植后在幼树两侧各延伸0.5m,培出土埂。行间空地用于间作花生、小豆、绿豆等粮食作物。

三、果树栽培要点

(一)果树定植技术要点

1. 测定植点 平地测定植点,按要求株行距在测绳上做好记号,用拉绳法测定植点。首先在小区的四周定点,按测绳上的记号插木桩或撒石灰。如果小区较大,应在小区的中间定出一行定植点,然后拉绳的两端,依次定点。

2. 挖穴 定植穴的大小,依土壤性质和环境条件而定,一般平地可挖直径1m,深1m的栽植穴,土层瘠薄的山地宜挖大穴。挖出的土应将表土和心土分别放置。要求穴壁平直,不能挖成上大下小。挖好穴后,将15~25kg土粪与部分表土混合填入穴底,使成丘状。如果下层土壤具有卵石层或白干土的土壤,必须取出卵石和白干土,然后换进好土。

在密植园中,可开成沟(最好在栽前一年开沟),沟的深度和宽度都在1m左右。为了在栽后几年不深施有机肥,可在沟的最底层放入秸秆,在秸秆上面再施入混土的粪肥。

不论是挖穴或开沟，在有条件的地方均可使用挖穴机或开沟机。

3. 苗木检查、消毒和处理 未经分级的苗木，栽植前应按苗木大小和根系的好坏进行分级，把相同等级的苗木栽在一起，以利栽后管理。在分级过程中，检查一下品种是否准确（注意观察一年生枝的特征），有混杂的苗木必须剔出。对苗木根系要进行修剪，将断伤的、劈裂的、有病的、腐烂的和干死的根剪掉。

将已选好的苗木的根系浸在20%的石灰水中进行消毒0.5h，浸后用清水冲洗。

刚从外地运来的苗木，由于运输过程中易于失水，最好在栽植前用清水浸泡根系12~24h，或在栽植前把根系蘸稀泥浆，可提高栽植成活率。

4. 栽植 将苗木按品种分别放在挖好的定植穴内。如果苗木多，应先进行临时假植，即挖浅沟，将苗木浅埋。栽植时首先将根系舒展开，一人扶直苗木，另一人填土。如果栽植面积比较大，最好在小区四周设立杆、竿，并在两头有人照准，保证栽后成行。填土时要先填混有有机肥料的表土，后填心土。待根系埋入一半时，轻轻提一提果苗，使土壤与根密接，边填土边踩。苗木栽植后，接口要略高于地面，待灌水后，土壤下沉，接口即与地面平。

5. 栽后管理 在风大的地区，苗木栽植后要设立支柱，把苗木绑在支柱旁，以免树身摇晃。栽后应立即筑一灌水盘，并灌透水，使根系与土壤密接。待水完全渗进后封土，防止水分蒸发，以利根系恢复生长。成活后芽萌动前，进行定干。

（二）果树修剪技术要点

目前生产上采用矮化丰产栽培技术，幼果树重在培养树形。对常绿果树采用疏枝达到养型，使果树树林通风透光，枝条均匀分布；对于落叶果树桃、李、梨等，生产上常采用"Y"字型和杯状型树型，梨采用倒"人"字型拉枝或双层篱架整形。成年果树修剪整形。采果后修剪，用果剪剪去病枝、残枝、枯枝、弱枝。冬季，落叶果树进入休眠开始进行修剪。常绿果树的修剪在春梢抽生前，老叶最多将脱落时进行。

1. 幼树整形

（1）定干　新栽苗木，在预定的干高以上再留出15cm左右的整形带，进行剪截。剪口以下要有5~8个饱满芽。

（2）中心干　剪留60cm左右。但要考虑第二层和第三层主枝的位置。

（3）主枝选择原则　选择基角较大、发育充实、方向适宜的3个分枝作为第一层主枝。层内距离40cm。若一年选不够，可分两年完成。第二层主枝两个。第三层主枝一个。要上下层插空排列，并根据砧木种类和品种特性确定层间距，一般为80~100cm。

（4）主枝修剪方法　主枝一般在一年生枝的饱满芽处短截，选留外芽作剪口芽。具体剪留长度，还要根据培养侧枝或大型枝组的位置灵活掌握，并把剪口下第三芽留在适宜的方向（一般留在背斜侧），以便抽生适宜的侧枝。剪口芽可根据延长枝需要延伸的方向留外芽、侧芽或里芽外蹬。距剪口较近的上位芽，应当除去。剪截之后，同层主枝头最好在一个水平面上。同时注意控制强枝、扶持弱枝，促使各主枝间的平衡生长。整形带以下的分枝，一律不疏不截。个别角度小、生长旺的，可拿枝使其水平或下斜。

（5）侧枝　在主枝离主干60cm左右的地方，选留第一侧枝。第一层主枝的第一个侧枝应各留在主枝的同一侧，角度大于主枝，剪后的枝头低于主枝的枝头。

(6) 枝组配置原则　在主枝上两个同侧的侧枝之间和侧枝上配置侧生的、背斜的或背后的大型枝组，其间距为60cm左右。大型枝组之间和靠近外层或内膛部位，可配置中型枝组。小型枝组则见缝插针。根据各地情况，可以大、中型枝组为主，也可以中、小型枝组为主。

(7) 枝组培养方法　可先截后放或先放后截。骨干枝上的直立枝，应先重截，去强旺留中庸，或去直立留平斜，以控制其高度，培养成中、小型枝组。幼树、旺树可多采用先放后截的方法。

(8) 辅养枝　不用作骨干枝和枝组的枝条，可作辅养枝处理。一般是缓放不截。权将其角度扩大到比骨干枝更大一些。如有空间，个别也可短截，使分枝后缓放。

(9) 直立枝和徒长枝　如有空间，可拿枝缓放，促使缓和生长、形成花芽结果；如无空间，则应疏除。

2. 结果树的修剪　修剪之前，先观察树体结构、树势强弱及花芽多少等，抓住主要问题，确定修剪量和主要的修剪方法。

(1) 辅养枝　如过密过大的，则根据树势、当年产量，分期分批地疏除。一般应先疏除影响最大或光秃最重的大枝。

(2) 中心干　如树体已达到预定高度，可在第五主枝的三叉枝处落头开心；如上强下弱，可用侧枝换头或疏去部分枝条，其余枝条缓放；如上弱下强，可将上层一部分一年生枝短截，增加枝量，促进其生长势。

(3) 主枝和侧枝　梢角过小或过大的骨干枝，应利用背后枝或上斜枝换头，抬高或压低其角度。若与相邻树冠或大枝交叉，则将之适当回缩。空膛严重的树，可将主枝回缩到第四或第三侧枝处，复壮内膛。

(4) 外围枝和上层枝　一般应采用疏放结合的修剪方法。

疏枝的原则是疏除强旺枝，保留中庸枝；疏除下垂瘦弱枝，保留健壮枝；疏除直立枝，保留斜生枝。留下的枝条缓放不截，以减少外围和上层的枝量，改善内膛光照条件，缓和外围和上层的生长势，尤其是旺树和成枝力较强的品种，更应如此。外围枝先端已经衰弱的树，则应适当短截延长枝，加强其生长势。

（5）枝组　先疏去部分过密的枝组，以利于通风透光，再回缩过长的、生长势开始衰退的枝组。从全树讲，应分批分期进行，3~5年轮流回缩复壮一遍。对弱树，则早些回缩。回缩部位应在有较大的分枝处。对于无大分枝的单轴枝组或瘦弱的小型枝组，一般应先缓放养壮之后，再行回缩。

（6）直立枝和徒长枝　可培养为枝组，填补空间。无用的应及时疏去。

（三）果树的夏季修剪

1. 苹果的夏季修剪方法

（1）开张角度　利用拉、撑、坠、压等方法，加大主枝、侧枝角度，扩大树冠，提高坐果率，增进果实色泽和品质。多在萌芽后进行。

（2）花前复剪　从芽开绽到开花。根据树的负担量，对花芽过多的树，要适当剪掉枝条；花量少的树，把冬剪误认为花芽而保留下来的枝，按要求缩剪更新。腋花芽枝，一般剪留2~4个腋花芽；成串花芽枝，一般留1~3个花芽。

对萌芽力弱的品种，在冬剪的长枝于发芽后进行复剪（二次剪），剪除枝条顶端萌发的芽，可促使下部增加萌芽数而成中、短枝，有利于促进后期形成花芽。

（3）疏枝　疏去树冠内部过密无用的枝条。

（4）扭梢　冬剪采用里芽外蹬时，萌发后将没有停止生长的里芽枝、竞争枝、直立枝、徒长枝和果副梢，从基部扭转

180°，使梢尖下垂，适当破坏输导组织。在新梢基部半木质化时进行。

（5）拿枝　对竞争枝、强旺的枝条，以及部位不适当的其他枝梢，在有空间可以利用时，将这些枝梢从基部开始，用手轻折。适当折伤木质部，发生轻微的折裂声使之软化，直至枝条折平，或梢部下垂，改变其方位。休眠期在花芽刚要萌动前，生长季在新梢刚开始木质化时进行。

（6）环剥及倒贴皮　根据需要在多年生辅养枝基部，或在枝条不适当长放后的脱节处，以及在主枝、主干上根据枝条的粗细，剥去宽 0.5～1cm 的一圈或半圈树皮。也可将剥下的一圈树皮，上下颠倒，重新贴在切口上，用塑料薄膜包扎，以利愈合。环剥可使伤口以上各类枝条加速营养物质的积累，促进花芽形成，并能使伤口以下部位发生枝条。在叶丛枝、短枝停止生长时进行。

（7）短截　夏季新梢生长有一定长度时，对部位适合，有空间，需要分枝培养枝组时，可短截枝条，以便促进分枝。如果发枝力强，可连续截短加以控制。幼树各级枝头生长到 40～45cm 的，剪去 5～10cm，促发二次枝。

（8）摘心　果台副梢尚未停止生长，而生长又较强时，可对果台副梢进行摘心，以提高坐果率，并有利于果实的发育。幼树在新梢二次生长将停止时，摘去新梢的生长点，控制营养生长，有利于新梢的成熟，从而提高苹果幼树枝条的越冬性，防止冬春枝条的抽条现象。

2. 桃的夏季修剪方法

（1）抹芽　萌芽后到新梢生长初期抹除剪锯口丛生梢及枝干上无用嫩梢。对整形期幼树在骨干枝上选留方向和开张角度适当的新梢作延长枝。

（2）摘心　在新梢迅速生长期进行。主侧枝延长梢在40~50cm时摘心，可促发副梢，选其方向、角度适宜的作延长枝以加速整形。对未发副梢的竞争枝应进行摘心，对已发副梢的竞争枝可留1~2个副梢剪截。内膛无用直立旺枝在有空间时可摘心或留1~2个弱副梢剪截。

（3）剪截　在新梢缓慢生长期（7月下旬至8月中旬）对徒长性果枝和强旺枝进行剪截。在副梢大量发生时进行，一般剪去未木质化部分。

（4）疏枝　在生长期间对膛内无有的直立旺梢、过密和纤弱枝，可结合夏剪疏除，以利通风透光。

（四）果树的疏花、疏果和套袋

1. 疏花疏果

（1）苹果手工疏花疏果　遵照依树定产、按枝定量、看枝疏花、看梢疏果的原则。根据树冠大小、树势强弱和花芽多少，参照估产情况，大体确定该树的预计产量。为预防意外损失，多留10%~20%。根据树龄、树势确定具体单株的适当负载量，然后根据各主枝的大小、强弱来分担产量。一般强树枝多留花果，病弱树、弱枝少留；果台副梢生长势强的多留，弱的少留或不留。按距离16~20cm留1果或按果枝比例疏果，每2~4个新梢或5~6个短新梢（包括叶丛枝）留1果；可一个花序留1~2个果，另一花序不留果；或按副梢长度疏果，梢长的多留果，短的少留果，也可疏花序。

无论疏花、疏花序或疏果，均应在花梗或果梗中间剪断，勿伤花台或果台，保护好留下来的莲座叶和附近的花序或果实。

（2）桃树人工疏花疏果

① 按大枝、枝组依次进行，以防漏枝　对于一个枝组，上部的果枝多留，下部的果枝少留；壮枝多留，弱枝少留。先疏双

蕾双果、病虫果、萎缩果、畸形果，后疏过密果、小果等。

② 各类果枝的留果标准　一般为长果枝3~4个，中果枝2~3个，短果枝1~2个，花束状果枝1个或不留。上层枝、外围枝或大、中型枝组的先端长果枝，可以多留果（5~7个）。采果后，将之疏去，用下边的长果枝代替之。

也可疏蕾。各类果枝的留蕾数量，应提高1~2倍。

③ 药剂疏花疏果　应用药剂疏花疏果，国内外已有用于生产。

2. 套袋　一般用旧报纸制成。根据果实大小，裁成8~12开，对折，粘成长方形袋。在袋口中央剪一长2cm左右的裂口。也有做成口窄底宽的梯形袋的，可以节约纸张。此外，还可就地取材，利用其他材料制袋。

套袋一般在最后一次疏果之后，病虫开始危害果实之前进行。以桃为例，先把袋口吹开，套入幼果，袋口中央的裂口对准果柄所附着的枝条，并将之嵌入裂口，然后用麻皮等绑扎或用铁片夹住袋口即可。一般一袋套1果，但小果类可以一袋套2~3果。

（五）果园肥水管理

1. 施基肥　果树常在采果后立即施基肥，对丰产或晚熟品种在采果前施基肥。具体时间为9~10月，全园深翻土壤20~30cm，除去园内杂草杂物，与修剪枝条一并销毁。在树盘外开沟30cm深，20cm宽，施有机肥2 000kg/667m^2，果树专用肥100kg/667m^2。

2. 果树覆盖　结合施肥在果树树盘内覆盖5~10cm厚秸秆；对树膛透光性差的果树对果子着色要求较高，可以树盘覆盖银色反光膜。

3. 追肥和灌水　根据挂果量、树势以及冬季施肥量，可在果树生长关键时期追肥。在花前或花后追肥，施速效果树专用肥

$25\sim50kg/667m^2$；在果实膨大期，施速效果树专用肥 $50\sim100kg/667m^2$，灌足水分。采果后，秋冬干旱地区结合基肥灌水，促进肥料分解，满足果树后期生长。根外追肥常用的使用浓度：尿素 $0.3\%\sim0.5\%$；过磷酸钙 $0.1\%\sim0.3\%$ 浸出液；K_2SO_4 或 KCl $0.5\%\sim1\%$ 浸出液；草木灰 $3\%\sim10\%$ 浸出液；腐熟人尿 $10\%\sim20\%$；硼砂 $0.1\%\sim0.3\%$。根外追肥最好选择无风较湿润的天气，在一天内则以傍晚时较好。喷施肥料要着重喷叶背，喷布要均匀。

(六) 果实的采收、分级和包装

1. 采收方法 供鲜食的仁果类和核果类宜直接用手采摘；柿、葡萄、石榴、柑橘等宜剪摘；核桃、板栗等，则可震落、摇落或打落采收。

苹果采果时，应用手轻握果实，以食指按住果柄，向上稍托或向一侧扭折，便可使果柄与果枝脱离。应保留果柄完整，并注意保护果枝和其他枝叶。果实要轻拿、轻放，严防按伤、压伤或碰伤。

2. 采果的次序 鲜食果应先摘树冠下部，后摘树冠上部，先摘树冠外围，再摘树冠内膛，以免碰落其他果实。采果时要严防果实落地摔伤，尽量使用采果梯凳，防止折枝和踩伤树皮。

3. 分级

(1) 分级标准 依据国家制定的规格确定。如苹果、梨、桃可分为 $3\sim4$ 级，见表 1-5。

表 1-5 分级标准

	一等	二等	三等	四等
果形	具有本品种应有的形状特征，带有果梗	具有本品种应有的形状特征，可缺果梗	果实成熟，果形不限	果实成熟，果形不限

续表

	一等	二等	三等	四等
色泽	具有本品种应有的色泽,色彩占果面1/3以上	具有本品种应有的色泽,色彩占果面1/4以上	不限	不限
个头（横断直径）大形果	65mm以上	60mm以上	55mm以上	50mm以上
小形果	60mm以上	55mm以上	50mm以上	45mm以上
碰压伤	轻微,总面积不超过0.5cm²	轻微,总面积不超过0.5cm²	轻微,总面积不超过0.5cm²	不腐烂
刺伤	不允许	不允许	不允许	不腐烂
磨伤	总面积不超过果面的1/8	总面积不超过果面的1/8	总面积不超过果面的1/8	不限
梨园介壳虫	不允许	不允许	不允许	不限
虫伤	允许3处最大伤处不超过0.03cm²	允许3处最大伤处不超过0.03cm²	允许3处最大伤处不超过0.03cm²	总面积不超过5cm²
病伤	不允许	不允许	不允许	不腐烂

元帅、金冠、青香蕉、印度、倭锦、大国光为大形果,其他为小形果。

（2）分级方法　参照所在地果品分级标准,按照果实大小、着色程度、病斑大小、虫孔有无,以及碰压伤的轻重等进行分级。目前使用分级板区别果实大小。分级时,将果实送入分级板适合的圆孔,即可分出级别。

4. 包装

（1）包装容器　内销果实,一般可用简装,如条筐或竹筐。外销果实,一般用纸箱或木箱。其大小规格如表1-6。

表1-6 不同果实包装箱的规格

果品种类	果箱内部大小（cm）			隔板有无	每箱重量（kg）
	长	宽	高		
苹果	64	31	33	无或有	25
柑橘	58.5	33.5	18	有	20
葡萄	40	30	20	无	20

（2）放置衬垫物和填充物　在装果实之前，容器内需放衬垫物，使果实不与内壁直接接触。常用的有蒲包、纸张、干草等。为减少果实在贮运中的损耗，还常在容器底部和果实空隙间加放填充物，常用的有稻壳、锯屑、刨花、纸条等。

（3）装果方法　装果厚度，因肉质软硬，可分为2层、3~4层或6~7层。放置方法，因容器而异。如为圆形容器，果实宜按圆圈排列，最上层果实外沿要与筐沿相平，中间稍微高起，上面铺垫一层软草或纸，盖上筐盖，将筐盖固定。长方形容器，则将果实成行排列，层数以装满果箱或稍微超出为准。外销果品则要严格按规格选好，将果实用蜡纸或软纸包好，箱内分层放进隔板，每格放果实1个。

5. 标签　最后在包装容器上标明品种、等级、重量及产地等。

（七）病虫害防治

1. 人工防治　套袋。拾落果、剪病虫枝、深翻土壤、除去杂草杂物集中销毁；利用各种害虫生活习性及时进行捕杀和诱杀。

果实采收后，耕翻土壤，将桃小食心虫的越冬茧、舟形毛虫的越冬蛹、蚱蝉的若虫等翻到地表，将其冻死。

11月开始清洁果园，将杂草、病枝、病果、虫果清除干净，及时烧掉或深埋。当果树落叶90%以上时，在树冠下挖深60cm、宽40cm左右的沟，将落叶、杂草一同埋入沟内，上面填表土。既消灭杂草和落叶中的越冬病虫源，又增加了有机肥料。

利用害虫对越冬场所的选择性，秋后在果树大枝上绑草或破麻袋片，诱集害虫化蛹越冬，然后集中杀灭。据调查，这种方法对苹小食心虫、梨小食心虫的诱集效果可达47%~78%，对山楂红蜘蛛、枣黏虫、旋纹潜叶蛾、苹果小卷叶蛾、褐卷叶蛾等，也有很好的诱集作用，特别是越冬虫口密度较大时，其诱集效果更为明显。

结合冬春修剪，剪除有卷叶蛾或梨茎蜂的顶梢、被苹果瘤蚜危害的枝、在枝上越冬的天幕毛虫卵块或刺蛾类的虫茧、有梨大食心虫越冬的虫芽。苹果红蜘蛛、苹果小食心虫、梨小食心虫、梨星毛虫、苹果小卷叶蛾等，大都是在树干的粗皮和裂缝中过冬。2月前后，刮掉粗皮和翘皮，集中烧毁，可消灭多种越冬害虫。用毛刷或铁刷刷擦树干及枝条，消灭在枝条上越冬的介壳虫。对在土壤中越冬的害虫，于春夏季出土期，进行地面培土，闷死一部分出蛰害虫。如桃小食心虫越冬幼虫出土期在树干周围1m范围内，培5cm的土并压实，15d后再培一次。

2. 药剂防治 采用高效低毒、低残留农药或生物农药，在病虫害盛发期预防。如广谱杀菌剂：代森锰锌、百菌清、多菌灵等；广谱杀虫剂：功夫、敌百虫、抑太保、Bt等。要求最后一次使用化学农药距收获时间为30d。

在果树萌芽前喷5度石硫合剂，杀灭梨圆介壳虫、红蜘蛛、蚜虫等多种越冬害虫。在果树萌芽后、开花前喷天王星或灭扫利或0.2°~0.3°石硫合剂，可杀死山楂红蜘蛛、苹果红蜘蛛、苹果瘤蚜等多种害虫。冬季树干涂白，不但可以防止果树的日烧和冻害，而且还能消灭大量在树干上越冬的病菌及害虫。涂白剂的配比：生石灰10份、石硫合剂2份、食盐1~2份、黏土2份、水

35~40份。涂两次为好,第一次在果树落叶后至土壤结冻前,第二次在早春。

四、红小豆栽培要点

（一）选用优良品种,做好种子处理

按当地生产类型及市场需求,选择当地生产上认可的熟期适宜、高产、优质、抗逆性强的品种。尤其要注意选用抗虫、抗病（尤其当年流行性病害）品种。

播种前要对种子进行精选,确保其品种的特征特性,使苗壮、苗齐、苗匀。用选种机或人工挑选,剔除病粒、残粒、虫食粒及杂粒。纯度≥98%,净度≥98%,发芽率≥85%,水分≤13%。

种子用量为 $30.0 \sim 45.0 kg/hm^2$,提倡精播。

（二）整地施肥,适期播种

各类土壤都可。在沙壤土地种植红小豆可提早成熟。不宜重茬,因重茬可使病害加重,杂草丛生,根系发育不良,根瘤减少,降低产量和品质。必须实行2~3年以上轮作。

新栽植果树两侧各延伸0.5m,培宽0.2m、高0.2m的土埂,行间则留出3.0~4.0m的空地。前1~3年行间空地地膜覆盖栽植小豆。

1. 施足基肥 腐熟优质厩肥不少于 $15t/hm^2$,或鸡粪 $4\,500kg/hm^2$。根据土壤化验结果,施入必要的微量元素肥料。适当增施P、K肥,增强植株抗性。磷酸二铵 $75kg/hm^2$,加尿素 $35 \sim 40kg/hm^2$。

2. 翻耕整地 保持土壤墒情,无漏耕、无坷垃,使土地平整细致,适宜播种。整地作业要及时,作业全面,质量高,利于小豆生长期内排灌水。播前土壤墒情要求田间相对含水量

60%～75%。

3. 播种质量 深浅一致，要求达到一次全苗、齐苗、苗匀。

4. 播种时间 6月15～30日。采用精播机点播，行距40～50cm，株距8～15cm，深度2～3cm。采用条播机播种，行距40～50cm，株距6～10cm，深度3～5cm。

（三）田间管理

出苗后一周进行人工间苗和定苗。适期播种保苗15万～22.5万株/hm^2，晚播的应适当增加密度，最高上限为40万株/hm^2。大粒、多分枝品种可取低限密度，小粒、少分枝品种可取高限密度。

要求距离均匀、大小一致，去掉小、弱、病、杂苗。

中耕锄草要及时，于小豆封垄前结束，防止发生草荒。

夏播小豆植株长到8月上中旬开始开花，建议追尿素75kg/hm^2，或喷氨基酸复合肥。结合中耕培土，开沟深施，沟距植株10～12cm，沟深10～12cm，追肥后盖土。旱地先追肥等雨，水浇地要肥水配合，提高肥效。

（四）收获

单株上80%荚色变为该品种固有的成熟时的荚色即为该株已成熟，全田块中90%植株已达成熟标准。即可收获。

当植株上有1/2荚达成熟荚色时，可用人工分批摘荚采收。全田块已达群体成熟标准时，选晴天，人工割收，连秸秆一起运回晒场晒干脱粒。午前或16时以后收割为宜，避开中午以防止炸荚丢粒。割茬要低，不丢枝，不掉荚，放铺规整，及时拉打，损失率要小于2%。

（五）脱粒、晒干、入库

采用人工一次性收割的小豆，抢日翻晒，尽早脱粒。脱粒后抢日晒干。不得在柏油铺设的场地脱粒、晒干。脱粒、晾晒过程中不得淋雨、水浸、水渍。水分含量达13%以下时即可入库贮藏。长期贮藏的小豆必须放在清洁、卫生、阴凉、干燥的地方，严防日晒、雨淋，防止有异味物质和有毒物质的污染和病虫害侵染。

五、芸豆栽培要点

（一）播前准备

1. 平整土地，施足基肥　芸豆喜疏松肥沃、土层深厚、排水通气良好的沙壤土。精细整地和施足基肥是芸豆壮苗和丰产的关键措施之一。留作春播的土地，年前要进行秋耕，翌年春天播前10d左右灌水。施用二铵150kg/hm^{2}作底肥，然后耕地平地。为了便于灌水排涝，以起垄播种为好。

2. 选择优良品种，保证种子质量　目前生产上逐渐推广了一些优良品种，例如适合出口的红腰子豆、小白芸豆、奶花芸豆、早绿地豆、抗病高产的小黑芸豆等。作林下间作用的芸豆，应选用矮生品种。作种用的芸豆种子应是上一生长季收获的健康种子。据中国农业科学院作物科学研究所试验，在常温下存放两年之后的种子，每再多存放一年，发芽率下降10%~20%。另外，陈种子即使能发芽，长出的苗弱小，甚至出现畸形苗。种子要求大小一致，不带病，无虫孔，纯度和净度不低于96%。播种前，将种子晾晒1~2d，可促进种子后熟，提高发芽率。

（二）适期播种，合理密植

芸豆适于冷凉气候，但霜期未结束之前不宜播种。播种过早，地温低，出苗慢，易导致虫害、病害和烂种；播种过晚，影响产量。适期播种，才能保证按时成熟和丰产。中国南北气温差异很大，芸豆播期应因地制宜，一般10cm地温稳定在12~13℃以上时，才可播种。黑龙江省芸豆单作，一般5月10日前后播种，北京地区，4月上旬至5月上旬播种，四川、贵州等南方各省，3月初开始播种。覆膜栽培，播期可提前。

芸豆的播种方式，各地有很大差异。有人工穴播、机械开沟条播、人工点播器点播、播种机播种等。播种深度因土壤类型而异，重黏土为2.5~5cm，轻壤土为5~10cm。播种规格又因芸豆类型而异，矮生品种单作的行距一般为50cm，株距15~20cm；如果是穴播，穴距30cm，每穴4~5粒种子。矮生品种适宜密度为18万~22.5万/hm^2，小粒品种（百粒重小于30g）播种量约为75kg/hm^2，大粒品种播种量（百粒重大于50g）约为120kg/hm^2。

芸豆播种时，最好施用45~75kg/hm^2尿素作种肥，促进幼苗生长。沟施或穴施适量杀虫剂，以防苗期地下害虫。

(三) 田间管理

1. 灌水　芸豆幼苗期要适当控水，以保墒为主，进行蹲苗。这一时期，地温偏低，水分太多，影响根系发育，并易感染苗期病害。

但如果大气干燥，土壤绝对含水量低于10%时，应灌小水一次，灌水后中耕保墒。开花初期，水分也不宜过多，土壤绝对含水量以12%~14%为宜。开花结荚期需要较多水分，土壤含水量不能低于13%，如果此期正值雨季，一般年份的降雨能够满足开花结荚的需要，如遇干旱年份，必须及时灌水。田间积水时应及时排掉，一般连续积水2d，芸豆叶片开始变黄，甚至整株死亡。芸豆整个生育期内的灌水量多少，应根据当年降雨情况而定。

2. 追肥　在以有机肥和过磷酸钙为基肥前提下，如果播种时施过种肥，矮生芸豆幼苗期可不追肥，在开花初期，再追施N、P、K复合肥150~225kg/hm^2；如果播种时未施种肥，当幼苗有 4 片叶时，追施尿素或 NH_4NO_3 $75kg/hm^2$；开花初期追肥同上。在缺 Zn 或缺 Mo 土壤中，花期叶面喷施 1.5%～2% 的 $ZnSO_4$ 或钼酸铵溶液，增产效果很明显。

3. 中耕除草 在现代化农业中，控制杂草主要是利用除草剂。但在中国大部分芸豆产区，仍主要依靠人工除草。另外，芸豆对消灭单子叶杂草的除草剂异常敏感，使用除草剂时，一定要有选择性，不能乱用。早春播种的芸豆，幼苗期中耕除草很重要，既能清除杂草，又能保墒，提高地温。中耕时要防止伤苗伤根和损坏花荚。

4. 减少落花落荚 芸豆花荚脱落比例很大，尤其是蔓生品种，脱落比例达 60%～80%，其主要原因除了芸豆本身内部生理调节使一定比例花荚脱落外，一是开花期遇到高温干旱，花芽发育不好，或开花期阴雨连绵，受精不良；二是营养不足或过量引起落花落荚；三是病虫危害所致。减少落花落荚主要措施有如下几点：调整播种期，使花期避开高温多雨天气；适量施肥，避免因营养不良或过剩导致落花落荚；及时防治病虫害；花期喷 0.0005%～0.0025% 的萘乙酸或 0.0002% 的对氯苯氧乙酸，有一定的保花保荚效果。

（四）病虫害防治

芸豆病虫害比较严重，这是影响芸豆生产的最重要因素之一。对于虫害，目前主要是通过杀虫剂控制，效果良好。但对于病害，尤其是芸豆病毒病，还没有理想的控制药物，主要通过抗病品种的选育、轮作换茬和其他引种栽培措施，减轻或防止病害流行。

1. 主要害虫及防治 芸豆主要害虫有地老虎、蚜虫、红叶螨（又名红蜘蛛）、白粉虱、豆荚螟等。地老虎主要危害芸豆幼苗，播种时撒施适量药物，有明显防治效果。

芸豆蚜虫的危害异常严重，它不仅直接危害芸豆，还传播病毒，导致病毒病发生。受蚜虫危害的植株，叶片发黄、卷曲，严重时整株死亡。在北京地区，5月初播种的芸豆，5月底或6月初正值两叶一心，此时天气干旱，各类蚜虫大发生，必须及时喷药防治，一般用1 200～1 500倍的氧化乐果稀释液防治蚜虫，每5～7d喷一次，连续3～4次，防治效果很好。芸豆生长中后期，因雨水较多，蚜虫危害较轻，可视具体情况进行防治。

当天气干旱时，红叶螨危害严重，主要症状是叶片呈淡黄色，并布满白色褪绿点斑。对于红叶螨要早发现早防治，用三氯杀螨醇防治效果良好。

白粉虱是近几年才发生的一种芸豆害虫，白色，具翅，长0.5～1.0mm，迁移危害。主要通过针状口器吸吮叶片汁液，并传播病毒。温室大棚中，可用药烟熏蒸防治，大田中目前还没有好的防治方法。

对于豆荚螟，要早防治，一旦幼虫入荚，防治效果很差。豆象是芸豆贮藏期主要虫害，它产卵于豆荚籽粒上，危害发生于贮藏期，在30℃，70%相对湿度下，4周内即可完成生活史。主要防治措施是对收获晒干后的种子用AlP（磷化铝）进行密闭熏蒸，每50kg籽粒的用药量为10g，熏蒸时间为3～5d，熏蒸后的种子不再发生豆象，不影响发芽力和食用。

2. 主要病害及防治 芸豆病害很多，但只有在适宜的条件（主要是温度和湿度）下才能发生。不同季节，不同土壤条件下，发生病害的种类有很大差异。在地势低洼、湿度较高的热带，细菌和真菌病害比较严重；在干旱气候条件下，病毒病易流行。

（1）普通花叶病毒病（BcⅢ） 发病初期，叶片皱缩，同时出现花叶和畸形叶，感病植株萎缩，生长停止，不再发生新根，严重者枯死。种传率达20%~50%；田间由蚜虫、白粉虱传毒。主要措施是早治蚜虫和白粉虱，轮作，采用抗病品种。

（2）芸豆炭疽病　由真菌引起，在低温高湿（如14~18℃，100%的相对湿度）下易发病。主要症状为叶片出现锈色或略呈紫色的病斑，并逐渐变为黑褐色，叶柄和叶脉底面症状尤为明显。茎上病斑完全呈黑色。荚上病斑开始较小，但数目很多，呈棕红色，病斑中间有略呈圆形、边缘为暗棕色的晕圈，之后病斑渐大，最终直径可达6mm。炭疽病对芸豆危害很大，但有效的防治药物不多，最好的防病措施还是采用抗病品种和轮作换茬。因炭疽病病菌孢子能在土壤中至少存活2年，所以轮作周期至少为3~4年。

（3）芸豆白粉病　为真菌性病害。除危害芸豆外，还对豌豆、多花芸豆、利马豆等危害严重。在湿度大、田间通风不良的条件下，易发生白粉病。主要感染叶片、茎、荚果，感病部位形成一层白色粉末，擦掉白色粉末后，出现一个棕色或紫色病斑。感病的荚发育迟缓或呈畸形，籽粒品质和产量下降。主要防治措施是在发病初期，喷撒杀真菌剂，有一定的控制效果。最佳措施是采用抗病品种。

（4）芸豆疫病　由细菌引起，在高温高湿条件下易发病。主要症状为早期叶片上出现小水浸斑，逐渐发展成大的棕色坏死斑。豆荚上的水浸斑发展较快，能侵占大部分豆荚面积，呈砖红色。芸豆疫病主要是种传病害，使用无病菌种子很重要。另外，发病初期喷撒含Cu杀菌剂，防治效果良好。

（五）收获与贮藏

适时收获，妥善贮藏，是保证芸豆丰产又丰收的重要环节之一。收获早了，影响籽粒饱满度；收获晚了又因炸荚或阴雨天而减少产量。一般当80%的荚由绿变黄，籽粒含水量为40%左右时，应立即开始收获。在美国的大型农场中，常使用化学落叶剂，促使叶片脱落，同时促进成熟一致，便于机械收获，减少因不利天气可能带来的损失。收获后的籽粒应立即在太阳下晾晒或机械干燥，使籽粒含水量降到15%以下。对刚收获的种子，最好先人工晾晒，当籽粒含水量降至18%以下时，再用烘干机械干燥，因为当籽粒含水量高时，机械干燥易导致籽粒皱缩，种皮破裂，发芽率下降。如果籽粒含水量在25%以上，干燥温度不能高于27℃；含水量低时，温度可以高一些，但也不能超过32℃。在美国，一般是先自然晾晒至籽粒含水量为18%，然后机械干燥至贮藏所允许的含水量。另外，收获白粒芸豆时，要特别注意避开雨水，沾雨籽粒变污变黑无光泽，品质明显下降，蔓生芸豆要分次收获。

干燥后的种子在进库贮藏之前，要进行清选和分皱，带病带虫种子不能进库。芸豆种子进库之前还要用AlP（磷化铝）熏蒸，如果仓库容积较小，又能密封，在库中熏蒸即可；如果仓库较大，应分批熏蒸后再入库。贮藏种子允许的含水量，因各地气候条件不同而有所变化。在中国南方各省，温湿度较高，贮藏种子含水量不能超过11%；北方各省干旱少雨，库中通风良好，种子含水量允许为13%。在北京地区，常温下贮藏，种子含水量为13%，3~5年内能保持70%左右的发芽率。

六、绿豆、豌豆等栽培要点

（一）绿豆栽培要点

1. 品种选择与精选种子 按当地生态类型和市场需求，因地制宜选择熟期适宜、优质、高产、抗逆性强的优良品种。种子播前要进行精选，挑除病粒、杂粒、硬粒。

2. 选地 绿豆耐瘠薄，对土壤要求不严，一般选择地势平坦，保水保肥，排水良好，肥力中等的地块，避免选择重迎茬地块。

3. 整地与施肥 在秋翻地的基础上，早春进行耙耢和镇压，做到平、碎、净。绿豆生育期短，需肥集中，所以应以底肥一次性施入。农肥与化肥结合，优质农肥 $10\sim15t/hm^2$，化肥施用 $(NH_4)_2HPO_4$ $150kg/hm^2$。绿豆对微肥敏感，施入微量元素肥料效果明显，一般施量 $5\sim10kg/hm^2$。

4. 播种 播种时间以5月上中旬为宜。播前灌水。播种量 $20kg/hm^2$ 上下，肥地少些，瘠地多些。行距 $40\sim50cm$。播种深度一般 $4\sim5cm$ 为宜，可以点播或条播，下籽要散落，便于间苗。

5. 田间管理 绿豆喜单株生长，不论点播或条播都不能留簇苗、双苗。一般保苗17万~20万株/hm^2。当第一片复叶出现时进行间苗；当第二片复叶出现时进行定苗。间、定苗时要本着肥地宜稀，薄地宜密的原则，去小留大，去弱留壮，去杂留纯。绿豆苗期耐旱，进入花期需水剧增，此时天旱要及时灌水，以免水分不足造成严重落花落果。根外追肥，用 0.4% KH_2PO_4 与 1% 尿素混合，或用4%多菌灵悬浮液加1%尿素及3%过石混合液，进行叶面喷洒。

6. 收获 当有2/3的荚已成熟即可进行收获。一般面积小，劳力充足，可以分批收获，先熟先收，后熟后收；面积大，劳力不足，要一次收获。收获后要及时脱粒，晾晒，防止捂垛出芽。

（二）豌豆栽培要点

1. 选用优种 应选用早熟、矮生或半蔓生品种，并进行密植栽培。豌豆播种前经晒种 $1\sim2d$，可提高出苗率。

2. 选地与整地 豌豆最忌连作。冬前耕翻，土壤封冻前浇足封冻水，播种前要深翻土壤，适量施腐熟厩肥和 $(NH_4)_2HPO_4$ $150kg/hm^2$，可以促进豌豆出土整齐，幼苗健壮，增强抗逆力。

3. 播种方式 豌豆在早春土壤化冻后即可播种。矮生种适于条播，行距 60cm，株距 8~10cm，播深 2~3cm。播后适当镇压。播种量 20~30kg/hm²。

4. 田间管理及收获 豌豆苗出齐后浅松土一次，以利提高地温，促进发根。在豌豆开花期、结荚期视土壤墒情浇水 2~3 次。在生长中期根据苗情随浇水适当追施 N 素化肥。发现豌豆叶背面有潜叶蝇的幼虫时，可用来福灵 30ml/667m²，杀虫霜 200g/667m²，加水 50kg/667m² 喷雾，既可防治潜叶蝇又兼治蚜虫。在豌豆开花期于下午 16 时以后用逮杀威 100g/667m² 加水喷雾防治豌豆象。豌豆生长中后期如发现白粉病，可以用粉锈宁 1 000 倍液喷雾防治 1~2 次。

豌豆早熟品种 80d 以上便可成熟。收获宜在早晨或傍晚进行，以减少炸荚落粒损失。可分次采收。

七、经济效益分析

小豆投入种子 45kg/hm²，种子参考价 8 元/kg。肥料 450 元/hm²，机械整地播种 450 元/hm²，化学除草 90 元/hm²，田间管理 300 元/hm²，收获 600 元/hm²。总投入 2 250 元/hm²，产量 2 250kg/hm²，市场参考价 6 元/kg，收入 12 600 元/hm²。纯收益 10 350 元/hm²。

芸豆一般产量 1 100~1 500kg/hm²，投入与小豆相近，市场参考价 8 元/kg，收入 6 000~10 000 元/hm²。

绿豆、豌豆与小豆相近。

第四节 枣粮间作

枣树为多年生落叶乔木，对环境条件的适应力强，具有地下根量较少，地上枝叶稀疏，落叶早，发芽晚，遮阳少等特点。与农作物间作不仅能充分利用光、热、水、肥资源，而且可以起到调节田间小气候、防干热风的作用，还可防风固沙、保持水土。因此，在中国北方各省枣区，长年与粮食作物间作，取得粮枣双丰收。与枣树搭配种植的粮食作物有小麦、谷子、大豆、玉米等，一般粮食产量比平作不减产或略有增产，但总体经济效益高。

一、枣粮间作的理论基础

（一）枣树与间作作物之间存在着差异较大的物候期，有利缓解肥水竞争的矛盾

枣树是发芽晚、落叶早、年生长时期比较短的果树。以河北省廊坊为例，枣树一般在春季4月中下旬萌芽、长叶，到10月中下旬落叶，小麦则在10月上旬播种，翌年6月上中旬收获，枣树与小麦的共同生长期在80~90d。在枣树尚未进入旺盛生长、树冠叶幕尚未形成时，小麦已基本完成返青、起身、拔节的生长过程。4月底至6月上中旬是小麦孕穗至成熟期，以吸收P、K肥为主，N肥为辅。而枣树正是长叶、分化幼芽和生长新枣头的时期，以吸收N肥为主，P、K肥为辅。因此，枣树与小麦间作，争肥争水的矛盾不大。6月上中旬枣树进入开花坐果期，需肥处于高峰期，小麦则开始收获。而刚刚播种的大豆、谷子等作物，尚处于出苗期，需肥量较小，一般不影响枣树的开花坐果。9月中下旬枣树采收后，为储备营养物质，枣叶需P、K肥数量上升，但小麦尚处在出苗期，对P、K肥吸收量较小，而且小麦播种前又施足了底肥，故此期枣树与小麦争肥的矛盾不大。

（二）枣树特有的树冠结构和枝叶分布特性，有利于提高光能利用率

枣树树冠较矮，枝条稀疏，叶片小，遮光少，透光率较大，

实行间作种植基本不影响间作作物对光照强度和采光量的需求。如枣树与小麦间作，小麦从返青到拔节期，要求一定的光照强度和采光量，而此时枣树刚刚萌发不久，基本上不影响小麦的光照。5月上旬至6月初，小麦进入抽穗、扬花、灌浆成熟期，要求光照强度和采光量仅为全光照的25%～30%。此时枣树枝叶进入速长期，枣叶展开后，单叶面平均在7.4～9.8cm^2，随风摆动形不成固定的阴影区，基本上可满足小麦对各生育阶段光照的要求。枣树与谷子或豆类间作，由于谷子、豆类都属于光饱和点较低的耐阴作物，因此间作可满足其对光照的要求。枣树与夏玉米间作，虽然夏玉米是喜温作物，光饱和点较高，但由于是C4植物，光补偿点较低，具有短日照、高光效的特点，在弱光照下仍可积累较多干物质，故枣树与夏玉米间作也能满足其对光照的要求，且有较高产量。

（三）枣树根系与间作作物根系在土壤中的分布不同，有利于充分利用肥水资源

枣树根系的分布以水平为主，集中分布在树冠内30～70cm土层内，占根系总量的65%～75%，树冠外围根系分布稀疏，密度小，而间作作物的根系则集中分布在0～20cm的耕层内。枣树主要是吸收30cm以下深土层肥水，且以树冠内为主。而间作作物主要吸收20cm内耕层的肥水，以树冠外为主。因此，枣粮间作能够充分利用不同土层肥水资源。

（四）枣粮间作能够改善土壤肥力，有利于用地与养地有机结合

枣粮间作系统具有较高的生物量，收获后残留物较多，特别是枣树，除去果实外，其余枝叶残留物均埋于土壤内，能提高土壤的有机碳含量。同时，由于枣树林网的防护作用，可降低有机物的分解速率，免受侵蚀，减少了淋溶，较好地保持了有机质和

养分含量较高的表土层，肥力水平提高，固 N 菌数量降低。固 N 菌数量是对土壤缺 N 的适应性反应。据南京林业大学徐呈祥等对有关数据分析，单种麦田的纤维细菌数量和纤维分解强度为 100%，而与枣树间作的麦田这两项指标的相对值分别为 106.5% 和 36.5%。0~20cm 深土层转化酶的活性，枣粮间作田也显著高于单种麦田，中等肥力麦田的平均值为 4.78，而枣树行间麦田的值达 6.94。因此，合理的枣粮间作既有益于区域生态系统的良性循环，又能充分合理地利用土地资源，是用地与养地相结合的较好方式。

（五）枣粮间作能够改善田间小气候，有利于提高间作作物抗灾减灾能力

在北方干旱地区，进入 5 月下旬以后，由于空气湿度极小，常造成干热风，这样容易使小麦早衰，从而减产。如与枣树进行间作，由于枣树蒸腾作用提高了园区的空气湿度，同时枣树的防风作用也减轻了干热风的危害程度，进而达到间作作物增产的目的。据南京林业大学徐呈祥等观测，枣粮间作田的气温在 5~9 月较一般大田降低 0.10℃，而相对湿度提高 2.5%（其中尤以 6 月的差异较大，间作田气温比对照低 0.33℃，相对湿度高 7.34%）；蒸发量平均降低 9.5%；耕作层土壤含水量提高 2%~5%，发生的干热风次数大为减少，风速减小，危害减轻，提高了间作作物的抗灾减灾能力。

二、枣粮间作的种植模式

根据各地种植经验，枣粮间作的种植模式可归纳总结为以下几种。

（一）以枣为主、以粮为辅的间作模式

枣树株行距为 4m×6m，每 667m^2 栽植枣树 27 株。或者采用

双行带状型间作模式,即大小行种植,株距4m,小行距4m,大行距10m,每667m²栽植枣树24株。这种模式,适用于地多人少的地区。

(二) 以粮为主、以枣为辅的间作模式

枣树行距较大,一般行距以15m为宜,株距4m,每667m²栽植枣树11株。或采用株距4m,小行距4m,大行距18m双行带状型间作模式,每667m²栽植枣树15株。这种模式,适用于人多地少的地区。

(三) 枣粮兼顾的间作模式

枣树株距4m,行距8m,每667m²栽植枣树21株。或采用株距4m,小行距4m,大行距12m双行带状型间作模式,每667m²栽植枣树21株。这种模式,适合于人口、土地均衡的地区。

各地应根据生产条件和需要因地制宜选用不同的种植模式。

三、实施枣粮间作的关键性技术

枣粮间作的关键技术是调节好枣树与间作的农作物之间争肥、争水、争光的矛盾,以实现枣粮双丰收。

(一) 因地制宜选择适宜的种植模式

掌握适当的栽植密度对空气温度、湿度、光照和风速都有明显的影响,也是影响枣粮产量的重要因素。因此,要根据栽培目的,因地制宜,统筹安排,选用不同的种植模式。

(二) 选择适宜的种植行向

枣树种植行向对枣树和间作的农作物的产量均有一定的影响。实践证明,南北行向栽植枣树,冠下受光时间较均匀,日采光量也大于东西行向的日采光量。因此,栽植枣树一般以南北行向为宜。

（三）适当控制枣树高度

树体高度与接受直射光量多少有一定关系。为了提高光能利用率和经济效益，树体高度应控制在 6m 以下，定干高度应在 1~1.5m 为宜。

（四）合理修剪，控制树形

据考察，树冠形状对枣树和间作作物的生长及产量有不同程度的影响。枣树树冠郁闭，枝条拥挤，通风透光不良，结果部位外移，坐果率下降，同时加重了对间作作物的影响。因此，树冠形状以疏散分层形为宜。

（五）间作作物的选择与配植

枣粮间作在光能利用上存在矛盾，由于树冠遮阳，导致靠近树体的间作作物产量下降。而由于田间小气候的改善，又使距树干一定距离的间作作物产量增加，形成明显的增产区和减产区。增产区和减产区的分界线因作物种类不同而异。光饱和点较低的冬小麦和夏大豆是在距主干 2m 左右处，增产面积超过减产面积，减产区的宽度等于枣树的冠径。光饱和点较高的夏玉米和夏谷界线则是在距主干 4m 左右处，减产区面积超过增产区面积，减产区的宽度是枣树冠径的 2 倍。实践证明，由于麦类植株小，根系分布浅，光饱和点较低，且物候期与枣树物候期相互交错，是枣粮间作理想的作物；豆类耐阴性强，生长期短，成熟又早，自身又具有固 N 作用，是实行枣粮间作较好的作物；而玉米、谷子、高粱等光饱和点较高的杂粮类作物与枣粮间作必须搞好合理布局和配置，采取"矮－高－矮"或"矮－中－高－中－矮"的配置组合，才能达到枣粮双丰收。

四、枣树//小麦//大豆

目前，中国北方各省主要枣区进行大面积枣粮间作，采用的间作作物布局与种植结构大多是枣树与冬小麦//大豆或枣树与冬小麦//夏玉米或枣树与冬小麦//夏谷。以下以河北省中东部沧县、大城一带的金丝小枣//小麦//大豆为例阐述枣粮间作的种植技术。

(一) 种植规格

为解决枣树与间作作物之间争光的矛盾，枣树种植以南北行向为宜。选择以粮为主、以枣为辅的间作模式。枣树行距15m，株距4m，每667m^2栽植枣树11株。

(二) 枣树栽培要点

1. 选苗 选用二年生的主干直、侧枝明显、根系完整、无机械损伤、无病无虫、优质健壮的金丝小枣苗木。

2. 栽植

(1) 种植时间 具体栽植时间应遵循春晚、秋早、夏连阴天的原则。河北省春季栽植可在3月中下旬；夏季栽植宜在7～8月份；秋冬栽植宜在10月下旬。

(2) 栽植方法 按株行距定点位挖坑，一般坑深35cm，直径30cm。栽时把树苗垂直放入坑中，先填表土，后填心土。填平后，将树苗向上稍提，使根系与土壤密切接触，并扶苗踩实土坑，同时在树苗周围培土，成为高于地面5cm左右的圈坑，以利浇水，待水渗完，覆干土培成土台。

(3) 注意事项 一是盐碱较重的土壤栽植枣树应采取良好客土、铺肥、覆盖薄膜、栽前掘坑、晒土淋碱等改碱措施。丘陵地区栽枣树也应采取客土、施肥等措施以利于枣苗成活；二是夏季栽植枣树，要剪除部分侧枝或叶片，以减少水分蒸发；三是在寒冷地区秋季栽植枣树时，如苗木较小，栽后应采取埋干、绑草等防冻措施；四是枣苗远途运输，必须在起苗、蘸浆包装好后进行。

3. 枣树的管理

(1) 肥水管理

① 适时施肥 根据枣树的树龄大小、树势强弱、结果量、土壤状况等确定施肥量。

秋施基肥：一般在果实采收后于树周围开沟施足基肥，每株成龄结果树，一般施有机肥 50~70kg，P 肥 1~1.5kg，尿素 0.5kg。

适时追肥：一般在花期和幼果期各追施一次速效化肥，做到 N、P、K 合理搭配，不可单一追施 N 肥，以免造成徒长而引起落花落果。

② 合理浇水

催芽水：4 月上旬枣树发芽前浇一次催芽水，以促进枣树枝芽萌发和花芽分化，以利枝条健壮生长。

花期水：花期是枣树需水最多的时期，及时浇水可防止因干旱引起的焦花，减少落花落果。浇水时期一般在 6 月初枣树"开甲"前进行。

幼果水：一般在 7 月上旬枣树生理落果后进行，可促进果实生长发育，减少后期落果，提高坐果率。

(2) 整形与修剪

① 枣树的整形 树形以疏散分层形为宜。

疏散分层形：有主枝 7~8 个，第一层有主枝 3~4 个，第二层 2~3 个，第三层 1~2 个。第一层主枝与第二层主枝层间距 100~120cm，第二层与第三层间距 50~60cm。每个主枝上再选留 2~3 个侧枝。各主枝要插空选留，侧枝要合理搭配匀称，使之充分占满空间。

定干：枣树生长比较缓慢，定植后 2~3 年内不必剪截。当小枣苗高 120~150cm、径粗 2.8~3.5cm 时即可定干。若剪口下整形带内的二次枝生长细弱时,可从基部剪除,利用主干上的主芽萌发抽生新枣头,培养成中心主干和主枝;若剪口下整形带内的二次枝基部粗达1.5cm时,除将第一个二次枝由基部剪除,利用主芽培养中心枝外,其下3~4个二次枝留一枣股剪掉,利用枣股主芽发枣头培养主枝。

② 枣树的修剪　枣树的修剪可分为冬季修剪和夏季修剪。

A. 冬季修剪　一般在枣树落叶后至翌年4月上旬,对结果期枣树或老树更新进行冬季修剪。

结果期枣树的修剪　修剪可增加骨干枝,增生新枣头和新枣股,加大结果面积,保持高产稳产和各骨干枝分布均匀,中小枝条疏密适中,通风透光良好。对幼果树修剪是为培养骨干枝。盛果期枣树进行适当修剪结合"开甲"能高产和不断增生新枝,使树势不断复壮,但不宜重剪,一般掌握"一疏、二缩、三培养"的原则。一疏,即疏除轮生枝、交叉枝、并生枝、重叠枝、过密枝和病弱枝,使其树冠打开层间,通风透光,为保留下的各级枝条创造良好的生长条件;二缩,回缩下垂的骨干枝和细弱冗长的结果枝组,抬高枝头角度,一般回缩至生命力强的壮股、壮芽处,使其萌生新枣头;三培养,经上述修剪后,膛内萌生出一些新枣头,对这些枣头每60cm左右选留1个,培养成枝组,把过密的疏掉。对留下的枣头,在5月下旬至6月上旬,进行夏季摘心,抑制延长生长,促进二次枝的生长,增加枣股数,提高产量。一般盛果期枣树修剪后,枣股留量以2 000~2 500个比较合适,能保持连年高产稳产。

老树更新修剪　衰老树表现一般都是各级枝生长衰退,主侧枝上枣股和多年生枣头上的二次枝死亡,枣吊抽生少而且短,生长弱,开花少,坐果率低,如及时更新修剪可恢复树势和产量。根据树势衰老程度和有效枣股的多少,进行轻、中、重更新处理。轻更新：当树体刚刚进入衰老期，有效枣股在 1 000 ~ 1 500 个时，应采取轻度回缩的办法，剪掉枝条总长的 1/3 左右，压缩至良好分枝处，以新分枝代头。并进行照常"开甲"，使其保持一定的产量；中更新：当枣树二次枝及枣股大量死亡，产量急剧下降，有效枣股在 500 ~ 1 000 个时，可采取中度更新的办法，即锯掉骨干枝总长度的 1/2，并停甲养树 1 ~ 2 年；重更新：当枣树骨干枝秃棵，各级枝大量死亡，有效枣股在 300 ~ 500 个时，可进行重度更新，在向外生长的壮枝、壮股处锯掉骨干枝总长度的 2/3，使其萌发新枝，并停甲养树 2 ~ 3 年，以利于新树冠的形成。

B. 枣树的夏季修剪 一般在 5 月下旬至 6 月中旬进行。包括新梢生长期间的疏枝、开角、摘心和"开甲"等，均应在未木质化以前及时疏掉，以减少养分消耗，提高坐果率。

开角：即开张主、侧枝的角度，对幼树整形。一般第一层主枝的角度保持在 50°左右为宜，可用木棍支撑或铅丝、绳拉，也可用坠石法下压。

摘心：当幼树高达 1.5m，即可在定干高度进行摘心，以促进侧枝的发生和主干的充实。其他枣头萌发后，当年生长较快，应依据其生长强弱及枣头着生部位进行摘心，弱枝、水平枝、二次枝上的枣头轻摘，强旺枝、延长枝和更新枝上的枣头重摘。一般摘掉 10cm 左右，摘心口下保留 4 ~ 6 个二次枝为宜。摘心时期多在盛花期进行。

开甲：枣树开甲能够起到节流养分的作用。开甲后暂时隔断了叶片制造的有机营养向根部运输的通路，使其积累在枝叶上，有利于开花结果，提高产量。开甲适期在半花蕾期，即每株枣树的开花量达 30% 时进行，此时"开甲"、坐果率高、甲口愈合好。枣树多在 15 年生以后，进入大量结果期才开始第一次"开甲"。初次开甲的枣树，甲口距地20~30cm处主干上开始，以后逐年上移，两年之间甲口相距3~5cm。开甲方法是先用刮刀将树干老皮刮掉一圈，宽1~1.5cm，深以露出白色韧皮部为宜，随即用快刀在刮口处横切一圈深达木质部，切断韧皮。再在其下相距0.4~0.6cm处横切一圈（与上等距）切线要直，最后把两横口中间的韧皮扒出。注意甲口下缘应外倾斜，这样不易积存雨水，有利甲口愈合；开甲后3~5d将甲口涂药泥，以防病虫侵害；对小树（未达15年生）、弱树、破肚树不开甲；不到开甲适期不开甲；更新复壮可停甲养树。

（3）病虫害防治 枣树病虫害主要有枣黏虫、枣尺蠖、桃小食心虫、枣疯病等。

具体内容详见第三章第三节。

（4）适时收获 枣果在完熟期收获为宜。完熟期收获的枣果含糖量高，水分少，色泽深艳，果肉饱满、品质良好。

(三) 小麦栽培要点

详见本章第二节。

(四) 大豆栽培要点

收获小麦后及时灭茬浅耕，力争在6月20日前完成播种。

1. 选用优良品种 选用冀豆12、中黄13、科丰14、冀黄13、中黄15等优质高产品种。播前去除小、杂、病、虫粒并晒种，以提高发芽率。用50%锌硫磷乳油1 500ml/hm^{2}加水90kg/hm^{2}进行药剂拌种，以防治地下害虫。

2. 合理密植 一般用种量75~90kg/hm^2。（40~50）cm×40cm、50cm×30cm大小行种植。出苗后及时查苗、定苗，留苗15万~30万株/hm^2，留苗株距约10cm。

3. 化学除草 出苗后，杂草3~5叶期，用10%的盖草灵乳油600~750g/hm^{2}加水675kg/hm^{2}喷施防治。

4. 加强田间管理 封垄前中耕培土1~2次。初花期结合浇水追施尿素150~225kg/hm²。花荚期要喷施叶面肥0.2%磷酸二氢钾、0.15%的钼酸铵或0.1%~0.15%的硼酸溶液600~750kg/hm²，利于增加抗性，保叶增粒重。鼓粒灌浆期要依土壤墒情浇水1~2次。

5. 除治病虫 用12.5%禾果利可湿性粉剂3 000倍液或20%粉锈宁乳油450~600ml/hm²加水750kg/hm²可有效防治大豆锈病。用10%益舒丰颗粒剂1 000倍液或1.5%菌线威乳油3 500倍液灌根，株灌0.25~0.5kg可防治大豆囊线虫。用4.5%高效氯氰菊酯乳油450~900ml/hm²喷雾可防治棉铃虫、豆荚螟、豆天蛾等。用10%吡虫啉可湿性粉剂3 000倍液或5%大功臣可湿性粉剂2 000倍液可防治大豆蚜、烟粉虱等害虫。

6. 适时收获 整株豆荚呈现原品种的色泽、豆粒变硬或摇动有响声，并且植株尚有10%左右的叶片未落完时即可人工收获，有利于提高产量和品质。机械收获要稍晚些，在完熟期收获较好。

第五节 林薯间作

一、立地条件和应用地区

可选择山地、平原的幼龄果树地。土壤性质以沙壤土最适，经改良的沙土和黏土也可，pH值6.5~7.5。不宜选用低洼易涝地和重盐碱地。应用于≥0℃积温3 700℃以上的平原、丘陵地区。

二、树种选择

选用树龄1~3年的桃树、苹果树、梨树幼龄果树。

三、甘薯品种选择

（一）甘薯品种的分类

1. 高淀粉专用型品种 高淀粉专用型甘薯品种，鲜薯干物率高，淀粉含量一般在22%~26%。有的高淀粉专用型品种还具有一定的抗"糖化"、抗"褐变"等优良加工品质特性和抗病性。品种有徐薯25，商薯103，皖薯31，绵粉1号，遗字981，梅营1号，遗字306等。

2. 食用兼淀粉用型品种 徐薯18，皖薯3号，川薯59，秦薯4号，豫薯8号等。

3. 优质食用型品种 优质鲜食用及食品加工用品种，薯肉颜色黄至橘红，薯块光滑，色泽好，商品薯率和鲜薯产量较高，可溶性糖、胡萝卜素、维生素C、蛋白质含量高，熟食味甜、细腻、纤维少、口感佳。品种包括徐薯34，北京553，京薯1号，遗字138，西农431，济薯22，广薯182，栗子香等。

4. 高产、早上市鲜食型品种 品种包括苏薯8号，郑红2A-1，烟薯27，普薯23，郑薯20，商薯10等。

5. 薯脯、薯干、冷冻食品加工型品种 用于出口冷冻薯块及加工薯脯。薯肉为淡黄色、黄色或淡红色，干物率中等或稍高，可溶性糖、维生素、蛋白质和矿物营养成分含量较高，抗"褐变"、粗纤维少、口感佳。例如，红东，秦薯5号，苏薯1号，徐薯55-2，龙岩7-3等。

6. 食用兼饲用型品种 苏薯9号，南薯99，农大22，绵薯4号等。

7. 紫薯食用型品种 例如，广紫薯1号，宁紫薯1号，京薯6号，群紫1号，徐紫1号等。

8. 色素提取加工型品种 色素提取加工型品种，其鲜薯胡萝卜素含量大于 10mg/100g，或花青苷含量大于 30mg/100g，综合性状较好。据日本研究，紫色素具有很好的耐光耐热性。现代医学研究发现，花青素具有抗氧化功能，可清除体内的自由基，食用可增强人体免疫能力。具体品种如维多丽，徐薯 22-5，波嘎，烟紫薯 176，山川紫等。

（二）优质食用甘薯的国内外标准

1. 优质食用甘薯的国外标准 在国际市场上，食用甘薯首先要求颜色、味道、外形好，薯肉黄至红色，而且商品价值高。如美国将甘薯的外观质量分为 10 级，1 级商品性最好，薯块长 8~23cm，直径 5~8.8cm，薯形好，薯块完整无瑕疵；若薯块长度、粗度、块重等项均高于 1 级和 2 级薯块标准指标，但仍符合市场需求的，为大薯，商品性则属等外品。薯块品质评价每项指标也分为 10 级，10 级为最高级，6 级或低于 6 级为差。美国人偏爱薯肉深红色、肉质甜黏细腻、纤维少的品种。日本对食用甘薯外观质量要求类似于美国，市场偏爱皮色紫红、薯皮光滑、薯形规格基本一致、细长（长 10~20cm，直径 4~8cm）的薯块，品质方面喜欢肉色黄而均匀、口感粉甜、纤维少的品种。

2. 优质食用甘薯的国内标准 目前国家尚未对商品甘薯制定统一的质量标准。但国内个别中、高档食用鲜甘薯生产经营者，根据市场的需求提出了一些食用甘薯的标准。这些标准各地因开发的产品和市场需求不同而有较大差异。例如，多数地区要求食用甘薯的薯块重量为 300~500g，而在上海、杭州等地超市上推出一种"迷你甘薯"，即单个薯块只有 50~100g，质地细腻，风味浓，很适合家庭微波炉烘烤或整块蒸煮及粗细粮搭配食用，深受消费者喜爱，销售价格比普通甘薯高 4 倍。

3. 优质食用甘薯的内在质量要求和外观质量要求

（1）内在质量要求 不同类型的商品薯，对其内在质量要求的标准不同。在确保符合国家卫生安全指标的前提下，不同的用途对其内在质量有不同的要求。例如，作为烤薯专用的，要求薯肉为黄色或橘红色，糖分含量高，水分含量稍大，待烤熟后水散失30%左右，食之软面甜香，这时的软硬程度正适合人们的口感需要。如果作为蒸煮用的食用薯，肉色应以黄色、橘红色、浅黄色为主，也可以是白色，水分含量要求比烤食型的要小些，因蒸煮后薯肉水分散失很少，水分过大的品种，食之不面，有水溿之感。熟食味道要纯正，粉质适中，口感香、甜、糯、软，或栗子口味，纤维少。干物率、淀粉含量特别高的品种，除用作加工淀粉外，也可用于薯泥、薯酱等甘薯食品的加工。熟制薯干、薯脯、薯条要求甘薯含水量中等偏高，色泽以黄、红为主。水果型的甘薯要求水分含量大，色泽黄、红，糖分及维生素含量高，生食脆甜，水果味好。提取色素专用型甘薯，要求薯肉色素含量要高，如薯肉紫色类型的日本绫紫、烟紫薯176等紫色素含量特别高。生产和包装时，要针对不同的销售目的，选用不同类型的甘薯品种。

（2）外观质量要求　不同类型的甘薯，对其外观质量要求有一定差异，但在多数方面大体一致。归纳起来有以下几点。

①对病虫薯的控制要求　要求包装的甘薯不带黑斑病、软腐病、茎线虫病和黑痣病，无水浸、无受冻、无虫眼等。带有极小黑斑病斑和少量黑痣病的薯，可作为低档商品薯进行包装。病斑明显的不能作为商品薯包装出售，可改为饲用或切晒薯干用。

②对薯形及表皮光滑度的要求　各类商品薯通常要求薯形为纺锤形或长纺锤形，两端较钝，皮色鲜艳，表皮光滑，无横沟，无纵沟，根眼浅，以利于食用或加工时削皮。

③对薯皮色及表皮完整度的要求　在包装同一品种甘薯时，

要挑选皮色一致的薯块。无论哪种品种，都要求皮色要鲜润。各类商品薯对表皮的要求，都是要最大限度地保证表皮的完整。薯块表皮的完整度与薯皮色的鲜艳度有着密切关系，因为表皮损伤后，裸露部分甘薯组织中的酚酶会发生酶促反应，这部分甘薯组织表面变成褐色。甘薯表皮创伤后渗出的细胞汁液成了各种病菌的培养基，在温、湿度满足的条件下会孳生霉菌，使薯皮颜色变成灰、黑色等。因此，表皮的完整度越高，薯块外观质量越高。在包装时，薯块表皮的完整度是确定商品薯等级的主要依据，在薯块无病、大小适中的前提下，薯块表皮完整度达到98%以上、薯皮色鲜如初的为精品。

④ 对薯块大小的要求　一般食用型甘薯薯块以重200~500g的中型为好，微波炉专用的以50~100g为好。用作薯脯、薯干、薯酱、糕点等食品加工的商品薯则要求以大型薯块为主，因大的薯块剥皮省工。薯块的长粗比例要适当。同一等级、同一包装内薯块大小要基本整齐一致。国际市场以100~400g的薯块最受欢迎，再经分级，提高整齐度。

⑤ 对薯块净度的要求　薯块中间不夹杂残留茎叶、细根、土、石块等。薯块表面无泥土，如带泥土时必要时进行洗涤。

（三）北京地区对食用甘薯的消费特点和要求

优质食用型甘薯品种要求可溶性糖含量5%以上，肉色黄至橘红，干物率25%以上，产量不低于当地推广品种。并具备早收高产、薯形美观、食味好、商品性好、抗病、耐贮等特点。

四、种植规格和模式

打垄时根据果树行距。一般果树行距为4m，每行间打4~5垄，垄距为60~70cm。

五、甘薯栽培技术要点

(一) 育苗技术

甘薯育苗分为冷床育苗、酿热物温床育苗、电热温床育苗、火炕育苗等方式。

1. 苗床建造

(1) 冷床建造　育苗地一般要选择背风向阳、靠近水源、有利排水、土壤疏松和3年以上没有种植过甘薯的肥沃土地。在冬季或早春结合施足基肥（$52.5\sim60.0t/hm^2$优质粗肥）深翻一遍，排种前再翻松，耙碎整平，做成宽畦。一般畦宽$1.0\sim1.2m$为宜，畦和畦之间要做20cm宽的土埂子，踩实，便于管理和排灌。畦的长度要由地块的大小来决定背风向阳、水源方便、便于管理的地方。

选好床址后挖床。床宽一般$1.2\sim1.3m$，长度根据排种量而定，深度$30\sim50cm$，100kg种薯需苗床$4\sim5m^2$。

(2) 温床建造　温床底部构造呈屋脊型，中间高，四周低，于床底四周靠壁挖好宽20cm、深15cm的通气沟，并引出通气沟至地面，用绑好的芦苇秆堵住通气口，以便通气和灌入腐熟人粪尿调节酿热物。

① 酿热物材料　酿热物材料主要是农作物篙秆和家畜粪便等能够发酵放热的有机物质。酿热物要求选用比较新鲜、未经发酵的材料。玉米、稻秆等应预先切碎，亦可选用花生蔓、甘薯蔓等。有机肥以马、羊粪（含高温纤维菌）为佳，发热快，温度高。猪、牛粪亦可。一般作物篙秆的C/N约72∶1，不能满足微生物活动需要，所以应加适量的人粪尿水或N素化肥，再适当加些石灰或草木灰，调节pH值至8左右，以中和酿热物在分解过程中产生的酸性物质。

② 酿热物填放　填放酿热物方法有两种。一是先铺上 $1/2\sim1/3$ 切碎草料，摊匀踩实，用 $1:3$ 粪水浇湿，铺上畜粪，撒些石灰，然后照样重复铺叠一次，最后铺上 5cm 厚过筛的湿润土杂肥作苗床土，搭架盖上薄膜保温。待床温稳定上升到 20℃ 以上时排薯；二是预先把切碎的草料浸湿，加粪水、石灰调匀，填入坑内摊匀，盖好薄膜，待酿热物温度上升到 35℃ 时，选晴天中午揭膜踩实，铺上床土即可排薯。

（3）电热温床建造　选背风向阳、地势平坦而稍高、靠近水源和电源的地方建苗床，一般以东西向为好。苗床的长度和宽度可根据线的长度和是否适合剪苗等制约条件确定，一般宽度为 $1\sim1.5m$，两床之间要留出 1m 的空间以方便操作。床深一般为 40cm。底垫 13cm 厚的碎草，草上铺马粪，或把碎草和马粪等酿热物加水掺均放在苗床底层。在酿热层上铺 7cm 厚筛细的床土，踩实整平。这样做，不但能够酿热保温，还能够提供营养。踩实整平非常重要，不但是以后能否顺利铺线的基础，而且对温度是否保持一致起着至关重要的作用。如果高低不平，电热线的高低就不一致，导致同一平面温度不同，使出苗时间不一致，管理困难。

布线：用两条长度等于苗床宽度的小木条，在上面钉上钉子，为方便以后缠线。因为光照在苗床上分布不均匀，所以为了保持苗床温度的一致性，线的稀密应有所不同。一般是中间稍稀；两边稍密，南面因为有两床之间的道路，阻挡了一部分光照，应该比其他地方更密一点。钉好钉后把木条放在苗床两头固定好，然后布电热线。布线前先要用欧姆表测试电热线是否通畅，发现问题及时修复。然后计算床的面积和线的长度的关系以计算出缠绕的圈数，最后把木条埋入土中，要求缠线的钉子高度相同以保证所铺的线能够贴近苗床平面。铺线要求 3 人合作，两人在两面管理拉线,要求拉线要紧,线要与苗床平面接触,床的两头电热线稀密要一致。一人负责往返放线,要求不但不能使线打折,而且要检查线有无破损,发现破损及时用绝缘胶带封好。布线后盖土,土要提前筛细,盖土时要特别注意不能使线挪动,可先横着压紧几道,踩结实,使电热线初步固定,防止大面积铺土时由于用力过大使线发生错位。地温计的入土深度有很大的学问,太高和太低都不能准确表示出种薯周围的实际温度,所以要在床的两边和中央位置插几根木棍,方便以后插地温计。如果不插木条,不但以后地温计的深度无法确认,而且可能发生由于插地温计而使绝缘皮破损的现象。土压紧踩实之后,把两面的木条取出,用土压紧露出的电热线,如果线的长度不够,可以从中间绕回,注意不要使线接触,以免两根线接触使温度过高烧坏绝缘皮。最后用欧姆表检查线路是否畅通,确保安全无误。

(4) 建造火炕苗床 床址选在地势稍高、不易积水,背风向阳的地段上。苗床一般东西向,不同地区应结合本地特点因地制宜。

苗床一般长 6m、宽 3m。苗床内先挖 3 条沟作为火道。沟宽 0.3m、沟距 1.1~1.2m。3 条火道以横火道相连。中间火道与加温火炉相连,两侧与出烟口相通,火炉距地面一般为 1.1~1.2m,出烟口在与火炉同侧的苗床上方,两侧火道与两侧苗床壁相距 0.6m 左右。沟的坡度依炕长短而定。炕长坡度大,炕短则坡度小。目的是使整个苗床受热均匀。沟上棚两层秫秸,两层泥,和泥时掺足麦秸,泥尽量厚实些。苗床四壁可砌成厚 0.24m,高 0.5m 的墙。

2. 种薯处理 春甘薯的排种适期在春薯栽插前一个月进行,一般在 3 月中下旬开始育苗。

667m² 大田需要种薯 50~70kg。单块大小以 150~250g 为宜。

排种前选择无病虫害、无损伤的薯块,用50%的多菌灵500倍液浸种10min,或在薯块排完后直接喷洒于薯块上,可防止甘薯黑斑病的传播蔓延。

3. 排种技术

(1) 种薯上床　选择晴天排种。将经处理过的甘薯按大小分级排种,大的排在一起,小的排在一起,利于出苗整齐。排种时采用斜排法,头压尾1/3,做到上齐下不齐,分清头尾,注意头部和阳面朝上,两薯之间要有适当空隙。排种密度掌握在$30kg/m^2$,薯块大的和出苗少的品种排种量宜多,薯块小的和出苗多的品种排种量宜少。

(2) 覆土　种薯排好后撒一层细土填充薯块间隙,浇水至床土完全湿润(冷床浇温水),上面盖3cm的细沙土以保温、保湿,利于出苗。最后加盖薄膜、草苫覆盖物。

4. 苗床管理　在苗床管理上可分为3个主要阶段,即薯块萌芽阶段,薯苗生长阶段和炼苗阶段。不同阶段应采取不同的管理措施。掌握以催芽为主,以炼苗为辅,催炼结合的原则,保证薯苗的正常生长。

(1) 萌芽阶段　主要是高温催芽。主要措施是增温和保温。床温应保持在33~35℃,催芽时间一般不超过5d为宜。另外,出苗前一般不浇水,如床土过干,可于晴天中午适当浇水。

(2) 生长阶段　幼苗出土到薯苗长成。此阶段的主要任务是保证薯苗健壮生长。主要措施是以催为主,催控结合,温度保持在25~30℃。此阶段一般保持土壤最大持水量的70%~80%。除进行换气、浇水外,同时使薯苗充分接受阳光。

(3) 炼苗阶段　薯苗生长到15cm以上时,以炼苗为主。应停止浇水和升温措施,降低苗床温度,一般保持在18~20℃。经4~5d,苗高20~25cm,即可采苗。采苗应以壮苗为主。壮苗的标准是，春栽苗苗龄不超过 30~35d，百株重 0.4~0.5kg，节间短，叶片浓绿、挺实，茎叶无病斑。

5. 采秧 当秧苗长到20cm时，要及时采收。采秧过晚，薯苗拥挤，会捂坏下部的小苗，影响下茬出苗的数量。采秧的方法有剪秧和拔秧两种。一般常用的方法是剪秧，优点是不易传染病害和移动种薯，并使下茬的小秧生长快，出苗多。特别是在甘薯黑斑病发生严重的地方，提倡高剪苗，留茬 3cm 以上，以利防病。采秧时间最好选择清晨进行，剪下的秧子宜当天栽插，以利成活。如不能及时栽插时，可放在阴凉通风处（不宜洒水），争取日后早栽。

剪苗后，又转入以催为主阶段，促使小苗生长。剪苗后床温应很快上升到32℃，以使伤口高温下很快愈合。剪苗当天不浇水，第二天浇一次大水。一般在剪二茬苗后的翌日可进行追肥，一次追 $0.2kg/m^2$ 的 $(NH_4)SO_4$，施肥后用清水淋洗叶面。

（二）田间栽植与管理技术

1. 重施基肥、深耕地、高起垄 开春后深翻土地 30cm。在深翻前一次性施入腐熟的农家肥 $22t/hm^2$ 以上，配合施入尿素 $300kg/hm^2$，$(NH_4)_2HPO_3$ $325kg/hm^2$，K_2SO_4 $225kg/hm^2$，以后就不再施肥。为了防止地下害虫咬食薯块，结合施肥把辛硫磷颗粒与沙子混合施入地中，辛硫磷用量 $45~75kg/hm^2$。深翻后打垄，垄距为 60~70cm，根据具体情况确定，垄高为 35cm 左右、垄尖 10cm 左右。这样，深耕加厚了活土，垄高使土层加厚透气性好，温差大，利于排涝易长薯。

2. 早栽、浅栽、水平栽 为了使甘薯取得高产，应尽量提前早栽。一般地区在地下 5~10cm 地温在 15℃ 时就可栽植。北京平原地区 5 月 1 日前后栽植。由于山区比平原温度低 4~5℃，所以，栽植日期应向后顺延到 5 月 6 日以后，但也要随时注意天气变化，如有寒流再推迟几天。特别强调要争取早栽，早封垄，早结薯，为高产打下基础。在早栽基础上一定要注意天气变化。栽苗时间选择在下午，避免刚栽的苗在中午暴晒，以至失水。根据天气，阴天的上午也可以栽植，栽苗前先在垄上开一个沟，深度为5cm左右。浇完水后把壮苗水平栽植到沟内后，再浇一次水，等水浸干后再封垄。封垄时注意垄上面留3叶，其余叶片一同埋在沟内。叶与垄之间留3~4cm高，以免垄反热烤叶。如高度留得过高，遇到大风易吹折秧苗。

栽苗深度为5cm左右。如栽得过深，湿度大，虽易成活但温度低、O_2不足，不易结薯；栽得过浅，温度高，O_2足，虽易结薯，但湿度小不易成活。

过去栽植用大拇指到中指、三指拿苗，下面二指扣埯同时就把苗顺到埯里后再浇水，这样不易成活，是典型的船底栽法，结薯部位少不易高产。现在采取水平栽植结薯部位多，产量高，秧苗也易成活，死苗率很少，基本上不用查苗补苗，如需查苗补苗，在7d内完成。

3. 稀植变密植 原来栽植密度为30 000~45 000株/hm^2，既浪费土地，产量也上不去。现在密度增加到45 000株/hm^2左右，株距约20cm。这样既充分利用了土地，又使甘薯产量大幅度增加。一般可增加单产25%。栽植密度加大结薯也多，而且薯形也较整齐，商品率也提高了。

4. 病虫害防治 甘薯在生长时期病虫害很少发生，果薯间作时主要是虫害。在5月中下旬是黑茸金龟子最猖獗时期。它们咬食薯秧茎叶。如不及时防治会导致茎叶被啃光，从新生长叶片以致于封垄时期延期（有的茎下部被咬断而造成死苗），使甘薯结薯时期推迟导致减产。黑茸金龟子白天潜伏在苗根部的土层里很难发现，只有扒开土层才能看到，在傍晚时从土里爬出来咬食茎叶。这时是人工捕杀的最好时期。用50%辛硫磷1 000~2 000倍液浸泡菜叶,堆放在地里进行人工诱杀,或用50%辛硫磷1 000~2 000倍液喷洒。

5. 前期促茎叶早封垄 在甘薯栽后40~50d,也就是甘薯打垛要爬下垄时,于傍晚时喷叶面肥273,1.5L/hm²,加水750kg/hm²喷施,以促茎叶早发早封垄。封垄早,早长薯,为薯块第一个膨大高峰打下了比较有利的基础,因而产量高。

6. 中期看苗控秧 在高温高湿的雨季会出现秧子疯长情况,如发现疯秧即叶面系数超过4时(叶面系数在3~4甘薯增产最佳),就要及时控秧保薯。农民控秧一直延续翻秧的习惯,但通过实验证明翻秧多数减产,这是由于翻秧时损伤了大量茎叶,妨碍了光合作用的正常进行,虽然翻秧后短期内秧子少了,通风透光好一些,但由于疏除大叶后又生长出许多小芽来反而消耗养分,妨碍了养分向薯块运转。所以翻秧并不能有效地控秧促薯,反而导致秧衰薯小,造成减产。不翻秧不意味不控秧,当发现疯长势头时,即于下午或阴天时把拐子附近的毛根用手抹除,把柴根剪掉提秧,在顺秧的基础上把秧子轻轻提起,拉断秧上水根但不要拉断秧子和不要打乱叶片分布,应顺一个方向放在各自垄上。不翻秧不等于不除草,在封垄前把大草拔掉即可。这样不用翻秧即省去了大半人工,有利于生产,可以使薯增产。

7. 后期喷叶面肥防茎叶早衰 8月下旬至9月中旬防止茎叶早衰(叶片由绿变黄)。如发现有早衰现象即于傍晚喷施叶面微肥273或0.2%的KH_2PO_4溶液500~1 000倍液,如果遇雨还需再喷1次,这样延长了茎叶寿命,使其继续积累养分并向薯块运输使其生长,增产效果明显。

8. 适时收获 甘薯没有明显的成熟期。因收获期不同,产量、薯块品质、耐藏性都有明显的差异。当地下5~10cm地温在

15℃左右时，甘薯增长缓慢或基本停止生长，这时就应收获（9月28日~10月7日为收获日期）。如收获过晚易受冷害。甘薯长期在10℃以下就会受冷害不易储存。受冷害的甘薯储存30~40d基本烂掉。应适时早收，为甘薯储存打下基础。

（三）贮藏

薯块含水多，皮薄，组织柔嫩，容易破皮受伤，贮藏时易发生冷害和病害造成烂窖。因此要创造适宜的条件，方能达到安全贮藏。

入窖前要严格精选薯块，并用70%甲基托布津可湿性粉剂1 000倍液，或用50%多菌灵800倍液进行薯块消毒。为保鲜可用AB保鲜剂或"SE"甘薯防腐保鲜剂处理薯块。贮藏期管理要调节好温度、湿度及空气等环境因子，以防止闷窖、冷窖、湿窖及病害。贮藏期管理可分为3个阶段进行。

1. 前期通风降温散湿 入窖20~30d内，初期管理应以通风、散热、散湿为主。以后随气温降低，白天通气，晚上封闭，待窖温降至15℃以下，再行封窖。

2. 中期保温防寒 入冬以后，气温明显下降，是甘薯贮藏的低温季节。管理中心为保温防寒。要严闭窖门，堵塞漏洞，把窖温控制在12~14℃。严寒低温时还应在窖的四周培土，窖顶及薯堆上盖草保温。

3. 后期稳定窖温及时通风换气 立春以后至2~3月间，气温回升，雨水增多，寒暖多变。这一时期管理应以通风换气为主，稳定适宜窖温。既要注意通风散热，又要防寒保温，还要防止雨水渗漏或积水。需采取敞闭结合，并根据情况酌情向窖内喷水，保持湿度。

六、经济效益分析

甘薯平均单产在 30 000kg/hm² 以上,出售鲜薯价格为 0.60 元/kg,收入 18 000 元/hm²,比种植花生、大豆多收入 7 500 元/hm²,经济效益可观。发展果薯间作不失为山区农民增收致富的有效途径。

本章参考文献

1. 曹广才等. 1996. 北方旱地主要粮食作物栽培. 北京:气象出版社
2. 曹广才等. 2001. 华北小麦. 北京:中国农业出版社
3. 曹广才等. 2006. 北方旱田禾本科主要作物节水种植. 北京:气象出版社
4. 崔根深. 1994. "两高一优"立体农业实用技术. 石家庄:河北科学技术出版社
5. 窦崇财. 1999. 枣粮间作技术. 农村实用工程技术,(4):18~19
6. 高永宏. 2008. 农田林网、林粮间作模式的探讨. 河北林业,(1):35~36
7. 黄宝龙,黄文丁. 1991. 林农复合经营生态体系的研究. 生态学杂志,(3):27~32
8. 金文林,宗绪晓. 2000. 食用豆类高产优质栽培技术. 北京:中国盲文出版社
9. 李春红,魏益民. 2004. 甘薯食品加工及研究现状. 中国食物与营养,(5):31~33
10. 梁玉斯等. 2007. 农林复合生态系统研究综述. 安徽农业科学,35(2):567~569
11. 刘丹. 2007. 落叶松纯林及林粮间作林土壤生态条件的比较分析. 黑龙江气象,(4):25~27
12. 刘俊杰,陈瑶. 2005. 农林复合经营的研究进展. 内蒙古林业调查设计,28(2):30~35

13. 刘伟明．2005．甘薯产业化开发若干问题的思考．安徽农业科学，33（11）：2 215~2 216

14. 马代夫．2001．世界甘薯生产现状与发展对策．世界农业，(1)：17~19

15. 牛步莲．2004．枣粮间作模式及配套技术．山西果树，(4)：24~25

16. 盛家廉，部景禹．1993．中国甘薯品种志．北京：科学出版社

17. 谭西贵．2004．我国甘薯生产前景展望．安徽农业科学，32（1）：185~190

18. 万福绪．2003．苏北林粮间作地土壤理化性质分析．南京林业大学学报（自然科学版），(6)：27~30

19. 王吉贤，姜莉玲．2008．如何实现枣粮间作．甘肃林业，(1)：38

20. 王建玲，刘学庆，林祖军等．2000．特用甘薯的研究进展及综合开发利用．杂粮作物，20（3）：43~49

21. 王素荣，关秋芝．2007．林（杨）农间作的优化模式栽培．林业实用技术，(8)：13~14

22. 王秀锦．2006．果树病虫害防治要点．河北果树，(1)：38~39

23. 王裕欣，肖利贞．2008．甘薯产业化经营．北京：金盾出版社

24. 吴雨华．2003．食品研究与开发，24（5）：5~8

25. 徐呈祥，徐锡增．2005．枣粮间作的机制优化模式及管理．江苏林业科技，(1)：42~45

26. 张海云．2006．果树休眠期防治害虫的措施．河北果树，(1)：39

27. 张明军．2007．枣粮间作技术．北京农业，(28)：4~5

28. 张鹏．1996．新编果农手册．北京：中国农业出版社

29. 张志国．2005．山区果薯间作配套技术．农业新技术，(6)：38~39

30. 祝海福．1988．池杉林农复合生态系统经济效益初探∥中国林学会森林生态专业委员会．林农复合生态系统学术讨论会论文集．哈尔滨：东北林业大学出版社

第二章 林经间作

第一节 杨树与大豆间作

一、立地条件和应用地区

选择适宜杨树生长的造林地,是实现杨树速生丰产的基本条件。杨树是落叶阔叶树中的速生树种,在土层深厚、疏松、肥沃、湿润、排水良好的冲积土上生长最好。杨树造林地主要在平原地区和河滩地,造林地应具备以下条件。

(一) 土层深厚

有效土层厚度大于1.0m。

(二) 土壤质地较轻

黑杨派树种(如欧美杨和美洲黑杨品种)以轻壤土和沙壤土最好,中壤和紧沙次之;白杨派树种(如毛白杨)可在较重土壤上生长。

(三) 地下水位适宜

杨树生长适宜的地下水位应在1.5m左右,生长期内地下水位应在1m以下,不低于2.5~3m。

(四) 土壤养分含量较高

最低要求:有机质含量>0.4%,含N>0.03%。有效N>15mg/1 000g,速效P>2mg/1 000g,有效K>40mg/1 000g。

(五) 土壤无盐碱或轻度盐碱

土壤含盐量宜在0.1%以下,地下水矿化度低于1g/L。

二、种植规格和模式

要确定杨树与大豆间作模式，必须明确造林经营目的。杨树的株行距是根据经营目的来确定的。

（一）以培育中小径材为目的

以林为主的杨树株行距可采用 2m×4m、2m×5m 和（2m×3m）×6m，采伐年限为 5~6 年。间作农作物为 3~4 年，第一年大豆一般不减产，第二年减产幅度较大，第三年减产 70%。

（二）以培育中径材为目的

以林为主的杨树株行距可采用 3m×5m、3m×6m、3m×7m、3m×8m，采伐年限为 8~9 年。间作大豆 5~7 年。前两年农作物减产幅度在 20% 左右，3~4 年减产 40% 左右，5~6 年减产 60% 左右，7 年后减产 70% 以上。

（三）以培育大径材为目的

以林为主的杨树株行距可采用 4m×10m、（3m×3m）×12m、（3m×4m）×10m，采伐年限为 11~12 年。间作大豆 8 年以上。采用宽窄行配置模式，既保证了窄行单位面积内的杨树株数，又有宽 10m 的行间间作大豆，同时通过对农作物的灌溉和施肥，又为杨树的速生丰产创造了条件，尤其对于立地质量较差的林地效果更好。

间作的大豆与林木要保持 0.5m 以上的距离，以免耕作时损伤林木根系或作物与林木争水争地。

三、杨树树种选择

（一）选用良种

根据不同的培育目标选择优良品种。

1. 胶合板材 胶合板需要大径材，干形通直圆满、无疤结，木材硬度适中，旋切、干燥、胶合性能好。适于培养胶合板材的主要是黑杨派的优良品种，如 I-69、I-72、L 323、L 324、中菏 1 号，T 26、T 66，中林 46 杨等。

2. 纸浆材 纸浆材要求杨树品种生长快，材色浅，木材密度较大，纤维素含量高，纤维长（应达到 0.9mm 以上），纤维长宽比大于 35，壁腔比小于 1，杂质含量低等。适于培养纸浆材的杨树品种有 I-69、I-72，L 323、L 324、L 35、中菏 1 号，中林 46，I-107，中林 23 杨等。

3. 家具材 要求树干通直圆满，疤结少，木材密度较高，结构细致，心材含量低，力学强度及硬度较高，易干燥，胀缩性小，易加工，胶接油漆性能好等。主要品种有鲁毛 50，易县雌株，I-69、I-107、L35、I-102、T 26、T 66、中林 23 杨等。

（二）选用壮苗

试验证明选用二年根一年干或二年根二年干，高 4.5m 以上，胸径 3.5cm 以上的黑杨苗木造林，不但缓苗期短，抗自然灾害的能力强，而且生长快，成材早，出材量高。对壮苗的要求是根系发达完整，苗木粗壮，枝梢木质化程度高，具有充实饱满的顶芽，无机械损伤，无病虫害。

四、杨树栽培要点

科学的栽培技术是提高造林成活率和造林质量的重要措施。栽植技术主要包括苗木处理、栽植时间、栽植深度、栽植方法和抚育管理。

（一）苗木处理

在起苗、运苗、栽植的各个环节，都要防止苗木失水。在苗田应遵循先灌水后起苗的原则。苗木起运中要注意保护好根系，使根系完整、新鲜、湿润，尽量做到随起、随运、随栽。不能及时栽植的苗木，要妥善假植。美洲黑杨的一些无性系，在栽植前，用清水浸泡1~2d。为保持苗体的水分，可剪去全部侧枝。

（二）栽植时间

春季和秋末冬初（10月底至11月中旬），正当杨树落叶后及萌芽前，均适宜杨树造林。但美洲黑杨的一些无性系如Ⅰ-69，T26，T66等，应在春季适当晚栽，待树液流动，芽快要萌动时（3月下旬至4月初）栽植，成活率较高。

（三）栽植深度

根据土壤条件而定，在较干旱疏松的土壤上栽植60cm左右为宜。这种深度可增加苗木的生根量，提高抗旱抗风能力，而在比较黏重的土壤和低洼地，则不宜深栽。

（四）栽植方法

造林时要求大穴栽植，扶正，栽直，分层填土，分层踩实，使苗木根系舒展与土壤密接。栽后立即浇水，水渗后扶正苗木，培土封穴。

（五）抚育管理

1. 适时灌溉 杨树是速生树种，对水分的要求较高。所以适时灌溉不仅能提高造林成活率，还能提高杨树的生长量。除新造幼林要立即浇水外，4~6月干旱季节栽植的，要适时灌溉，以保证林木旺盛生长。秋季干旱时也要进行灌溉。对美洲黑杨等品种进行冬灌可提高林木的抗旱、抗寒能力。灌溉次数和灌水量视天气和土壤情况而定。一般降水年份，东部栽植区可浇水两次，西部、北部栽植区应浇水3次以上，每次浇水30~50m^3/667m^2，浇水后要及时培土保墒。

2. 合理施肥

（1）基肥 在造林前施土杂肥22t/hm^2，过磷酸钙750 kg/hm^2

左右，混合后施入挖好的树穴内根系栽植深度范围。

（2）追肥　每年5~6月，在杨树的生长旺期追肥两次。每次施肥量为尿素55~110kg/hm^2。造林当年可晚施、少施，随林龄增加可适当多施，并注意N、P、K的配合，追肥要与浇水结合进行。

（3）松土除草　林分郁闭前，每年除草不少于两次，实行农林间作时可与农作物管理结合进行。林分郁闭后可适当减少除草次数。农林间作期间不专门为林地松土，停止间作后每年最少要松土1~2次，以疏松土壤，防止土壤板结。

（4）修枝　适时修枝可提高树干质量，有利于培育干形圆满的优质良材。造林时修去苗木的全部侧枝，造林后1~3年的幼树，去除竞争枝，保留辅养枝，并剪除树干基部的萌条，培养直立强壮的主干，修枝强度应保持树冠长度与树高的比值在3/4以上。胶合板材应没有疤结，当第一轮侧枝基部的树干达到10~12cm时进行修枝，去掉第一轮侧枝，以培养无结良材。修枝应在秋季树木落叶后进行，切口要平滑，不撕裂树枝。对4年以后的林木要逐步修除树冠下层生长衰弱的枝条，使树冠长度与树高大致保持以下比例：树高10m以上，冠高比2/3；树高20m以上，冠高比1/2；树高25m以上，冠高比1/3。

五、大豆品种类型选择

优质大豆生产必须选用优质品种。所谓优质品种是某种或某些营养物质成分含量较高、适合特定加工利用的品种，如高油品种、高蛋白品种、高异黄酮品种、低亚麻酸品种等。按照国家大豆品种审定标准，油分含量达到21.5%的品种称为高油品种，蛋白质含量达到45%的称为高蛋白品种。

在大豆优质栽培中，品种选择应该注意以下几点。

（一）适宜的生育期

引进新品种时，要求其成熟期与当地推广品种一致。熟期过早，浪费光热资源，产量降低；熟期过晚，成熟不良，会影响品质。

（二）品种优质

根据生产的目标，选择不同类型的品种。例如，油用大豆品种的含油率不得低于18%，否则就不宜作为制油的原料。

（三）品种产量高

根据当地的水分、土壤状况和生产水平选择株型合适、稳产、高产的品种。

（四）抗病虫品种

病虫害不仅能显著降低大豆的产量，而且影响其外观品质和内在品质。选择抗病虫的品种是高产优质的基础。

每个优质品种都有其最适宜的种植区域，越区种植将造成产量和品质的下降。一般是，将一个品种从其最适宜区域北移，生育期将延长，难以保证霜前或下茬作物播种前成熟。品种从其最适宜区南移时，生育期会缩短，蛋白质含量会有所升高，但脂肪的含量下降。因此，优质品种一定要在其适宜区域内种植，才能保证产品质量。

从全国大豆品质地理分布的规律看，北方大豆油分含量高、蛋白偏低；南方大豆蛋白含量高、油分偏低。在规划优质大豆生产基地时，一定要考虑大豆品质分布的地理规律性，规划好品种和生产基地的合理布局。

六、大豆栽培要点

（一）北方春大豆窄行密植栽培技术

大豆窄行密植技术是在借鉴国内外大豆密植、深松和分层施肥技术的基础上，以矮秆品种为突破口，以大机械为依托，逐步形成的综合栽培技术体系。大豆窄行密植技术又分别应用于平播的"深窄密"和应用于垄作的"大垄密"模式。窄行密植技术在适宜推广区可使大豆产量稳定在 3 000kg/hm² 以上。

1. 关键技术 "深窄密"栽培技术是以气吸式播种机与通用机为载体，有机结合"深"（深松与分层施肥）、"窄"（窄行）、"密"（密植）而形成的综合配套技术，适合在水肥条件好的地区推广。该技术采用平播，行距 30~35cm，双条精量点播，即行距平均为 15~17.5cm，株距为 11cm。

"大垄密"即把原先 70cm 或 65cm 的两个大垄合为一体，成为 140cm 或 130cm 的大垄，在垄上播 3 个苗带，每个苗带分两行，宽窄相间，共 6 行。该技术适合在低洼地使用。

大豆窄行密植通过增加密度以提高光能利用率；缩小行距以保证植株分布均匀，使株、行距尽量相等；选用半矮秆品种防止倒伏，保证高产的实现。第一，密植增加了叶面积指数。第二，窄行密植改善了群体内的光分布。第三，增加了单位面积根瘤数和根瘤的数量。第四，增加了单位面积的干物质积累量。随着密度增加，尽管单株的干重下降，但群体生物产量增加。因此，窄行密植能增加单位面积内的生物产量和经济产量。

2. 配套技术措施

（1）选择适宜的矮秆、半矮秆抗倒伏品种　采用"深窄密"和"大垄密"栽培模式时必须选用抗倒伏、增产潜力大的矮秆、半矮秆品种，否则不仅不增产，反而要减产。所选品种的成熟期不宜过早，否则会浪费光热资源，影响产量。

（2）土壤深松　"深窄密"和"大垄密"栽培需有一个良好的土壤耕层条件。要达到耕层深厚、地表平整、土壤细碎，必须进行土壤深松。深松深度要打破犁底层，达到耕层以下 6~

15cm，要求深浅一致，不得漏松。有深松基础的地块，可进行秋耙茬，耙深 12~15cm，耙平耙细。

"深窄密"平播地块要通过伏秋整地使地表达到待播状态，"大垄密"和小垄窄行密植均应在伏秋整地的基础上起垄，进行伏、秋翻起垄或耙茬深松起垄。"大垄密"窄行密植可用做台机打成 130~140cm 的大垄，垄高 15~18cm，垄体压实后垄沟到垄台的高度为 18cm；小垄窄行密植可用普通起垄机打 45~50cm 的小垄，起垄后镇压，达到待播状态。

(3) 施肥　窄行密植要实现高产，必须增加肥料的投入并合理施用。首先要增施有机肥，中等肥力地块施用量要达到 $1.5t/667m^2$ 以上。化肥要 N、P、K 搭配，施用量要比常规垄作地块增加 10% 以上，适当增加 N 肥比例。一般 N、P、K 纯量的合适比例为 1:1.15~1.5:0.5~0.8。有条件的地区要进行测土配方施肥，因地施用微肥。农肥和化肥分层深施于种下 5cm 和 12cm 处，可采用铧刀式施肥装置。肥料用量为尿素为 $52kg/hm^2$、$(NH_4)_2HPO_4$ $150kg/hm^2$、KCl $75kg/hm^2$。在 N、P 肥充足的条件下，应注意增加 K 肥的用量，并进行花荚期叶面喷肥。第一次叶面喷肥应在大豆盛花期，第二次施在开花末期与结荚初期，可施用尿素加 KH_2PO_4（8~$15kg/hm^2$ 尿素加 1.5~$4.5kg/hm^2$ KH_2PO_4）。

(4) 播种

① 播种期　在东北北部地区，以日平均气温稳定通过 5℃ 的保证率达 80% 时的日期作为当地始播期。黑龙江大多数地区可在 4 月 25 日前后开始播种，比以前的播种期提早 7~10d。早播大豆要适当增加 K 肥的用量，采用种衣剂拌种。播期的确定还要注意使花荚期与雨季相遇。

② 种子处理　用种衣剂拌种时，种衣剂用量为每 80kg 种子

加 1.0kg 种衣剂。

③ 播种量 依据土壤、品种、行距等情况确定，一般播种密度可在 34 万~45 万株/hm²。肥力水平高的地块，要适当降低播种量（10%左右），整地质量差或肥力水平低的，要适当增加播种量。

(5) 化学除草 化学除草应根据具体情况分秋季土壤处理、播前土壤处理与播后苗前处理 3 个时期进行，不同处理要选择合适的除草剂。

土壤处理对整地要求严格，施药前土壤要达到待播状态，地表无大土块和作物残株。不能用施药后的混土，也不能用耙地作业代替施药前的整地。施药要均匀，施药前要把喷雾器调整好，做到流量准确、雾化良好、喷洒均匀，作业中要严格遵守操作规程。

(6) 化学调控 大豆开花初期，使用植物生长延缓剂控制株高、调节株型，可达到壮秆、壮根、防倒、抗逆、平衡营养等作用。

大豆机械化"深窄密"栽培方法在应用中要注意以下几点：第一，土壤要深松；第二，行距要合适。一般单条平均行距可在 15~20cm；第三，除草剂应用要得当。在杂草较多的地块，不宜采用此项技术；第四，密度是关键。应根据具体情况确定密度，一般收获株数掌握在 40 万~45 万/hm²；第五，后期要喷施叶面肥。

(7) 适期收获 人工收获宜在落叶达 90%时进行；机械联合收割应在叶片全部落净、豆粒归圆时进行。脱粒后进行机械或人工清选。

(二) 黄淮海夏大豆栽培技术

1. 轮作倒茬 轮作倒茬是大豆的增产措施之一。与东北地区相比，黄淮海地区大豆胞囊线虫病等土传病虫害的危害更为严重。在这一地区，大豆必须轮作，否则就会因胞囊线虫病及其他病虫害的发生而导致严重减产。因此，夏大豆播种前应选择两年内没有种过大豆的地块，在胞囊线虫病发生地块，要实行3年以上的轮作。

2. 选用优良品种 黄淮海地区地域宽广，土壤、降水、光温条件差异很大，大豆分布相对分散，品种各不相同。选用优良品种时，首先要根据所在地区无霜期长短、地势、土壤肥力状况、耕作制度、水利条件、栽培技术水平等，选用合适的品种。一般来讲，黄淮海夏大豆产区北部应选用生育期90d左右的早熟品种，中部地区宜选用生育期100~105d的中熟品种，南部地区应选用生育期105d左右的中晚熟品种。水肥条件不同的地区和地块，适宜品种也不同。水肥条件较好的平原地区，应选用有限结荚习性、株高中等偏矮、秆强抗倒、籽粒偏大、百粒重20g左右的品种；丘陵旱地或平瘠薄地，应选用无限或亚有限结荚习性、生长繁茂、分枝性强、籽粒偏小、百粒重20g以下的品种。与杨树间作应选用早熟、矮秆、抗倒、多分枝、耐阴性强的品种。

3. 精选种子 为了达到苗齐、苗匀、苗壮的目的，在选用优良品种的基础上，需要对种子进行精选。黄淮海夏大豆产区主推品种的百粒重大都在17~23g，播种行距0.4~0.5m，适宜种子播量为60~75kg/hm^2，大粒品种播量高些，小粒品种少些。播种前进行发芽试验。优良种子的发芽率应在95%以上，田间出苗率应在85%以上。如果发芽率或出苗率较低，要加大播种量，以保证全苗。

4. 整地 夏大豆生育期较短，需要抢墒播种。整地既要保证及早播种，又要保证播种质量。在土壤墒情好的情况下，播前犁耙比不犁耙要好得多。播前犁耙可疏松耕层、翻压根茬、杂草和农家肥，蓄积雨水，促进土壤微生物的活动和有机质的分解，减轻病虫害的危害，促进大豆根系下扎和植株生长。然而，在播种前气温高、墒情差、蒸发量大的情况下，犁耙会造成跑墒，贻误农时，而贴茬播种可抢墒保全苗。

5. 适时早播 夏大豆播种越早产量越高。实践证明，自6月上旬起，每晚播1d，平均减产22.5kg/hm²左右；自6月下旬起，每晚播1d，平均减产30~37.5kg/hm²。黄淮海地区大豆的前茬多为小麦，北部地区小麦在6月中旬收获，南部地区小麦大都在6月上旬收获，麦收后应尽快播种大豆。早播可以延长大豆的营养生长期，增加干物质积累量，提高经济产量。

土壤干旱是夏大豆不能及时播种的主要原因。有条件的地区应在小麦收获前7~10d灌水，小麦收获后整地播种或贴茬播种。

播种后是否需要镇压，要根据土壤墒情而定。底墒好、表墒差、土壤干松时进行镇压，可使种子与土壤紧密接触，消除空隙，有利于种子吸水发芽，加快出苗，可边播种边镇压。如土壤湿度较大，表墒底墒都好，播种后千万不能镇压，否则会造成土壤板结，致使大豆顶土困难，造成缺苗。

6. 苗期管理 夏大豆出苗后，应逐行查苗。断垄30cm以内的，可在断垄两端留双株；断垄30cm以上者，应补苗或补种。补苗越早越好，最好将子叶展开，对生单叶尚未展开的芽苗进行带土移栽。移栽应于下午16时后进行，移栽后及时浇水。补种也应及早进行，可浸种催芽后补种。

在全苗的基础上，实行人工间苗，使大豆植株分布均匀，有利于地上部的生长和根系、根瘤发育，协调地上部和地下部、个体与群体的关系，合理利用地力和光热资源。大豆的人工间苗一般可增产15%~20%，多的达30%以上，在播种量大、土地肥沃、雨水较多的年份增产幅度更大。

大豆定苗可在齐苗后立即进行，宜早不宜迟。在 0.4~0.5m 行距下，株距应在 0.13m 左右。定苗时拔去密集成堆的苗、弱苗、病苗、小苗和杂株，留壮苗、好苗，保证苗全、苗齐、苗匀、苗壮。如遇干旱或严重病虫害，可先间苗，后定苗，分两次完成。

7. 科学施肥 高产大豆的施肥应遵循以下原则：有机肥为主，增施化肥，N、P、K 配合，补施微肥；以基肥为主，追肥为辅，酌情施用种肥和叶面喷肥。通常，高产田要多施 P、K 肥，薄地多施 N、P 肥。

（1）底肥 底肥最好是有机肥，在播种前整地时施用。一般可施农家肥 $45\sim60t/hm^2$。对于未整地施基肥的田块，苗期也可以施用有机肥。在增施农家肥的同时，还可用化肥作底肥，施用原则是以 P 肥为主、N 肥为辅。一般施过磷酸钙 $375\sim450kg/hm^2$，尿素 $45\sim75kg/hm^2$ 或碳铵 $300kg/hm^2$，或施 $(NH_4)_2HPO_4$ $375kg/hm^2$。高产大豆需肥量大，需补充 K 肥，可施 $15kg/667m^2$ KCl。

（2）微肥拌种 播种前每 5kg 种子称取钼酸铵 5g，硼砂 10g 和 $ZnSO_4$ 5g，用 $400\sim500g$ 温水充分溶解，然后将肥液均匀喷洒在种子上，阴干后随即播种。

（3）追肥 开花至鼓粒期是大豆的需肥高峰期，在此之前的分枝期追肥，恰好可以满足大豆需肥高峰期的养分需求。施过基肥的地块，在大豆初花前 5d 左右要重施一次追肥，可追尿素 $75\sim100kg/hm^2$，视苗情适当补施 K 肥 $75\sim100kg/hm^2$。追施方法以开沟条施为宜。对于无法施用底肥的田块，应在苗期及早追肥。一般在 7 月中旬，根据土壤肥力和大豆生长状况施尿素 $75\sim150kg/hm^2$、KCl $150kg/hm^2$。

8. 防治病虫

（1）虫害 夏大豆虫害很多，主要有大豆蚜、豆天蛾、银纹夜蛾、小夜蛾、二条叶甲、油葫芦、豆秆黑潜蝇、豆荚螟、大豆食心虫、华北大黑金龟甲、暗黑金龟甲等。

播种时，可使用种衣剂或呋喃丹颗粒剂，防治地下害虫，确保全苗。苗期以防治蚜虫为主，可选用高度选择性的农药品种，用50%抗蚜威可湿性粉剂$6\sim8g/667m^2$，或10%吡虫啉可湿性粉剂$10\sim20g/667m^2$，加水$30\sim60kg/667m^2$喷雾；分枝开花期（7月中旬至8月上旬）可喷施1%阿维菌素乳油$2\,000\sim3\,000$倍稀释液防治豆秆黑潜蝇；结荚鼓粒期（8月中旬至9月下旬，收获前30d）喷施1%阿维菌素乳油$2\,000\sim3\,000$倍稀释液、50%倍硫磷$1\,000\sim1\,500$倍稀释液，或20%氰戊菊酯乳油$20\sim40ml/667m^2$加水稀释喷雾，可防治豆荚螟和大豆食心虫，兼治食叶害虫；大豆成熟后及时收割，深翻土地和在晒场上消灭未脱荚的豆荚螟和大豆食心虫幼虫，可以减少翌年虫源。

（2）病害　黄淮海夏大豆的病害有病毒病、胞囊线虫病、霜霉病、根腐病、炭疽病等。防治大豆病害的最有效措施是选用抗病品种，进行合理轮作，采用不带病的种子。在病害严重发生的情况下，也可采用化学防治。分枝期、花荚期防治霜霉病可选用35%甲霜灵可湿性粉剂或80%乙膦铝可溶性粉剂$500\sim800$倍稀释液喷雾；防治炭疽病和紫斑病等可喷洒1:1:100倍的波尔多液或65%代森锰锌可湿性粉剂$500\sim600$倍稀释液。

9. 合理排灌　黄淮海地区的自然降水主要集中在$6\sim9$月份，此时，正值夏大豆生长季节，降水总量可以基本满足夏大豆生长发育的需要。但是，由于不同地区、不同年份降水时期和降水量不同，夏大豆生长过程中常遇到干旱。

夏大豆在不同生育时期对水分的要求有所不同。花荚期对水分最为敏感，其次是鼓粒期。因此，自初花开始至鼓粒中期（约50d）是夏大豆需水量最多、最关键时期。如果依赖自然降水，难以满足夏大豆的水分需求和高产要求。因此，夏大豆要获得高产，必须及时灌溉。

（1）播前灌溉　夏大豆萌动、出苗时期，在黄淮区正值旱季，土壤墒情较差，最好是先灌溉造墒，然后播种或遇雨抢种，以达到足墒播种，一播全苗。灌溉可于麦收前或麦收后进行。灌溉后，应及时耙地保墒，尽快播种。麦收前灌溉的地块，麦收后必须立即耙地保墒，抢时播种。

（2）慎浇"蒙头水"　大豆播种后、出苗前遇干旱时，要慎重决定是否浇"蒙头水"。浇水后的土壤板结，会增加子叶出土的阻力，影响出苗。若播种时底墒差、播后又遇高温，种子不能吸水膨胀，或吸水膨胀不能继续萌发，或开始萌发遇旱不能继续萌发出苗，必须浇"蒙头水"时，可在浇水后小心沿苗带方向破除地表板结，不要伤害子叶。因此，有灌溉条件的地区应尽量采用播种前浇底墒水的办法解决干旱问题，尽量不要在播种后浇"蒙头水"，否则，既不安全又费工费力。

（3）苗期排灌　大豆苗期较为抗旱，适当控水蹲苗可促进根系下扎，提高植株的吸收和抗倒伏能力。因此，如果苗期旱情不严重，可不进行灌溉。大豆苗期不耐涝，土壤水分过多时，根系发育不良，茎秆细弱，节间长，不抗倒伏。如果遭遇涝害，要及时排水。

（4）分枝期灌溉　分枝期根系和茎叶生长均加快，水分需要量逐步增加。如果干旱严重，可进行灌溉，但灌水量不宜过大，既要促进豆苗健壮生长，又不要给予过多水分。

（5）花荚期灌溉　从初花开始，大豆营养体生长迅速，结荚后期或鼓粒初期达到高峰；同时，生殖生长也逐步加快，干物质积累量猛增。开花期遇旱，将造成大豆大量落花；终花至结荚期遇旱，单株荚数和粒数减少，直接影响产量。当土壤水分降至田间持水量的80%以下时，必须及时灌溉。

（6）鼓粒期灌溉 鼓粒初期，营养生长基本停止，逐渐转入旺盛的生殖生长阶段。鼓粒初期植株需水较多，之后逐渐减少，但对水分的反应仍很敏感。鼓粒前期遇旱，影响每荚粒数和粒重；鼓粒中后期遇旱，主要影响粒重。为了保证光合作用旺盛进行，当土壤水分降至田间持水量的80%（鼓粒前期）或70%（鼓粒后期）以下时，必须及时灌溉。

大豆灌溉的方法有沟灌、畦灌、喷灌等，应根据需要和条件灵活掌握。在降雨多、常发生涝害的地区，雨前应挖好排水沟渠，遇涝及时排水，以减少损失。

10. 收获、贮藏 适期收获，不仅可减少损失，增加产量，而且可改善大豆品质。过早收获，大豆干物质积累还未结束，会降低百粒重，或出现青秕粒，影响品质；收获过晚，易引起炸荚造成损失。一般在茎秆呈棕黄色、90%叶片脱落时收获。

夏大豆收获后，先摊场晒两天，或先垛几天再晒。晒到荚皮干脆、容易裂开时打场脱粒。种子扬净后，要摊晾风干至含水量13%以下，方可入库贮藏。

（三）南方春大豆高产栽培关键技术

南方春大豆品种包括两个亚型，即长江春大豆生态型和南方春大豆生态型。长江春大豆一般在3月底至4月初播种，7月间成熟；南方春大豆型在2~3月上旬播种，6月中旬前后成熟。

南方春大豆栽培技术要点如下：

1. 适期早播 春大豆播种期正值低温多雨季节，播种过早，受低温、渍水影响，易造成烂种、缺苗；播种过迟，营养生长期缩短，产量低。适期早播可延长营养生长期，有利高产。如果在旱地种植，适期早播可避旱夺丰收。

2. 因地制宜，合理密植 种植密度的确定应根据薄地宜密、肥地宜稀的原则。早、中熟品种在中等肥力或中等以上肥力的稻田、旱地种植时,单作以保苗2.5万~3.0万株/667m² 为好;生育期较长的品种在土壤肥沃地块种植时,保苗2万株/667m²以下为宜。

3. 提高播种质量 播种前应精细选种,晒种1~2d,提高种子生活力,加快出土速度。3月中旬以后当土温上升到10℃以上时抢晴天播种,丘陵旱土实行浅播浅盖,以避免种子入土过深而造成出土困难。在河流冲积土实行浅播浅盖,磨板轻压保墒保出苗。

4. 施足基肥,看苗追肥 春大豆要获得高产,一般用有机肥1.5~2.2t/667m²、过磷酸钙25~50kg/667m²、硼肥200~400g/667m²,堆沤后作盖籽肥。三叶期以前在雨前或雨后追施复合肥或尿素7~10kg/667m²,始花前追尿素3~5kg/667m²。

5. 加强田间管理,及时防治病虫害 大豆出苗后应立即进行查苗补缺。1~2片复叶全展时进行间苗,三叶时定苗。在苗期及时中耕除草与清沟排水,并结合间苗定苗,清除田间病株,适时防治地老虎。开花结荚期适时喷施农药,以防治多种食叶性害虫及豆荚螟等。

6. 抢晴天收获 南方春大豆成熟季节多雨。在大豆叶片落黄后就要抢晴天收获,防止雨淋导致种子在荚上霉变,影响品质和产量。

(四)南方夏大豆高产栽培关键技术

南方夏大豆一般在5月至6月初油菜、麦类等冬播作物收获后播种,9月底至10月成熟。随着油菜收获期提早,部分地区夏大豆可提早至5月上旬播种,8月下旬或9月上旬收获。此外,在云贵高原等地区,4月中旬至5月中旬播种、9月成熟的品种也属于南方夏大豆类型。

南方夏大豆生长期正值一年中的高温期，苗期多雨，幼苗生长很快，容易徒长，产生倒伏；生长后期往往遇到干旱，大豆成熟鼓粒受影响，对产量影响极大，这也是南方夏大豆稳产性差的主要原因。此外，高温高湿、病虫草害多，对夏大豆生长影响也很大。所以，要种好南方夏大豆，必须在选择适宜品种基础上，培育壮苗，防治病虫草害，抗旱排涝。

1. 选择适宜品种 种植夏大豆要结合本地雨水条件、品种特性及土壤肥力来选择品种。如干旱少雨地区，宜选用分枝多、植株繁茂、中小粒、无限结荚习性品种；雨水充沛地区，宜选择主茎发达、秆强抗倒、中大粒、有限结荚习性品种。

2. 提高播种质量

（1）精选种子，进行种子处理 播前对种子进行精选，种子纯度不低于98%，发芽率不低于85%，含水量不高于13%。微风晴朗天气晾种1~2d，可提高发芽势。

播种前可用药剂、根瘤菌拌种或进行种子包衣。用相当于种子重量0.4%的多菌灵（含量50%）进行拌种，可防治根腐病。拌种时应随拌随播，不宜过夜。

（2）抢墒播种，合理密植 小麦、油菜收获后气温高，跑墒快。为保证大豆出苗所需水分，一般不整地，可贴茬抢种。必须足墒下种或造墒播种，无墒停播。播种深度3~5cm，力争一播全苗。播种方式有耧播、点播、条播或播种机精量播种等。用种量为大粒种子5~6kg/667m^2，中小粒种子4~5kg/667m^2，人工点播3~4kg/667m^2。行株距配置以宽行密株为主，一般行宽50cm，株距10~15cm，密度1.3万株/667m^2，少数早熟、矮秆品种，晚播时，密度可加大到1.5万~2.0万株/667m^2。肥地宜稀，薄地宜密。

3. 施足基肥，培育壮苗 大豆幼苗生长需要一定的养分，播种前增施 N、P、K 作基肥，可促进幼苗生长和幼茎木质化，以利壮苗抗病。一般施三元复混肥 $40kg/667m^2$ 或腐熟有机肥 $1 \sim 2t/667m^2$ 作基肥。

4. 合理排灌 播种后要及时开挖田间排水沟，使沟渠相通，排灌顺畅；遇天气干旱无法耕种时，要及时浇水造墒。灌水时可沟灌也可喷灌，切忌大水漫灌，以免影响出苗。

5. 适期追肥，后期防旱 大豆初花期营养生长与生殖生长并进，此时追施 N 素可促进花的发育和幼荚生长。一般在雨前撒施尿素 $4 \sim 5kg/667m^2$，植株生长过旺可酌情减量或不施尿素。叶面喷肥可分别于大豆开花至鼓粒期进行，用 KH_2PO_4 $150g/667m^2$、尿素 $500g/667m^2$、钼酸铵 $25 \sim 50g/667m^2$，加水 $50kg/667m^2$ 喷雾，每隔 7d 喷 1 次，连续 3 次，正反叶面都喷湿润，以扩大吸收面，提高肥效。大豆初花至鼓粒期若天气干旱，要适期浇水，防止受旱影响产量。

6. 防治病虫草害

（1）化学除草 播后 $1 \sim 3d$ 芽前进行土壤封闭除草。土壤潮湿时，用 72% 都尔 $100ml/667m^2$ 或 50% 乙草胺 $100 \sim 150ml/667m^2$，加水 $50kg/667m^2$ 喷雾；亦可在豆苗 $1 \sim 3$ 片复叶期、杂草 3 叶至 5 叶期，选用 15% 精禾草克 $75ml/667m^2$ 加 25% 虎威 $50 \sim 55ml/667m^2$ 喷雾，莎草生长多的地块可加 48% 苯达松 $100ml/667m^2$，加水 $50kg/667m^2$，进行茎叶喷雾。

大豆对很多除草剂敏感，为确保化学除草的质量，避免对大豆产生药害，用药前一定要仔细阅读说明书，做到适期防除、适量用药、足量加水、防止重喷漏喷。

（2）及时防病 南方夏大豆苗期极易发生立枯病、根腐病和白绢病。播种前每 100kg 种子可选用 50% 多菌灵 500g 或 50% 福美双 400g，加水 2kg 拌种，晾干后播种；亦可在幼苗真叶期，选用50%托布津或65%代森锌100g/667m²，加水50kg/667m²进行茎叶喷雾处理。大豆盛花期再用托布津防治一遍，可有效控制霜霉病和炭疽病的发生。

（3）科学用药治虫　南方夏大豆一生正处于害虫多发期，主要有蚜虫、红蜘蛛、大豆卷叶螟、棉铃虫、甜菜夜蛾和斜纹夜蛾等害虫。这些害虫在田间混合发生，世代重叠，抗药性强，为害猖獗。防治害虫一定要以虫情预报为准。从7月底至8月初，要特别注意观察田间是否有低龄幼虫啃食的网状和锯齿状叶片出现，一旦发现要及时用药防治，每7d用药1次，连续3次。每次用药时，提倡不同类型杀虫剂混配或交替使用，以免害虫产生抗药性。

7. 适期收获　俗话说"豆收摇铃响"。95%豆荚转为成熟荚色、豆粒呈品种本色及固有形状时即可收获。

七、间作大豆的经济效益分析

大豆投入种子3kg/667m²，种子参考价8元/kg。肥料30元/667m²，机械整地播种30元/667m²，化学除草6元/667m²，田间管理20元/667m²，收获40元/667m²，总投入150元/667m²。单产200kg/667m²，市场参考价3元/kg，收入600元/667m²。纯收益450元/667m²。

第二节　林棉间作

林棉间作是集约用地、提高林木覆盖率、增加农民收入的一种高效种植模式。近年来，随着防风固沙、退耕还林及许多绿化工程的实施，林地面积不断增加，作为一种高效利用林间空地的重要林下经济发展模式。林棉间作在全国许多地区均有种植，尤其在河北、内蒙古等地应用较多，内蒙古相关研究机构还对这种模式的立地条件因子开展了试验研究，以期对这种间作模式提供理论指导。林棉间作种植模式的研究、应用与推广成为推进农林业可持续协调发展的有效途径之一。

一、立地条件和应用地区

立地条件是指林业用地上体现气候、地质、地貌、土壤、水文、植被、生物等对林木生存、生长有重大意义的生态环境因子的综合。这些因子在林棉间作体系中相互作用，有其独特的变化规律。充分研究掌握各因子在林棉间作体系中的变化规律，协调各因子之间的关系，促进林棉矛盾朝着最大限度地节约资源、提高产出的方向发展，是林棉间作体系应用的必然要求。

（一）影响林木生长发育的环境条件

主要包括光照、温度、水分、养分、土壤状况等。这些环境条件主要由林木所处环境（造林地）的气候、地形、土壤、水文等自然条件决定，对林木生长发育所需要的光、热、水、气、养等环境条件起着再分配作用，从而间接决定林木生长发育水平。其中一些自然条件有独特的生态作用，但多数条件是以错综复杂的相互关系，对林木生长发育起着综合性的影响。由于不同树种所要求的立地条件有差异，这里仅作一般性的介绍。

1. 气候条件 气候条件决定林木赖以生存的水热条件，其中年太阳辐射总量和降水水平非常重要，对林木生长发育所需的太阳能、水分、CO_2和各种化学养分的有效供给量具有支配作用；同时，一年中由于干、湿季和冬、夏季总辐射及降水分布的不同，往往会限定林木生长的条件，影响林木的生长和生产力。

2. 地形条件 地形条件包括海拔高度、坡向、坡度、坡位、坡型、小地形等。地形条件主要影响到与林木生长直接相关的水热条件和土壤条件。地形的变化,不可避免地要导致其他自然条件和林木生长发育环境条件出现变化,如随海拔高度的升高,可使温度降低,蒸发量减少,无霜期缩短,降水量以及大气、土壤湿度增加,植被生长茂密,从而使土壤肥力提高等。

3. 土壤条件 土壤条件包括土壤种类、土层厚度、土壤质地、土壤结构、土壤养分、土壤腐殖质、土壤酸碱度、土壤侵蚀度、各土层的石砾含量、土壤含盐量、成土母岩和母质等。土壤是林木生长的基质,是森林立地的基本条件。土壤条件本身受气候、地形、地质等多种因素影响,形成不同地理区域的土壤差异性,而不同的土壤也决定了不同树种的分布范围和生长潜力。

4. 水文条件 水文条件包括地下水位深度及季节变化、地下水的矿化度及其盐分组成,有无季节性积水及其持续期等。对于平原地区的一些造林地,水文条件起着很重要的作用。在平原地区造林地评价中,应将水文条件特别是地下水位作为主要的考虑条件之一,而在山地造林评价中,一般不考虑地下水。

(二) 影响棉花生长发育的环境条件

1. 温度 棉花是喜温作物,一生中需要较多的积温,一个地区能否种植棉花,主要决定于其热量资源。

春季播种的适宜地温要求距地表 5cm 处稳定在 14℃ 以上。出苗后生长发育的适宜温度为 25~30℃,35~37℃ 可以勉强生长发育,>40℃ 则会对组织有损害。无论发芽出苗、叶的生长、现蕾、开花常表现为随温度的升高而加快。

棉花各生育时期对温度的要求是不同的。棉花种子萌发的最低温度为 10.5~12℃(一般 10℃),25~30℃ 对发芽出苗最为有利。苗期温度以 20~25℃ 最适宜,在日温 28~32℃、夜温 20~22℃ 条件下第一果枝节位最低,苗期温度高,温度昼高夜低适于棉花花芽分化。现蕾需要 20℃ 以上,最适温度是 25℃,蕾期温度高，现蕾快。开花结铃和吐絮成熟期间均需要25℃以上的较高温度。在20~30℃范围内，温度越高，棉铃发育成熟也越快，棉铃也越大。如气温过高（在35℃以上）会抑制正常的生理活动，同时高温引起花粉败育，失去受精能力。当温度低于21℃时，光合作用产生的还原糖不能转化，纤维素的淀积就会停止，纤维停止发育。所以，花铃后期降温快，会造成棉铃与纤维发育不良，棉铃小，衣分低。

棉花的生长不但受各时期最低温度的限制，而且与积温多少有关。一般要获得单产150kg/667m^{2}以上的籽棉，需无霜期150d以上，全年≥10℃的有效积温在3 000℃以上。

2. 光照 棉花是短日照喜光作物。棉花需要的光照强度比一般作物如小麦等都要高，充足的光照常给高额丰产创造重要的和必要的条件。

一般棉花在每日12h光照条件下发育最快，而8h光照条件下，由于棉株营养不良，反而延迟发育。

光照度影响着光合作用强度，在强光下，光合作用制造的有机养料较多。光照度在适宜范围内，光合强度随光照度的增加而提高。但当达到光饱和点70 000~80 000lux时，光照再提高，光合强度也不再增加。当光照度下降到光补偿点1 000~2 000lux时，棉株制造的养分与本身消耗的养分相等，棉株即呈饥饿状态，造成蕾铃脱落。从棉花栽培上应考虑：配置适宜的行株距，建立合理的群体结构，调节好棉花生育进程，改善生育环境，以提高光能利用率。要保持一定的叶面积系数，单位面积的叶片过小或过多都不相宜。

在自然条件下，温度和光照共同影响着光合强度，在30~35℃范围内，适宜的光照强度能产生最佳的光合效果。一般8~10℃开始光合作用，30℃以下随温度升高光合强度有规律地加强,35℃达最大。温度再高,光合强度显著下降。

3. 水分 棉花是直根系作物,主根入土较深,是比较耐旱的作物。但它生长期长,枝多叶大,生长盛期正值炎热季节,所以耗水量较多。适宜的水分供应则是棉花正常生育和争取高产的必要条件,能否有足够的土壤水分保证各生育期的需要,是影响棉花正常生长、结铃的重要因素。据测定,每生产 1kg 干物质(包括根、叶、枝、铃)需消耗水分 700~1 000kg;生产 50kg 皮棉,需消耗 350~400m³ 水量,相当于 520~600mm 的降水量。

棉花各生育时期的耗水,一般随气温的升降、叶面积系数的消长而有很大差异。棉花苗期需水量较少,约占全生育期耗水量的 12%,适宜的土壤水分含量占田间量大持水量的 60%~70%;蕾期需水量逐渐增多,约占总耗水量的 15%,适宜的土壤水分占田间最大持水量的 60%~70%,这个时期对水分反应敏感,干旱不利于棉株生长发育,水多又易造成疯长;花铃期是棉花一生中耗水量最多的时期,占总耗水量的 70%~80%,此时受旱易增加蕾铃脱落,而且铃轻,衣分低;吐絮期需水量逐渐减少,约占总耗水量的 27%,适宜的土壤水分是田间最大持水量的 55%~70%。此时水分过少会影响铃重和引起早衰,水分过多又易贪青晚熟。因此,在棉花不同生育时期,应根据天气、土壤和棉株生育状况,适时适量灌溉或及时排水,实现稳健生长和增铃增重,达到早熟丰收。

4. 土壤 棉花对土壤的适应性广泛。无论在黏土地或沙土地,水浇地或旱地,也无论是平原或梯田甚至盐碱地都有丰产的典型。一般以有水浇条件的具有较高肥力的沙质土最为适宜。沙质土壤通透性好,利用强大的棉花根系生长,春季地温回升快,不但有利于出苗并且利于幼苗生长。棉花对土壤酸碱度的适应范围较广,pH 值 6.5~8.5 的范围内都能正常生长,以中性至微碱性最相宜,属耐盐碱性较强的作物。

5. 营养

(1) 棉株的化学组成 棉花和其他许多作物一样,主要由 C、H、O 3 种元素组成。

这 3 种元素约占棉株重的 95%,N 素约占 1.4%、P 占 0.3%、K 占 1.5%;另外,棉株中还含有 Ca、Si、Al、Mg、Na、S、Cl、Fe 等含量较大的元素。

(2) N、P、K 在棉花生育中的作用 N 素对棉株的形态建成、干物质的积累以及产量形成等有着很大影响。目前大面积生产上 N 肥施用量少是造成棉花产量不高的重要原因之一。充足的 N 素增强叶绿素的形成,促进光合作用,加强叶片生活力,促进蛋白质合成,表现为生长快,叶色油绿,枝叶繁茂,现蕾、开花多,为多结铃、增铃重、增加纤维长度提供前提条件。

P 素为构成原生质和细胞核的重要成分,所以对各分生组织的活动具有很大影响,特别对棉苗的生长很重要。出苗后 10~20d 是需 P 的重要时期。充足的 P 素在生长前期可促进根系的生长和发芽分化;生长中期能促进生殖生长,有利花、铃的形成和发育;后期特别对促进种子饱满、增加铃重和提早吐絮有作用。

K 素促进输导组织与机械组织的正常发育,明显促进开花后 N 的吸收以及蛋白质的合成,促进碳水化合物的合成和转移,提高光合效率,并有促进花芽分化、推迟落叶、减少蕾铃脱落的作用。

(三) 林棉间作的应用地区

同时满足林木及棉花正常生长发育条件的广大地区都可因地制宜地发展林棉间作种植。林棉间作种植模式的应用一般应具备如下基本条件。

1. 地势平坦，土质疏松，土层深厚肥沃，易于耕作 要求土壤富含有机质，矿物元素含量丰富。

2. 地势高，排灌方便，能做到旱涝保收 最好具备排灌系统健全的条件，高效灌溉系统一般应掌握在每 hm^2 农田确保有一眼好机井。

3. 有较高的劳动力素质和充足的劳动力 除具备的棉花生产技术外还应具备林地管理经验，对棉花及林地品种有充分的了解，在生产过程中协调兼顾林棉的生长动态实现双赢。

4. 幼龄林木地或空间宽阔光线充足的成林。 而山地林不宜开展林棉间作种植。

二、间作模式及经济效益

目前，林棉复合系统的深入研究，特别是从复合系统整体出发进行全面系统的研究尚少见报道。目前存在的问题是模式比较单一，缺乏科技支撑。本节仅从应用实例中总结如下几种模式供参考。

（一）平原沙化地杨树、果树—棉花间作模式

1. 应用地区 河北省邢台市。邢台市林农间作面积占林下经济总面积的 89.3%，林下经济占林地总面积的 6.5%。

（1）中林 46 杨树 双行栽植的林木行株距 $3m \times 1m \times 15m$，28 株/$667m^2$。在林间间作农作物，实现林农双赢。2001 年，南宫市南便乡云庄村在沙化土地上栽植中林 46 杨，发展林棉间作 $40hm^2$。按目前生长量计算，如培育中径材，到采伐时，每 $667m^2$ 可采伐木材 $8.8m^3$（平均每 $667m^2$ 每年生产木材 $1.1m^3$），产值 8 800 元；每 $667m^2$ 生产枝材和根材 2.8t，产值 1 120 元；8 年间作的棉花产值 7 200 元/$667m^2$（平均产量 150kg/$667m^2$）。三项合计 17 120 元，平均每年收入 2 140 元/$667m^2$。而单纯种植棉花，平均

产籽棉 250kg/667m^2，产值 1 500 元/667m^2。农林复合经营，林木生产基本不用投入，比单纯种植棉花增收 640 元/667m^2。

（2）薄皮核桃　内丘县部分种植薄皮核桃的土地，在种植早期的林间的空地上绕开果苗种上棉花，棉花垄间套种冬瓜、甜瓜和花生，挖掘了土地的潜能，仅棉花、瓜果就可获得 500～600 元/667m^2 的收益，弥补了果树生长的先期投入。

2. 应用地区　河北省安平县林棉间作在规划设计上采取双行 3m×2m×20m、3m×1.2m×10m 或者单行 1.5m×20m 等模式。因地制宜，通过科学管理，实现棉不减产、林有增收。

（二）沿海林棉间作扩行缩株宽窄行间作模式

见于江苏。

为充分发挥树木和农作物的边际优势，填充剩余生态位，提高土地利用率和经济效益，将杨树行距扩大到 12～24m，株距缩小到 4m，并采用宽行（12～16m）连窄行（4m）的双行配置方式。年净利润为 5 914.05 元/hm^2。

（三）沿海小网格农田林网间作模式

农田林网模式采用小网格（网格面积 5～8hm^2）、窄林带（2～3行）的方式，林带疏透度以 0.25～0.3 为宜。农田林网（带）在非重灾条件下具有抗御干热风、寒露风等，增加农作物产量的作用；重灾条件下具有抗御强热带风暴和台风，保护农作物产量的作用。据测定，在非重灾的年份，农田林网（带）能使小麦增产 5.06%～13.52%，油菜增产 5.87%，水稻增产 6.21%～12.80%，皮棉增产 10.33%～17.52%。重灾年份，一次强热带风暴时，水稻倒伏减产率减轻 2/3，皮棉保产 11%～28%；二次强热带风暴，皮棉保产 52%～69%。

（四）中尺度农田林网复合间作模式

复合间作模式突破以往农田林网局限，以区域性农田林网化为对象。

1. 营造果材兼用型林网 农作物增收的等额年金现值最大,而且具有长短结合和收获多种产品等优点,在复合农林业经营中,增强了高大乔木抗御自然灾害的能力,注入了果树经济效益高的活力,规避了自然灾害和商品市场的经营风险。

2. 选择适宜的造林树种 在江苏海岸带地区宜选择杨树、桃树和梨树。

3. 采用复合林网配置模式 江苏省林科院经深入研究,给出了林带疏透度模型。

根据林带结构与防护效应的相关原理,采用定性分析与近代回归分析结合的方法,建立林带疏透度与林带防护特征因子的最优化回归方程:Y 疏透度 $= 0.395\,466\,87 - 0.033\,043\,52X$ 林龄 $+ 0.016\,055\,80X$ 株距 $+ 0.005\,635\,957X$ 带高 $- 0.059\,766\,69X$ 冠高 $- 0.005\,372\,18X$ 冠幅。在进行林带结构调控时,首先实地调查现存林带防护特征各因子的数据,按上述模型求出林带的疏透度。如果现存林带疏透度大于最适林带疏透度,可在林带下层补植灌木和草本植物等来降低现存林带疏透度;若现存林带疏透度小,则可采用修枝或间伐技术来调节。

三、林木树种选择和栽培要点

适宜林棉间作的树种可选择各种幼龄林或空间宽阔的成林,如杨树、枣树、银杏等。本节以栽培最为广泛的杨树为例介绍栽培技术要点。

(一) 立地选择

杨树是落叶阔叶树中的速生树种,在土层深厚、疏松、肥沃、湿润、排水良好的冲积土上生长最好。杨树造林地主要在平原地区和河滩地,造林地应具备以下条件。

1. 土层深厚 有效土层厚度大于 1.0m。

2. 土壤质地较轻 黑杨派树种（如欧美杨和美洲黑杨品种）以轻壤土和沙壤土最好，中壤和紧沙次之；白杨派树种（如毛白杨）可在较轻重土壤上生长。

3. 地下水位适宜 杨树生长适宜的地下水位应在 1.5m 左右，生长期内地下水位应在 1m 以下，不低于 2.5~3m。

4. 土壤养分含量较高 最低要求：有机质含量 >0.4%，含 N>0.03%。有效 N>15mg/L，速效 P>2mg/L，有效 K>40mg/L。

5. 土壤无盐碱或轻度盐碱 土壤含盐量宜在 0.1% 以下，地下水矿化度低于 1g/L。

（二）细致整地

造林地经平整地面，修好排灌沟渠系统后，进行全面深耕（或深翻）30cm 以上，然后挖大穴，规格为径 0.8~1.0m，深 0.8~1m。

（三）选用良种壮苗

1. 选用良种 选择已经通过省级林木良种审定的适宜的优良品种。

（1）胶合板材 胶合板需要大径材，干形通直圆满、无疤结，木材硬度适中，旋切、干燥、胶合性能好。适于培养胶合板材的主要是黑杨派的优良品种，如廊坊杨 2 号、I-69、I-72、L 323、L 324、T 26、T 66、中林 46 杨等。

（2）纸浆材 纸浆材要求杨树品种生长快，材色浅，木材密度较大，纤维素含量高，纤维长（应达到 0.9mm 以上），纤维长宽比 >35，壁腔比 <1，杂质含量低等。适于培养纸浆材的杨树品种有廊坊杨 3 号、I-69、I-72、L 323、L 324、L 35、中荷 1 号、中林 46、I-107、中林 23 杨等。

(3) 家具材　要求树干通直圆满，疤结少，木材密度较高，结构细致，心材含量低，力学强度及硬度较高，易干燥，胀缩性小，易加工，胶接油漆性能好等。主要品种有鲁毛50，易县雌株，I-69，I-107，L35，I-102，T26，T66，中林23杨等。

2. 选用壮苗　试验证实选用二年根一年干或二年根二年干的黑杨苗木造林，不但缓苗期短，抗自然灾难的能力强，而且生长快，成材早，出材量高。对壮苗的要求是根系发达完整，苗木粗壮，枝梢木质化程度高，具有充实饱满的顶芽，无机械损伤，无病虫害。

(四) 造林密度

设计合理的造林密度，应根据杨树品种的特性，造林地立地条件，培育目标，轮伐周期，计划间作作物品种等因素来确定。

(五) 栽植技术

1. 苗木处理　在起苗、运苗、栽植的各个环节，都要防止苗木失水。在苗田应遵循先灌水后起苗的原则，苗木起运中要注重保护好根系，使根系完整、新鲜、湿润，尽量做到随起、随运、随栽。不能及时栽植的苗木，要妥善假植，美洲黑杨的一些无性系，在栽植前，用清水浸泡1~2d。为保持苗体的水分，可剪去全部侧枝。

2. 栽植时间　春季和秋末冬初（10月底至11月中旬），正当杨树落叶后及萌芽前，均适宜杨树造林。但美洲黑杨的一些无性系如I-69，T26，T66等，应在春季适当晚栽，待树液流动，芽快要萌动时（3月下旬至4月初）栽植，成活率较高。

3. 栽植深度　根据土壤条件而定，在较干旱疏松的土壤上栽植60cm左右为宜，这种深度可增加苗木的生根量，提高抗旱抗风能力，而在比较黏重的土壤和低洼地，则不宜深栽。

4. 栽植方法 造林时要求大穴栽植，扶正，栽直，分层填土，分层踩实，使苗木根系伸展与土壤密接，栽后立即浇水，水渗后扶正苗木，培土封穴。

（六）抚育治理

俗语说，三分造林七分治理，科学的治理是保证林木速生、丰产、优质的重要环节。

1. 适时浇灌 杨树是速生树种，对水分的要求较高。所以，适时浇灌不仅能提高造林成活率，还能提高杨树的生长量。除新造幼林要立即浇水外，在干旱季节，要适时浇灌，以保证林木旺盛生长。对美洲黑杨等品种进行冬灌，可提高林木的抗旱、抗寒能力。浇灌次数和灌水量视天气和土壤情况而定。一般降水年份，可浇水 2~3 次以上，每 667m^2 每次浇水 30~50m^3，浇水后要及时培土保墒。

2. 合理施肥

（1）基肥 在造林前施土杂肥 1 500kg/667m^2，过磷酸钙 50kg/667m^2 左右，混合后施入挖好的树穴内根系栽植深度范围。

（2）追肥 每年 5~6 月，在杨树的生长旺期追肥两次，施肥量每次为尿素 4~7.5kg/667m^2 或碳酸氢铵 12.5~15kg/667m^2，造林当年可晚施、少施，随林龄增加可适当多施，并注重 N、P、K 的配合，追肥要与浇水结合进行。

3. 松土除草 林分郁闭前，每年除草不少于两次，实行农林间作时可与农作物治理结合进行。林分郁闭后可适当减少除草次数。农林间作期间不专门为林地松土，停止间作后每年最少要松土 1~2 次，以疏松土壤，防止土壤板结。

4. 修枝 适时修枝可提高树干质量，有利于培育干形圆满的优质良材。造林时修去苗木的全部侧枝，造林后 1~3 年的幼树，去除竞争枝，保留辅养枝，并剪除树干基部的萌条，培养竖立强壮的主干，修枝强度应保持树冠长度与树高的比值在 3/4 以上。胶合板材应没有疤结，当第一轮侧枝基部的树干达到 10～12cm 时进行修枝，去掉第一轮侧枝，以培养无结良材。修枝应在秋季树木落叶后进行，切口要平滑，不撕裂树枝。对 4 年以后的林木要逐步修除树冠下层生长衰弱的枝条，使树冠长度与树高大致保持以下比例：树高 10m 以上，冠高比 2/3；树高 20m 以上，冠高比 1/2；树高 25m 以上，冠高比 1/3。

5. 实行农林间作，以耕代辅　在林分郁闭以前实行农林间作，不仅提高土地的利用率，还可通过对农作物的治理，如松土、除草、浇水、施肥等措施，起到抚育幼林，促进林木生长，增加收益的作用。间作农作物应以矮小、耐阴、耗水肥少的大豆、花生等豆科作物或瓜菜、棉花、药材、小麦等为重点。间作的作物与林木要保持 50m 以上的距离，以免耕作时损伤林木根系或作物与林木争水争地。

四、棉花栽培要点

（一）播前准备

1. 选用优质高产品种　选用抗枯、黄萎病的棉花品种。种子要经过脱绒、包衣技术处理。常规棉品种选用原种或原种一、二代，杂交棉品种选用一代杂交种。

2. 选择适宜的林棉间作模式。

3. 施足底肥　施优质农家肥 2 000kg/667m^2，饼肥 50kg/667m^2，专用复合肥（其 N、P、K 比例为 1∶1∶1.5，并含有适量 B、Zn 肥）40～50kg/667m^2，将 3 种肥料混合均匀，堆沤 10～15d，最迟于棉花移栽或播种前 20d，在预留棉行中间开沟（沟深 25cm），把肥料均匀施入沟内，将肥料与土壤混合，而后封沟。

4. 浇足底墒水 播种前 10d 左右，约 3 月底 4 月初，结合浇小麦孕穗水，浇足棉花的底墒水，浇水量 35~40m³/667m²。

5. 整理预留棉行 浇水后，在土壤的适耕期，先耕松土壤，而后耙磨保墒，把预留棉行整成龟背形，做到既无明坷垃，又无暗土块，达到上虚下实，底墒足，为一播全苗创造良好的土壤环境。

（二）全苗和壮苗早发

合理确定播期和密度。一般选在 5cm 地温稳定在 14℃ 后播种。种植密度要因种植方式、品种和土壤肥力而定。对于地膜直播的杂交种棉，中等以上肥力，密度一般在 1 500~2 000 株/667m²；地膜直播的常规种，一般肥力条件下，密度在 2 500~3 000 株/667m²；高水肥地 2 000 株/667m² 左右。营养钵（块）育苗或移栽的地膜棉，高水肥地块，杂交种密度 1 800~2 000 株/667m²，常规种 2 000~2 500 株/667m²；一般肥力地块，杂交种 2 000~2 500 株/667m²，常规种 2 500~3 000 株/667m²。

（三）科学播种

1. 地膜直播棉 有先播种后覆膜或先覆膜后播种两种方法。要严格按照林棉间作的棉花行距拉线划行开沟，带尺定株距摆播，每穴播 2~3 粒干籽，播深严格控制在 2~3cm，做到深浅一致。播种后覆膜前，为了防除杂草，可选用适宜的对林木、棉花无害的芽前除草剂，按其使用说明加水喷雾播种行，以表土喷湿为宜，然后覆膜。覆盖地膜时，要求覆膜平展无皱折，膜面紧贴地面，膜边垂直入土 5cm，用湿土封严压实。

2. 营养钵（块）育苗 营养钵（块）的肥料以有机肥（人粪尿、牲畜粪等）为主，有机肥与钵土的比例为 2:8，有机肥一定要充分腐熟并过筛。选用钵体直径 6~7cm，高 10cm 的大钵制钵器，摆放钵时要求上平下不平，而后用细水慢流洇钵，待水下渗至无明水后，每钵下 1~3 粒包衣种子。最好平播，播后盖约 2.5cm 厚的湿润细土，接着喷芽前除草剂。最后按标准搭起拱棚架，覆盖塑料薄膜，把膜边四周用土压严。

（四）及时打孔放苗和苗床管理

1. 地膜直播棉 棉苗出土后，当子叶由黄变绿，应利用晴天及时开孔放苗。特别是遇到晴天高温时，更要注意及早放苗，以防高温膜下烧苗。放苗后等子叶上水分干后，要及时用细土封严膜口，以提高地膜的增温保墒效果。

2. 营养钵（块）育苗

（1）通风和炼苗 当棉苗出齐后，要及时开口通风调温。先在苗床两端开口，然后在苗床两侧搞成"品"字形开口，通风口由小渐大，待棉苗出现两片真叶后，白天揭膜，晚上盖膜。在移栽前一星期，可昼夜不盖膜进行炼苗，但遇到寒流一定要坚持盖膜，做到苗不栽完，膜不离床。

（2）间苗和定苗 棉苗出齐后，选晴天进行间苗，选一片真叶进行定苗，做到一钵（块）留一壮苗。间、定苗时应用剪刀剪或用手掐，以免伤着留苗的根。一般出苗前不浇水，只有当苗床缺墒、苗茎明显变红时再浇水。浇水时要选晴天，采取小水细流一次浇透，切勿大水漫灌和经常浇水，以防形成高脚苗、老小苗和病苗。

（五）查苗补缺，适时移栽

1. 地膜直播棉 当棉苗出齐后，应及时间苗，去弱留壮，每穴留两棵苗。待长出第二片真叶时定苗，每穴留 1 棵壮苗。在定苗时，凡遇到只缺一苗的，相邻穴可留双苗代替缺苗，如果缺苗两棵或两棵以上的，一定要用营养钵（块）育苗移栽补缺，保证留足所要求的密度。

2. 营养钵（块）育苗 当棉苗长到 3~4 片真叶，大约在 4

月底5月初，即可移栽。按行距要求开沟，带尺按株距要求移栽棉苗。先覆土至钵体的2/3，接着浇水，待水下渗后，再覆土1/3，然后整平。

（六）及早防治病虫害

棉花苗期根病以立枯病和炭疽病为主，多雨年份，猝倒病也比较常见；叶病主要是轮纹斑病。按棉苗生长期，以出第一片真叶时最易得病，发病的原因是环境低温高湿。防治上，首先，在棉花苗期要通过及时中耕、间苗、定苗等管理措施，改善棉苗生长的环境，使其健壮生长，增强棉苗的抗、耐病能力。其次，要选用经过脱绒包衣的种子，防治苗病。最后，要在低温寒流来临之前喷洒杀菌剂（如多菌灵、杀菌王等）防治。棉花苗期害虫主要有红蜘蛛、棉蚜、地老虎等。一般可采用阿维菌素、高效氯氰菊酯、乙酰甲胺磷等对口农药进行防治。对地老虎，可配制毒饵防治，如用敌百虫拌棉仁饼或麦麸等。

第三节 其他类型林经间作

一、立地条件和应用地区

适宜于年平均气温10℃以上，年降水量550mm以上，≥10℃的积温3 500~3 800℃的地区，无霜期180d以上。选择适宜杨树生长的造林地，是实现杨树速生丰产的基本条件。杨树是落叶阔叶树中的速生树种，在土层深厚、疏松、肥沃、湿润、排水良好的冲积土上生长最好，杨树造林地主要在平原地区和河滩地。

二、林木种类

杨树、银杏等。

三、间作的经济作物种类

马铃薯、油菜等。

四、种植规格和模式

杨树株距 2~3m,行距 4~6m。栽植后在杨树两侧各延伸 0.5m,培宽 0.2m、高 0.2m 的土埂,行间则留出 3.0~4.0m 的空地。前 1~3 年行间空地地膜覆盖栽植马铃薯或油菜。或采用宽窄行混交方式,杨树两行一带,窄行行距 2m,宽行间距 8m,宽行内间作马铃薯、油菜。银杏株距 2~3m,行距 4~6m,中间间作马铃薯、油菜。随着树龄的增大,在施用有机肥的同时,要加宽果树行间的清耕部分,使之达到 1.5~2.0m,播种马铃薯或油菜的部分相对减少。

五、种植技术

(一) 马铃薯间作栽培技术

1. 选用良种 选用良种是马铃薯高产栽培的一个重要环节。

(1) 晋薯 13 山西省农业科学院高寒作物研究所选育。2004 年 1 月经山西省农作物品种审定委员会审定通过。属中晚熟种,从出苗至成熟 105d 左右。株型直立,分枝中等。茎绿色,生长势强,植株整齐,叶淡绿色。花冠白色。株高 80cm 左右,天然结实中等,浆果有种子。薯块圆形,黄皮淡黄肉,芽眼深浅中等,结薯集中,单株结薯 5 块左右,大中薯率 80% 左右。块茎休眠期适中,耐贮藏。该品种产量高,抗病性强,抗旱耐瘠,平均产量 2 000kg/667m^2 左右。种植密度一般要求 3 000~4 000 株/667m^2,土壤肥力较好的地块可以适当稀植。该品种适应范围较广,在陕西、河北、内蒙古、陕西北部、东北大部等地一季作区种植。

(2) 晋薯14 山西省农业科学院高寒区作物研究所选育。2004年1月经山西省农作物品种审定委员会审定通过。晋薯14为中晚熟种，生育期110d左右。该品种株型直立，分枝中等，生长势强，植株整齐，茎秆粗壮，叶片肥大，叶色深绿。株高75~95cm，茎粗1.40cm左右。花冠白色，天然结实少，浆果有种子。薯块圆形，淡黄皮浅黄肉，芽眼深浅中等，匍匐茎短，结薯集中，单株结薯数4~6个，大中薯率85%左右。块茎休眠期中等，耐贮藏。该品种抗病性强，抗旱耐瘠，平均产量1 500kg/667m^{2}左右，在土壤肥力较高、土质较好的地方产量可高达2 500~3 000kg/667m^2。种植密度在3 500株/667m^{2}左右。该品种适应范围广，在山西、河北、内蒙古、东北等地一季作区种植。并因地制宜，根据土壤土质及肥力状况适当调整种植密度及施肥水平。

(3) 秦芋30 陕西省安康市农业科学研究所选育。2003年2月8日经国家农作物品种审定委员会会议审定通过。生育期95d左右。株型较扩散，生长势强。株高36.1~78.0cm。花冠白色，天然结实少。大中薯块茎为长扁形，小薯为近圆形，表面光滑浅黄色，薯肉淡黄色，芽眼浅，芽眼少。结薯较集中，商品薯76.5%~89.5%，田间烂薯率低（1.8%左右），耐贮藏。休眠期150d左右。在西南区试中，经雨涝、干旱、冰雹、霜冻考验仍增产显著，表现为抗逆性强，适应性广。鲜薯食用品质好，适合油炸食品加工及淀粉加工和食用。平均产量1 726kg/667m^2。间作种植密度3 000~3 500株/667m^2。

(4) 青薯4号 青海省农林科学院作物所选育。2003年1月22日青海省第六届农作物品种审定委员会第三次会议审定通过。属晚熟品种，全生育期162±8d。半光生幼芽顶部较尖，呈紫色，中部黄色，基部圆形，绿色，茸毛少。幼苗直立，深绿色，株丛繁茂，株型直立高大，生长势强。株高 110.00 ± 8.24cm，叶色浅绿，中等大小。薯块椭圆形，表皮光滑，白色，薯内白色。结薯集中，休眠期 35 ± 4d。平均产量 2 912.14kg/667m^2。耐旱、耐寒性强，耐盐碱性强，薯块耐贮藏。较抗晚疫病、环腐病、黑胫病，抗花叶病毒。水地种植密度为 3 000 株/667m^2，旱地为 4 000 株/667m^2。该品种适宜中国北方一季作区种植。

（5）富金　辽宁省本溪马铃薯研究所选育。2005 年 2 月通过辽宁省农作物品种审定委员会审定命名。该品种属早熟品种，生育期 85d。植株属中间型，平肥地株高 50cm 左右。茎绿色，茎翼微波状，叶深绿色。花冠白色，柱头无分裂，花萼暗绿色，不结实。块茎圆形，黄皮黄肉，表皮光滑，老熟后薯皮呈细网纹状，芽眼浅，薯块大而整齐。休眠期中等。匍匐茎短，结薯集中，单株结薯 4～6 个，丰产性和稳产性好。该品种对病毒病有较强的抗性和耐性，抗真菌和细菌性病害，耐湿性强，对晚疫病有较强的抗性，薯块不易感晚疫病，抗腐烂、耐贮运。平均产量 1 948.4kg/667m^2。种植密度为 5 000 株/667m^2。"富金"马铃薯品种地区适应性较强，除了广大二季作区外，在北方一季作区和南方高海拔地区均可进行大面积生产，并取得较高的收成。

（6）同薯 23　山西省农业科学院高寒区作物研究所选育。2004 年 10 月第一届全国农作物品种审定委员会第三次会议审定命名。属中晚熟品种，从出苗至成熟约 106d。植株直立，茎绿色带紫斑，茎粗壮，分枝较少。株高 60～80cm。叶片较大，叶色深绿色。花冠白色，能天然结实，浆果有种子。块茎扁圆形，黄皮淡黄肉，芽眼深浅中等，薯皮光滑。适宜蒸食和菜食，品质优。植株抗病耐退化。根系发达,抗旱耐瘠。薯块大而整齐,耐贮藏。商品薯率达 87% 左右。平均产量 2 231kg/667m^2。在山西、内蒙古、东北大部分及河北、陕西北部等马铃薯一季作区均可种植。适宜范围广,旱薄丘陵及平川地区种植均可获得较高产量。

(7) 同薯 20　山西省农业科学院高寒区作物研究所选育。经第一届全国农作物品种审定委员会第四次会议审定通过,农业部第 516 号公告公布。中晚熟品种,出苗至成熟 100～110d。株型直立,株高 70～95cm,茎粗壮,分枝多,平均单株主茎数 2.3 个。叶色深绿,枝叶繁茂。花冠白色,天然结实性中等。块茎圆形,黄皮黄肉,薯皮光滑,芽眼深浅中等,结薯集中,平均单株结薯数 4.7 个。蒸食和菜食品质兼优。对病毒病具有较好的水平抗性,抗环腐病和黑胫病,植株轻感晚疫病。接种鉴定:中抗花叶病毒病,重度感晚疫病。生长势强,抗旱耐瘠,块茎膨大快,产量潜力大。薯块大而整齐,商品薯率 60.8%～73.0%,商品性好,耐贮藏。符合鲜薯出口和淀粉加工品质要求。平均产量 1 492kg/667m^2。本品种适宜范围广,在华北、西北、东北大部分一季作区均可种植。薯块大而整齐,商品性好,抗病性较好,经济效益较高,具有很大生产潜力及推广利用价值。

(8) 新大坪　甘肃省定西市安定区农技中心选育。2005 年 12 月 14 日通过甘肃省农作物品种审定委员会审定。中熟,生育期 100d 左右。幼苗长势强,成株繁茂。株型半直立,分枝中等。株高 40～50cm,茎粗 10～12mm。茎绿色,叶片肥大,叶墨绿色。薯块椭圆形,白皮白肉,表皮光滑,芽眼较浅且少。结薯集中,单株结薯 3～4 个,大中薯率 95% 以上。田间抗马铃薯病毒病、中抗马铃薯早疫病和晚疫病。薯块休眠期中等,耐贮性强,抗旱耐瘠。旱薄地种植密度为 2 500～3 000 株/667m^2,高寒阴湿和川水保灌区以 4 000~5 000 株/667m² 为宜。该品种适宜范围广，在华北、西北、东北大部分一季作区均可种植。薯块大而整齐，商品性好，抗病性较好，经济效益较高，具有很大生产潜力及推广利用价值。

（9）晋薯 15　山西省农业科学院高寒区作物研究所选育。2006 年 3 月通过山西省农作物品种审定委员会审定。中晚熟品种，生育期 110d 左右。株型直立。株高 85~100cm，茎绿色、粗壮，分枝多，生长势强。平均单株结薯 4.9 个，薯型为扁圆形、淡黄皮、淡黄肉，芽眼深浅中等。结薯集中，薯块大小中等，整齐度高，商品薯率 80%（≥150g）以上。该品种抗花叶病毒病、晚疫病，耐盐碱。对环腐病、黑胫病有较好的田间水平抗性，较抗疮痂病。种植密度一般为 3 300~3 500 株/667m²。适宜山西省及华北地区马铃薯一季作区种植。

2. 选地整地　马铃薯是不耐连作的作物。种植马铃薯要选择 3 年内没有种过马铃薯和其他茄科作物的地块。马铃薯对连作反应很敏感，生产上一定要避免连作。如果一块地上连续种植马铃薯，不但引起病害严重，如青枯病等，而且引起土壤养分失调，特别是某些微量元素失调，使马铃薯生长不良，植株矮小，产量低，品质差。马铃薯与小麦、大麦等植物轮作，增产效果较好。

马铃薯块茎膨大需要疏松肥沃的土壤。因此，种植马铃薯的地块最好选择地势平坦，有灌溉条件，且排水良好、耕层深厚、疏松的沙壤土。前作收获后，要进行深耕细耙，然后做畦。畦的宽窄和高低要视地势、土壤水分而定。地势高排水良好的可做宽畦，地势低，排水不良的则要做窄畦或高畦。

3. 施足基肥　马铃薯在生长期中形成大量的茎叶和块茎，因此，需要的营养物质较多。肥料三要素中，以 K 的需要量最多，N 次之，P 最少。施足基肥对马铃薯增产起着重要的作用。

马铃薯的基肥要占总用肥量的3/5或2/3。基肥以腐熟的堆厩肥和人畜粪等有机肥为主，配合P、K肥。一般施有机肥1~1.5t/$667m^2$，过磷酸钙15~25kg/$667m^2$，草木灰100~150kg/$667m^2$。基肥应结合做畦或挖穴施于10cm以下的土层中，以利于植株吸收和疏松结薯层。播种时，用N素化肥5~8kg/$667m^2$作种肥，使出苗迅速而整齐，促苗健壮生长。

4. 种薯处理

（1）精选种薯 在选用良种的基础上，选择薯形规整，具有本品种典型特征、薯皮光滑、色泽鲜明、重量为50~100g大小适中的健康种薯作种。选择种薯时，要严格去除表皮龟裂、畸形、尖头、芽眼坏死、生有病斑或脐部黑腐的块茎。

（2）切块与小整薯作种 种薯切块种植，能促进块茎内外O_2交换，破除休眠，提早发芽和出苗。但切块时，易通过切刀传病，引起烂种、缺苗或增加田间发病率，加快品种退化。切块过大，用种量大，一般以切成20~30g为宜。切块时要纵切，使每一个切块都带有顶端优势的芽眼。切块时要剔除病薯，切块的用具要严格消毒，以防传病。

小整薯作种，可避免切刀传病，而且小整薯的生活力和抗旱力强，播后出苗早而整齐，每穴芽数、主茎数及块茎数增多。因而采用25g左右健壮小薯作种，有显著的防病增产效果。但小薯一般生长期短，成熟度低，休眠期长，而且后期常有早衰现象。栽培上需要掌握适当的密度，做好催芽处理，增施K肥，并配合相应的N、P肥，才能发挥小薯作种的生产潜力。

（3）催芽 催芽是马铃薯栽培中一个防病丰产的重要措施。播前催芽，可以促进早熟，提高产量。同时，催芽过程中，可淘汰病烂薯，减少播种后田间病株率或缺苗断条，有利于全苗壮苗。催芽方法是将种薯与沙分层相间放置，厚度3~4层，并保持在20℃左右的最适温度和经常湿润的状态下。种薯经10d左右即可萌芽。催芽时，种薯用0.5~1ppm赤霉素液或0.1%~0.2% $KMnO_4$溶液浸种10~15min或用2%硫脲浸种20min，均可提高催芽效果。

5. 合理密植

构成马铃薯的产量因素是单位面积株数与单株产量的乘积。单株产量是由单株结薯数与单薯重确定的。而群体增产与单株增产之间是矛盾的。当单位面积株数增加时，单株产量相应降低，两者都与栽植密度存在着一定依存关系。在一定密度的范围内，群体的产量随密度的增加而增加；单株产量随密度的增加而降低。因此，确定密度必须考虑群体产量与个体产量两个相矛盾因素协调统一。如果密度过小，虽然单株发育好，产量高，但由于单位面积内总株数小，结薯较少，产量不高。如果密度过大，虽然总株数多，但单薯重很低，同样产量不高。因此，合理密植就是要使单位面积内有一个合理的群体结构，既能使个体发育良好，又能发挥群体的增产作用，以充分利用光能、地力，从而获得高产。从群体和个体协调发展考虑，马铃薯在一般栽培水平下，种2 500~4 000株/667m^2，每株2~3茎较为适宜。

6. 田间管理

（1）查苗补苗　马铃薯出苗后，要及时进行查苗，有缺苗的及时补苗，以保证全苗。补苗的方法是：播种时将多余的薯块密植于田间地头，用来补苗。补苗时，缺穴中如有病烂薯，要先将病薯和其周围土挖掉再补苗。土壤干旱时，应挖穴浇水，且结合施用少量肥料后栽苗，以减少缓苗时间，尽快恢复生长。如果无备用苗，可从田间出苗的垄行间，选取多苗的穴，自其母薯块基部掰下多余的苗，进行移植补苗。

（2）中耕培土　中耕松土可使结薯层土壤疏松通气，利于根系生长、匍匐茎伸长和块茎膨大。出苗前如土面板结,应进行松土,以利出苗。齐苗后及时进行第一次中耕,深度 8~10cm,并结合除草。第一次中耕后 10~15d,进行第二次中耕,宜稍浅。现蕾时,进行第三次中耕,比第二次中耕更浅。并结合培土,培土厚度不超过 10cm,以增厚结薯层,避免薯块外露而降低品质。

(3) 追肥 马铃薯从播种到出苗时间较长,出苗后,要及早用清粪水加少量 N 素化肥追施芽苗肥,以促进幼苗迅速生长。现蕾期结合培土追施一次结薯肥,以 K 肥为主,配合 N 肥,施肥量视植株长势长相而定。开花以后,一般不再施肥,若后期表现脱肥早衰现象,可用 P、K 或结合微量元素进行叶面喷施。

(4) 防治病虫害 马铃薯的病害较多,常见的病害有病毒病、晚疫病、青枯病、环腐病、疮痂病、癌肿病等。晚疫病多在雨水较多时节和植株花期前后发生。因此,要注意及早用波尔多液或瑞毒霉进行防治。青枯病目前药剂防治较难,防治方法主要通过合理轮作、选用抗病品种以及用小整薯作种等措施进行防治。

马铃薯的害虫主要有瓢虫、土蚕、蚜虫、蛴螬、蝼蛄等。可用药剂或人工捕杀等措施防治。

7. 收获 当马铃薯植株停止生长,茎叶大部分枯黄时,块茎很容易与匍匐茎分离,周皮变硬,比重增加,干物质含量达最高限度,即为食用块茎的最适收获期。利用块茎应提前 5~7d 收获,以减轻生长后期高温的不利影响,提高种性。

(二) 油菜间作栽培技术

1. 选用良种

(1) 宁油 14 宁油 14 属甘蓝型油菜迟熟类型。江苏省农业科学研究院经济作物研究所选育，半冬性甘蓝型常规双低油菜品种。于2004年8月通过国家审定。全生育期240d左右。叶色深绿，叶片较大，叶面少蜡粉，叶柄较长。越冬匍匐，冬前生长稳健，抽薹较迟，抽薹后发育较快。花较大，花瓣黄色、鲜艳。植株株型较松散，茎秆弹性较好。株高171cm左右。结角性好，角果平生，角果长，果喙较长。每角结种子20~26粒，千粒重3.4~3.8g。种皮褐色。抗病毒病，较抗菌核病。抗倒伏能力强。平均产量120~150kg/667m²。适用区域为长江下游地区的浙江、上海两省（直辖市）及江苏、安徽两省的淮河以南地区的冬油菜主产区。

（2）宁油16　江苏省农科院经作所选育，半冬性甘蓝型常规油菜品种。该品种全生育期244d左右。叶色深绿，叶片较长，叶缘锯齿明显。越冬半直立，全生育期长势稳健。株高157cm。单株平均有效角果347.49个，每角19.64粒，千粒重3.29g。综合抗性较好。品种一致性好。平均产量150~180kg/667m²。适宜江苏省油菜区推广种植。

（3）秦油7号　甘蓝型弱冬性细胞质雄性不育三系杂交种。黄淮地区全生育期平均245d，长江下游平均226d，长江中游平均218d。幼苗半直立，子叶肾脏形，幼茎紫红，心叶黄绿紫缘。深裂叶，叶缘钝锯齿状，顶裂叶圆大，叶色深绿。花色黄，花瓣大而侧叠，匀生分枝，与主茎夹角较小。角果浅紫色、直生、中长较粗而粒多。平均株高164.2~182.7cm，一次有效分枝8~9个，单株有效角果288~342个，每角粒数23~25粒，千粒重3.0g。低感菌核病，中抗病毒病。抗倒性较强。含油量40.69%~43.22%。

1999~2001年度参加黄淮海组油菜品种区域试验，两年区域试验平均单产207.18kg/667m²，比对照秦油2号增产0.08%；

2000~2001年度黄淮海组生产试验平均单产189.09kg/667m²，比对照秦油2号减产0.71%。2001~2003年度参加长江下游组油菜品种区域试验，两年平均单产139.11kg/667m²，比对照中油821增产10.79%。2002~2003年度长江下游组生产试验，平均单产136.77kg/667m²，比对照中油821增产11.65%。2002~2004年参加长江中游组油菜品种区域试验，两年平均单产122.88kg/667m²，比对照中油821增产3.12%。2003~2004年度长江中游组生产试验，平均单产155.29kg/667m²，比对照中油821增产5.37%。适宜在黄淮、长江中下游地区的陕西、河南、江苏、安徽、浙江、上海、湖北、湖南、江西等省、市的冬油菜主产区种植。

（4）秦油9号　甘蓝型。半冬性。叶片宽长，叶色深绿，叶片厚，有蜡粉。茎绿色。花色淡，花粉饱满。角果大，直生稍上挺，角密，角多，粒多。生长势强，整齐一致。春发快，花期长，中熟。黄淮流域全生育期245d左右，长江下游230~240d。含油量38.8%。抗（耐）菌核病和病毒病，较抗冻、抗倒。2001~2002年参加陕西省油菜品种区域试验，生产试验和国家黄淮区油菜品种区域试验，平均单产202.4kg/667m²。适宜于黄淮流域和长江下游北部冬油菜区种植。

（5）皖油18　安徽省农业科学院作物研究所选育。杂交油菜品种。2002年通过国家审定。该品种属半冬性甘蓝型油菜。全生育期225d左右，较秦油2号早3~4d。春前苗期生长相对缓慢，春后生长加快。株高150cm左右。幼苗半直立，叶色深绿。花瓣较大，覆瓦状，黄色。角果直立。一般一次有效分枝7~9个，次分枝6~7个，全株有效角果数430~500个，每角粒数17~21粒，千粒重3.8g左右。抗倒耐肥，抗（耐）病性较强。含油量高达43.09%。适宜长江中下游各地区种植。1998~2000

年参加全国长江下游地区区试。1998~1999年度平均单产180kg/667m²,较对照中油821增产11.7%,居参试品种第一位;1999~2000年度平均单产206.83kg/667m²,较中油821增产14.23%。2000~2001年度生产试验,平均单产147.1kg/667m²,较中油821增产10.21%,居4个参试品种第一位。大田生产,中等肥力田块一般单产180kg/667m²以上,高产田可达250kg/667m²。

(6)中双9号 中国农业科学院油料作物研究所选育。2002年通过湖北省品种审定委员会审定,并进入全国各油菜产区参加全国区试。属早、中熟甘蓝型油菜品种。全生育期207d左右。株高中等,分枝部位中等。单株有效角果313个,每角18粒,千粒重3.51g。在湖北省区试中,最高单产249.75kg/667m²,平均单产165.5kg/667m²,比对照中油821(下同)增产15.33%。饼粕粗蛋白质含量32.83%,菜籽含油量44.67%。该品种极抗(耐)病毒病。抗倒能力强。适宜湖北、湖南、安徽、河南、陕西、江苏、浙江、上海等地推广种植。

2. 精心整地 由于油菜根系发达,分布广,根据杨树的行距、树龄合理整地,以不损害树根为准。通过深耕,打破犁底层,同时要求土壤细碎平实,有利于机械播种、种子出苗和幼苗生长。

3. 科学施肥 施肥应做到有机肥与无机肥结合,基肥与追肥结合,掌握经济施肥、平衡追肥的原则。优质油菜在营养生理上有对N、K需要量大,对P、B反应敏感的特点,结合耕地一般净地施有机肥2 000kg/667m²,尿素15kg/667m²(或NH_4HCO_3 50kg/667m²),过磷酸钙50kg/667m²,KCl 20kg/667m²(不能施用含硫酸根的K肥),硼砂1kg/667m²。不同树龄和行距的杨树,根据实际播种面积进行施肥,并根据油菜生长情况适时追肥。

4. 适时播种，培育壮苗 根据各地气温下降速度不同的特点，冬油菜直播适宜播种期为9月20日~10月10日，越冬前叶片数应达到9~12片，宁早勿晚。净地用种量200g/667m^2，杨树行间用种量根据实际播种面积计算。采用大沟麦方式播种，使用大沟麦播种机，每50g种子加河沙2.5kg。沙子要用筛子过筛，使其大小均匀，晒干。

播种深度3cm左右。油菜行距根据杨树的树龄和行距不同，一般为45~50cm，树龄小、行距大的杨树地，油菜的行距小些，树龄大、行距小的杨树地油菜的行距大些。出苗后及时间苗，做到二叶间，三叶定。三叶可喷施多效唑防止高脚苗。15%的多效唑可湿性粉剂50g加水50kg喷施。定苗去弱留强，结合定苗拔除株间杂草，及时中耕保墒。

5. 合理密植 建立合理的动态群体结构，充分利用光能、风能和地能，积累更多的有机物，从而实现优质、高产、高效、生态、安全。一般净地种植，水肥地留苗10 000~12 000株/667m^2，株距13cm左右；旱地或晚播地可适当增加，留苗12 000~15 000株/667m^2，株距10cm左右。杨树地根据实际种植面积定苗。

6. 田间管理

（1）清除树叶 入冬前将飘落在油菜苗上的树叶及时清除，防止遮光。冬季树叶覆盖在苗上可起到保温作用，但开春后应及时清除。

（2）追肥 油菜施肥原则是重施基肥，增施苗肥，巧施花粉肥。追肥主要是N肥，应在抽薹前施用，在下雨时撒施或结合浇水追施，施尿素5kg/667m^2。在花期结合防治病虫喷施0.2%的KH_2PO_4和0.2%的硼砂溶液，可提高粒重，促进早熟。

（3）浇水 苗期气温低，耗水量小，一般在苗期结合定苗浇水一次。另外在越冬前浇一次越冬水，提高地温，防止冻害死苗。如果冬前水分过多，根系发育严重受阻。蕾薹期是需水敏感期，叶面积扩大，蒸腾作用增强，必须保证水分需求。开花期是需水需肥的高峰期，此时北方往往少雨干旱，空气干燥，再加上杨树根系吸收大量水分，对开花、授粉、受精不利，应及时浇水。角果期缺水导致秕粒增多，含油量降低，但水分过多又易造成贪青晚熟，一旦晚熟正好赶上此时杨树枝叶发育较快，影响其光合作用，将造成严重减产，并且品质下降。另外渍水会导致根系早衰。

（4）培土　冬前进行中耕培土，围好根茎，防止根茎外露，增加土温，防止冻害。

7. 防治病虫

（1）虫害　播种后第二天，用敌百虫等诱饵诱杀，防治地下害虫。在苗期或春季返青后及时防治蚜虫。油菜进入终花期，除防治蚜虫外，还要着重防治菜粉蝶、美洲斑潜蝇。用10%吡虫啉防治蚜虫，用量$20g/667m^2$；用甲维盐防治菜粉蝶，用量$20g/667m^2$；美洲斑潜蝇用40%绿菜宝乳油1 000倍液防治。

（2）病害　油菜开花以后，采取摘老叶的措施，逐步把下部已黄的长柄叶和短柄叶去掉，不但对油菜的正常生长无影响，而且有降低田间湿度、减少病害的作用，有利增产。主要病害有霜霉病和菌核病。霜霉病可用70%代森锰锌防治，用量$20g/667m^2$；菌核病用40%菌核净可湿性粉剂防治，用量$150\sim200g/667m^2$。

8. 适时收获　当全田80%左右的角果呈现淡黄色，主轴大部分角果呈黑褐色时收获。收获时做到晴天早、晚割，带露水割；阴天全天割。要轻割、轻放、轻捆、轻运。收获后注意后熟。堆垛方法是第一层角果向外，上部各层角果向内，顶上加盖防雨布。后熟过程中注意检查垛内温度。

防止菜籽在高温、高湿下霉变。后熟结束应立即晾晒、脱粒。

六、经济效益分析

杨树生长一般4年以后成材。在此前无任何经济效益，每年还要投入大量成本。如果杨树行间套种油菜，按单产150kg/$667m^2$，油菜籽价格4.4元/kg计算，除去成本，净收入500元/$667m^2$以上。间作马铃薯，投入400元/$667m^2$，产量1 500kg/$667m^2$左右，产值1 500元/$667m^2$左右，纯效益900元/$667m^2$。

本章参考文献

1. 刘青山，任宝君.2009.幼龄梨园间作马铃薯栽培模式.现代农村科技，(4)：24
2. 刘颖.2003.林豆间作栽培技术.农业与技术，(5)：97~98
3. 吕跃强.2002.幼龄果园套种春大豆丰产栽培技术.内蒙古农业科技，(增刊)：109~110
4. 马晖，于卫平.2004.杨树速生丰产林间作效益分析.林业科学研究，17（增刊）：145~147
5. 毛树春.1998.棉花规范化高产栽培技术.北京：金盾出版社
6. 山东农学院.1980.作物栽培学.北京：农业出版社
7. 时明芝.2003鲁西黄河故道杨树林间作效益的研究.林业科技，(1)：16~18
8. 孙拖焕.2007.山西主要造林绿化模式.北京：中国林业出版社
9. 徐厚志，田野.2002.杨树和作物间作与单作经济效益对比.林业科技开发，16（3）：36~38
10. 叶巍，陈洪江.2009.杨树行间套种双低油菜高产栽培技术.种子科技，(1)：42~43

11. 袁玉欣,王颖,李际泉等.2001.杨粮间作行距对小麦生长及产量的影响.中国农业生态学报,6(6):88~91

12. 张桂兰,李新虎,谢汉忠.2002.中原地区马铃薯高产栽培技术要点及间作模式.中国马铃薯,(5):306~307

13. 章泳,方贵平.2006.林农间(套)作高效种植模式.南京:东南大学出版社

14. 张友朋,李继红,刘国兴等.2002.窄冠型杨树新品种林粮间作技术与效益.林业实用技术,(10):13~14

15. 郑世锴.2006.杨树丰产栽培.北京:金盾出版社

第三章　林菜间作

第一节　应用范围和条件

一、应用范围

林业的生态效益、社会效益已众所共知，林业发展正面临新一轮的好机遇。但在平原发展林业，尤其是在以农业为主的平原地区发展林业，林、农争地的矛盾仍然比较突出。如何在发展林业取得生态效益的同时，又使农业的收入得到增加，一直是一个现实课题。

林菜间作，是指在现有的林地、果园中，栽植蔬菜，在良好的林下环境中，实现林菜的双重效益。这种方式，非但不会影响蔬菜的产量，反而可提高蔬菜的产量和品质。

林菜间作适合于平原林地、果园等环境条件。

二、适宜树种

用材林适宜树种有杨树、泡桐等；经济林适宜树种有苹果、梨、枣、柿、桃、杏、李、樱桃、板栗、核桃、山楂、石榴、银杏、猕猴桃、柑橘类等。

三、适宜蔬菜作物

林菜间作必须选择根系浅，不需搭架的蔬菜，并且做到不产生新的水土流失，不影响幼林的生长发育，同时要具备一定的耐阴性。

常用于林下间作的蔬菜有圆白菜、菜用甘薯、马铃薯、番茄、冬瓜、辣椒、大蒜、香菜、菠菜、雪里蕻、草莓、甜瓜等。

四、实施条件

林菜间作，应选择交通便利，运输方便的平原林地。要求耕作层深厚、结构良好、有机质丰富、养分充足、通气性与保水性良好的土壤。林菜间作，应具备灌溉条件，这样既有利于蔬菜生产，对幼林抚育也是必要的。

在山区进行林菜间作，只能在梯田内进行，以防止新的水土流失。

五、生态效益分析

（一）提高土壤水分含量

林菜间作后，蔬菜覆盖地面，可显著提高蔬菜行间和林地的土壤水分含量。杜雄（2008）等针对华北农牧交错区进行榆树下间种南瓜的试验，结果表明，在南瓜移栽前后，由于地膜的保水作用，无论间作还是单作，南瓜田 0~80cm 土壤的水贮量均高于杂草地和榆林地，差值为 6.0~10.1mm，这种情况一直持续到南瓜伸蔓。从南瓜移栽到伸蔓，杂草地和榆林地的土壤贮水量在间作与单作间的差异并不显著，这表明这一时段林菜间作南瓜并没有改变行间杂草地和榆林地土壤的水分含量。南瓜伸蔓以后，其叶面积和生物量迅速增大，蒸腾耗水也随之增强。到开花时，间作下南瓜种植行比榆林地和杂草地的土壤水贮量低 10.0~19.3mm，但南瓜田间作与单作间差异并不显著。从南瓜开花后直至成熟，南瓜蔓布满整个行间和部分林地，对地表起到了覆盖作用，直接表现为间作的南瓜行间杂草地和榆林地土壤水贮量的显著增加,这一时段间作与单作间杂草地的土壤水贮量差值稳定在18.7~19.7mm,榆林地为10.9~11.9mm。对于华北农牧交错区,干旱是植被生长的决定性制约因素,林菜间作"占天不占地"的爬蔓稀植作物小南瓜对地表的覆盖减蒸效果,有效提高了林地和行间杂草地的土壤水贮量,这是林瓜带状间作下榆树和杂草地生物量显著高于单作的又一个重要原因(表3-1)。

表3-1 间作与单作条件下南瓜与榆树单、间作的田间 0~80cm 土壤水贮量 (mm)

生育时期	南瓜		榆树	
	间作	单作	间作	单作
移栽前	50.2a	52.8a	42.7a	44.1a
移栽	54.6a	55.4a	47.2a	45.4a
伸蔓	81.8a	78.8a	71.2a	67.6a
开花	56.4a	58.5a	66.4a	55.5b
膨大	31.2a	34.7a	43.1a	31.2b
成熟	34.4a	35.8a	45.7a	34.3b

(二)显著提高蔬菜的产量与品质

森林可大大降低风速,调节气温。天冷时,它可提高地温,特别是天气炎热时,它又可以降低气温,为蔬菜营造一个凉爽的适宜环境。树林可很好地控制光照强度和光照时间,减少光危害。生姜是一种抗逆性强、适应性广、易种、易管理、产量高而稳定,很有开发利用价值的经济作物,为耐阴性作物,不耐强光和高温。而且生姜的幼苗期正处在炎热的夏季,阳光强烈,必须对其采取遮阳措施,否则姜苗矮小,导致减产。所以农谚有"种起姜搭不起姜架"之说,这个问题在林姜间作条件下正好可以利用树冠遮阳的办法加以解决。树冠遮阳可以改善姜田的小气候,在降低光照的同时,可以降低温度,提高空气的相对湿度和土壤含水量。林木根较深,生姜为浅根性作物,两者在利用土壤肥水方面无直接矛盾，因此，有利于生姜生长。同时种植生姜施用大量肥水，不仅可满足生姜生长的需要，而且提高了土壤肥力，有利于促进林木的旺盛生长。因此，为充分利用土地，也可在幼龄林带内间作生姜。

树林像一个巨大的遮阳网，可保护蔬菜在最佳的光照条件下生长，提高蔬菜的品质，减少老化，延长采收期和销售期，起到自然保鲜作用。树林含有丰富的萜烯类物质，它能散发一种芬芳的香气，杀死细菌，减少病害，减少农药用量。树林中积累许多负氧离子，极利于蔬菜健壮生长，增强蔬菜的抗逆性，这是任何药物无法达到的。树林可吸附各种有毒气体，降低农药残留，净化环境，减少污染，有利无公害蔬菜生产。

（三）增加林果生长

幼龄林果栽植初期，需要不断进行除草、灌溉等养护措施，通过林菜间作，可显著增加林果的生长。

幼林抚育是指造林后至郁闭前这一时期内所进行的抚育管理技术措施，其任务是保证成活，提高保存率并为速生、丰产、优质打下良好的基础。抚育措施一般为土壤管理（松土、除草、灌水、施肥）、幼林保护以及为使苗木正常生长而采取的其他管理措施。

通过松土，切断了土壤毛细管，减少土壤中水分的蒸发，改善土壤的通气性、透水性和保水性，盐碱地地区减少了盐分的上升。除草则排除了杂草与灌木对水、肥、光、热的竞争。松土和除草一般可同时进行，水分条件好的地方也可只进行除草（割草）而不进行松土，易产生冻害的地区也可不松土。松土除草的年限，一般应进行到幼林全面郁闭为止，需 3~7 年，每年 1~2 次。松土除草的季节，一般在幼林与杂草旺盛生长前进行，其余各次视地区不同，在生长中、后期进行，如北方可在 6~8 月份，南方可在 8~9 月份。此间正值大部分蔬菜田间栽植时间，通过林下间作蔬菜，可有效控制田间杂草，同时通过对蔬菜的管理，也可以起到疏松土壤的作用。

对干旱、土壤贫瘠的幼林进行灌溉和施肥无疑有利于提高造林成活率和苗木的生长，但由于造林地多集中在地形复杂的丘陵山地或气候、土壤条件比较恶劣的地方，以及受经济条件、技术条件的限制等，灌溉和施肥在世界范围内并不普遍，就国内目前的现状看，只用于部分速生丰产林、农田防护林、四旁林及部分经济林，大面积的荒山造林还做不到。在对蔬菜进行灌溉施肥时，幼龄林果可得到充足的水分和养分，从而使生长量明显提高。

（四）充分利用光照资源

在蔬菜栽培中，如何最大限度地利用太阳辐射进行光合作用，对于产量的形成非常重要。通过林菜间作，把高与矮、喜光与耐阴、不同种类、不同生长习性的作物组合配套，处于不同生态位的作物对光的吸收和投射不同，变单作的平面采光为间作的立体采光，可充分地利用光照资源。

第二节　杨树与菜用甘薯间作

一、菜用甘薯概述

（一）菜用甘薯的特点

菜用甘薯一般是指生长点以下长 12cm 左右的鲜嫩茎叶可作蔬菜用的甘薯。地上分枝多，茎叶生长快，再生能力强，叶和嫩梢无绒毛，开水烫后颜色绿至翠绿，有香味、甜味、无苦涩味，口感嫩滑。只有符合这些特点的甘薯品种，才能称得上是菜用型甘薯。目前，国家制定的菜用型甘薯育种目标是茎尖脆嫩，茎尖

10cm 部分蛋白质含量高于 3%，维生素 A 含量 0.5IU/g，维生素 C 含量 0.4mg/g，维生素 B_2 含量 0.003 mg/g 以上，茎尖无绒毛，熟食品质佳，适口性好，腋芽再生能力强，蔓短、多分枝，植株生长旺盛，茎尖嫩叶产量较高。

（二）菜用甘薯的营养和保健功效

根据中国预防医科院的化验结果，菜用甘薯叶和嫩梢与菠菜等 14 种蔬菜相比较，在 14 种营养成分中 13 项薯叶均居首位，仅灰分稍低于蕹菜（表 3-2）。近代科学研究表明，甘薯叶和块根中含有大量的蛋白质。该物质在人体内能促进机体健康，防止疲劳，使人精力充沛；能预防心血管系统的脂肪沉积，保持动脉血管的弹性，减少皮下脂肪的堆积，有利于预防冠心病、肥胖病；可以防止肝脏和肾脏中结缔组织的萎缩；可以与无机盐类结合形成骨质，使软骨保持一定的弹性，对预防胶原病很有效果。

表 3-2　常用 15 种蔬菜营养成分比较

鲜菜品种100g	水分%	蛋白质%	脂肪%	碳水化合物%	热量千卡	纤维%	灰分%	钙mg	磷mg	铁mg	胡萝卜素mg	维生素B_1mg	维生素B_2mg	维生素B_3mg	维生素Cmg
薯叶	83	4.8	0.7	8	58	1.7	1.5	170	47	3.9	6.7	0.13	0.28	1.4	43
蕹菜	90	2.3	0.3	4.5	30	1	1.8	100	37	1.4	2.1	0.06	0.16	0.7	28
菠菜	92	2.4	0.5	3.1	27	0.7	1.5	72	53	1.8	3	0.04	0.13	0.6	39
芹菜	94	0.5	0.4	3.1	18	1.7	1.2	110	39	3.1	0.1	0.01	0.08	0.2	7
莴笋	96	0.6	0.1	1.9	11	0.4	0.6	7	31	2	0.02	0.03	0.02	0.5	1
甘蓝	94	1.1	0.2	3.4	20	0.5	0.4	32	24	0.3	0.02	0.04	0.04	0.3	38
白菜	96	1.1	0.2	2.1	15	0.4	0.6	61	37	0.5	0.01	0.02	0.04	0.5	20
油菜	95	1.2	0.3	2.1	17	0.4	0.7	140	26	0.7	1.3	0.08	0.11	0.9	37
韭菜	92	2.1	0.6	3.2	27	1.1	1	48	46	1.7	3.2	0.03	0.09	0.9	39
南瓜	98	0.3	0	1.3	6	0.3	0.3	11	9	0.1	2.4	0.05	0.06	-	4

续表

鲜菜品种100g	水分%	蛋白质%	脂肪%	碳水化合物%	热量千卡	纤维%	灰分%	钙mg	磷mg	铁mg	胡萝卜素mg	维生素B_1 mg	维生素B_2 mg	维生素B_3 mg	维生素C mg
冬瓜	97	0.4	0	2.4	11	0.4	0.3	19	12	0.3	0.01	0.01	0.2	0.3	16
黄瓜	97	0.6	0.2	1.6	11	0.3	0.4	19	29	0.3	0.13	0.04	0.04	0.3	6
茄子	93	2.3	0.1	3.1	23	0.8	0.5	22	31	0.4	0.04	0.03	0.04	0.5	3
番茄	96	0.8	0.3	0.2	15	0.4	0	8	24	0.8	0.37	0.03	0.02	0.6	6
红胡萝卜	89	0.6	0.3	8	38		0.7	19	29	0.7	1.4	0.04	0.04	0.4	12

另外，甘薯叶中纤维素含量多达7%~8%，人体吸收后可刺激肠壁，加快食物在肠胃中的运转，加快消化道蠕动并吸收水分，有助于排便，具有清洁肠道的作用。这可以减少因便秘而引起的人体自身中毒，延缓人体衰老过程，有助于防治糖尿病，预防痔疮和大肠癌的发生。

（三）菜用甘薯的市场开发前景

夏季蔬菜供应主要缺少的是青菜、苋菜、茼蒿、菠菜、生菜等速生叶菜。其生长期一般在30d以内，主要靠露地栽培，常遭受雨害、高温等多种自然灾害和虫害的侵袭，生产风险较大，且产量不稳定。同时，速生叶菜贮藏期短，难以远距离运输。6月下旬至8月下旬这一蔬菜伏缺期内叶菜供应很不稳定，而市民在高温季节对速生叶菜的消费量较大。甘薯叶和嫩梢恰好可以作为叶菜类的替代品上市。在夏秋这一青菜伏缺期，甘薯叶和嫩梢不但是花色蔬菜品种，而且是保健型高档蔬菜。由于甘薯叶具有营养和保健功效，在中国香港和中国台湾被尊称为"蔬菜皇后"。在中国南方一直就有将甘薯叶和嫩梢作为蔬菜食用的习惯，在沿海及内陆人们也逐渐把甘薯叶和嫩梢作为绿色保健蔬菜消费。因此，种植菜用甘薯的市场潜力很大。

菜用甘薯同普通甘薯一样，在国内大部分地区都可以种植。而且菜用甘薯对土壤的要求比普通甘薯更为宽松。菜用甘薯既能产薯又能产菜，各种类型的土壤均可种植。在薯块产量低一点的土壤，甘薯叶和嫩梢产量可能高一些，种植效益较好。

（四）杨树与菜用甘薯间作

适宜杨树生长的造林地，在土层深厚、疏松、肥沃、湿润、排水良好的冲积土上生长最好，主要在平原地区和河滩地。叶菜甘薯品种，虽然适应性广，能在多种类型土壤中栽培，但最适宜种植在土质疏松、排水畅通、有机质含量较高、较肥沃且无环境污染的非甘薯连作地。杨树造林地适于叶菜甘薯生长。

二、杨树树种及树龄选择

（一）杨树下间作菜用甘薯的树龄

菜用甘薯以收获茎尖为主，只要能够使甘薯茎蔓伸长，即可达到收获目的，因此，对光照强度没有严格要求。而且适当遮光，将使甘薯茎蔓生长加快，粗纤维减少，口感更好些。所以在树龄 6~7 年以内杨树林，都可进行菜用甘薯间作。

（二）杨树优良树种的选择

根据不同的培育目标选择优良品种。

1. 胶合板材 胶合板需要大径材，干形通直圆满、无疤结，木材硬度适中，旋切、干燥、胶合性能好。适于培养胶合板材的主要是黑杨派的优良品种，如 I-69、I-72、L 323、L 324、中菏 1 号，T 26，T 66，中林 46 杨等。

2. 纸浆材 纸浆材要求杨树品种生长快，材色浅，木材密度较大，纤维素含量高，纤维长（应达到 0.9mm 以上），纤维长宽比>35，壁腔比<1，杂质含量低等。适于培养纸浆材的杨树品种有 I-69，I-72，L 323，L 324，L 35，中菏 1 号，中林 46，I-107，中林 23 杨等。

3. 家具材 要求树干通直圆满，疤结少，木材密度较高，结构细致，心材含量低，力学强度及硬度较高，易干燥，胀缩性小，易加工，胶接油漆性能好等。主要品种有鲁毛 50，易县雌株，I-69，I-107，L 35，I-102，T 26，T 66，中林 23 杨等。

（三）选用杨树壮苗

选用二年根一年干或二年根二年干，高 4.5m 以上，胸径 3.5cm 以上的黑杨苗木造林，不但缓苗期短，抗自然灾害的能力强，而且生长快，成才早，出材量高。对壮苗的要求是根系发达完整，苗木粗壮，枝梢木质化程度高，具有充实饱满的顶芽，无机械损伤，无病虫害。

三、菜用甘薯品种选择

（一）百薯 1 号

百薯 1 号具有食味好、无绒毛、分枝多、茎蔓短、株型半直立、适合密植、茎尖产量高、薯块产量高、茎节无次生根，适合高水肥种植等多种突出优点。与多种常用蔬菜相比较，在主要营养成分中，百薯 1 号的蛋白质、脂肪及维生素 C 等 18 种营养成分均居前列。百薯 1 号抗病虫能力强，田间生长过程中无需喷施农药，是理想的无公害绿色蔬菜，具有较高的开发利用价值。一般蔬菜型甘薯品种结薯很少，薯块产量很低，而百薯 1 号夏栽一般产鲜薯 3 000kg/667m^2 以上。百薯 1 号地上长青菜，地下结鲜薯，地上地下双高产，经济效益倍增。

（二）台农 71

台农 71 是浙江省农科院作物所从国家甘薯改良中心引进，

是目前茎尖菜用品种中品质最优的专用型甘薯品种。主要特点：①食用品质优于空心菜，口感糯，风味清香。无野菜的苦味和涩味，无普通甘薯叶的腥味；②茎尖颜色翠绿，顶叶、成叶、叶脉、叶柄及茎蔓均为绿色，茎尖无绒毛；③株型半直立，顶芽外露，易于采摘；④薯皮白色，鲜薯产量较低，早春应在保护地育苗和繁苗。

（三）莆薯53

莆薯53的株型、叶形、颜色及长势极像空心菜。茎尖熟化后色、香、味俱佳。顶叶、叶及叶脉均为绿色，叶形深裂复缺刻，茎绿色，茎端茸毛少，短蔓半直立型，基部分枝多，茎尖柔嫩。薯皮粉红色，肉淡黄色。薯块纺锤形。萌芽性好，出苗早而多。生长势强，后期不早衰。单株结薯3~4个，上薯率高，薯块烘干率21.6%。具有耐旱、耐盐碱、耐短时间水渍、适应性广等优点。

（四）翠绿

江苏省农业科学院粮作所培育的菜用甘薯翠绿品种，茎蔓翠绿，茎叶和叶柄中草酸含量极低，无苦涩味，因而食味极佳，其茎尖可烫漂后作凉拌食用；叶柄去皮经烫漂后凉拌或与肉类热炒。翠绿茎叶生长很快，30d内茎叶生长量超过其他品种30%以上。如按规格10cm×16.5cm栽成采苗圃，长成后可每隔一周采收一次。从6月下旬可每隔一周采收一次，至9月下旬100d蔬菜伏缺期内，可采收茎叶2 500~4 000kg/667m^2。该品种也可采用大田栽培方式，采收3次茎叶，约收5 000kg/667m^{2}茎叶，此外还可收获薯块2 000~3 000kg/667m^2。

（五）泉薯830

福建省泉州市农业科学研究所育成的茎叶菜用型甘薯新品种"泉薯830"，在全国特用甘薯（叶菜用组）区域试验中取得可食用部分产量第一、品质第三的优异成绩。泉薯830系福建省泉州市农业科学研究所1997年秋季用龙薯34为母本、泉薯95为父本杂交而成。1999年开始对其蔬菜利用的综合性状鉴定，经连续3年比较试验，泉薯830的茎叶产量和食用品质等性状均优于食20、福薯7-6和富国菜等菜用甘薯品种。2003年推荐参加全国特种甘薯（叶菜用组）区域试验，江苏、河南、四川、湖北、广东、广西和福建等省、区9个试点试验结果汇总，泉薯830可食用部分平均产846.9kg/667m^2，比对照台农71增产17.4%，居参试品种首位。食味鉴定综合评分为3.5分，居第三位。目前，江苏、河北、浙江等地纷纷引进试种。

（六）尚志12

江苏省徐州市甘薯研究中心收集。薯块纺锤形、紫红皮、黄肉。地上部生长旺盛，茎尖产量高，茎尖嫩叶绿色，无茸毛，粗纤维含量少，茎尖熟化后仍保持绿色，无苦涩味，适口性好，适宜作菜用。宜在城郊种植，以采摘茎尖供应市场。

（七）食20

福建省龙岩市农业科学研究所选育。薯块下膨纺锤形，有条沟，红皮，淡红色肉。结薯较早，茎叶生长快，再生能力强。茎尖颜色翠绿，无苦涩味，适口性好，适于菜用。

（八）福薯7-6

福建省农科院作物所杂交选育而成。是国内第一个通过省级审定和国家鉴定的叶菜专用型甘薯新品种。薯块纺锤形，淡红色皮，橘红色肉。茎尖嫩，颜色翠绿，无苦涩味，适口性好，煮熟后保持绿色时间长。栽后25d可开始采摘茎尖，以后每隔7~10d采摘一次。

（九）商薯19

河南省商丘市农林科学研究所于1996年以SL-01作母本，

豫薯 7 号作父本进行有性杂交，并从后代中选育而成。2003 年通过全国甘薯鉴定委员会鉴定。薯块萌芽性较优，出苗数量较多，苗粗壮，栽后返苗快，分枝封垄早，田间长势强，蔓叶增重快，T/R 值较大。顶叶色微紫，地上部其他部位均为绿色。叶片带齿呈心脏形，叶片较大，叶柄平均长度超过 21cm，柄粗 5mm，茎端无茸毛，茎粗 7mm，节间 4cm。中短蔓型，最长蔓长 213cm，基部分枝 10 个。结薯早而集中，薯块后期膨大快，单株结薯 5 个。薯皮紫红色，薯肉白色，薯块长纺锤形，熟食味中等。北方种植不开花，为春、夏薯型。高抗根腐病、抗茎线虫病、不抗黑斑病。抗旱性、耐瘠性、耐涝性强，耐贮藏。春薯干物率 32.8%，夏薯干物率 29.4%，干基淀粉率 71.4%，干基粗蛋白 4.07%，干基可溶性糖 14.53%，茎、叶粗蛋白质含量分别为 10.89% 和 26.02%。

四、林木种植规格和模式

杨树的株行距是根据经营目的来确定的。

（一）以培育中小径材为目的

以林为主的杨树株行距可采用 2m×4m、2m×5m 和（2m×3m）×6m，采伐年限为 5~6 年。间作农作物为 3~4 年，第一年大豆一般不减产，第二年减产幅度较大，第三年减产 70%。

（二）以培育中径材为目的

以林为主的杨树株行距可采用 3m×5m、3m×6m、3m×7m、3m×8m，采伐年限为 8~9 年。间作大豆 5~7 年，前两年农作物减产幅度在 20% 左右，3~4 年减产 40% 左右，5~6 年减产 60% 左右，7 年后减产 70% 以上。

（三）以培育大径材为目的

以林为主的杨树株行距可采用 4m×10m、（3m×3m）×

12m、(3m×4m)×10m,采伐年限为11~12年,间作大豆8年以上。采用宽窄行配置模式,既保证了窄行单位面积内的杨树株数,又有宽10m的行间间作大豆,同时通过对农作物的灌溉和施肥,又为杨树的速生丰产创造了条件,尤其对于立地质量较差的林地效果更好。

间作的菜用甘薯与林木要保持0.5m以上的距离,以免耕作时损伤林木根系或作物与林木争水争地。

五、菜用甘薯栽培要点

(一)整地做畦

翻耕前施用腐熟有机肥$2 \sim 3t/667m^2$。小高畦规格为畦高15cm左右,畦宽80~100cm,中间留出灌水渠。也可做成平畦。

(二)栽植

行距20~30cm,株距20cm左右,栽植$15\ 000$株$/667m^2$左右。采用垂直扦插,苗入土2~3节,插后浇透水分。

(三)田间管理

定植田后,畦面撒施有机生物菌肥$50 \sim 75kg/667m^2$作基肥。成活后长到20cm时及时打顶,以促进腋芽生长出侧枝。随着地下部根系群日益完善,地上部腋芽不断伸长,叶片数日渐增加,植株逐渐进入生长旺盛期,对水肥需求日趋增大。此时应勤施催苗肥,每隔4~5d薄施腐熟有机肥或施叶菜类N、K复混专用肥$15kg/667m^2$,在收获前5~7d应停止施肥以待采收。为促进叶梢粗壮肥嫩,本阶段田间应保持湿润,运用水肥促控技术,调节茎叶生长速度,注意预防干旱导致茎叶木质老化,影响产量和品质。

(四)病虫害防治

在茎叶盛长期应及时防治卷叶虫、斜纹夜蛾、菜青虫等。宜用低毒、低残留生物农药百虫清防治。在采收前15d停止施药。

(五) 适期采收

第一次采摘在栽后30d进行。当腋芽顶端伸长10～15cm，已具有8～12片舒展叶的嫩梢，此时正值最佳收获适期。若提前收获影响产量，推迟采收则影响商品价值和食用品质。收获宜徒手采摘或剪刀采收。收获后应立即进行修剪或边收获边修剪，这是一项提高产量的关键技术。掌握"留一、露二、不超三"的修剪原则，即地上部至少保留一片功能叶，地表露两个节间，茬高不超过3cm。通过修剪可促发低节位腋芽，改良株型结构，增强群体光合效率，防倒夺高产。以后每天都应采摘，采长留短，循环进行，每月可采摘叶柄4 500kg/hm²并要结合松土去除枯枝烂叶及杂草，清洁园地，减轻病虫害发生和追施速效N、K复混肥，用量为7.5kg/667m²。

六、薯菜兼用型栽培

用大垄双行密植栽培。要求垄宽80～90cm，株距20cm。采摘收获方法参照上述方法进行。到了秋末，还可挖取薯块1 500～2 000kg/667m²。

七、综合开发利用

菜用甘薯茎尖除作绿色蔬菜鲜食外，还可通过清洗、漂烫、速冻等加工处理后，形成速冻蔬菜的新品种，既保持了新鲜甘薯茎尖原有的色泽、风味和维生素，又可长期储藏，且食用方便。其工艺流程为原料采摘→清洗→冷却→速冻→包装冷藏。

(一) 原料采摘

采摘10～15cm的嫩茎尖，要求无虫眼、无霉叶、叶色亮绿、鲜嫩。不浸水捆扎，用专用塑料篮散装，并及时运输加工。

（二）清洗

将采回的茎尖放于流动水下冲洗，将上面的尘土、泥沙冲掉。

（三）漂烫

把浓度0.01% $NaHCO_3$ 溶液水烧至100℃，将甘薯茎尖装入塑料吊篮迅速放入其中，漂烫5~10s，达到半熟程度，立即送预冷间。

（四）冷却

将送入预冷间的茎尖迅速置于流动的冷却水中进行冷却冲洗，当温度降至10℃左右，捞起沥干水分。

（五）速冻

用平面网带或速冻机，迅速冻结甘薯茎尖，冻结器平均温度-32℃，冻品进货平均温度约15℃，出货温度-18℃。

（六）包装

根据市场的需求，采用不同规格的包装袋包装。然后放入20kg计量防水外包装纸箱，打包捆扎，在温度为-18℃以下的冷藏室贮藏。

菜用甘薯的生产、开发利用开辟了一条新的绿色食品的有效途径，既可提高甘薯的综合利用价值，又可增加农民的经济收入，同时还可外贸出口，市场前景十分广阔。

八、经济效益分析

7~8月伏天是绿叶蔬菜的淡季，正是薯叶生长的旺季。薯叶生长速度很快，每10~15d，就可采收一次，可收3 000kg/667m^2左右，如按2元/kg计算，仅薯叶就可收入6 000元/667m^2。地下部薯块有1 000kg/667m^2左右，按1.6元/kg计算，约有 1 600 元/667m^2。地上部收获蔬菜,地下部收获甘薯,是所有作物无可比拟的。

第三节 枣树与辣椒间作

一、立地条件和应用范围

(一) 枣树的生长特性

枣树是多年生落叶乔木,喜光、喜温。当春季气温回升到 13~15℃时开始萌芽,17~19℃时进行抽枝和花芽分化,20℃以上开花,花期适温为 23~25℃。其果实生长发育需要 24℃以上的温度,当秋季气温降至 15℃时枣树又开始落叶。

枣树地下根量较少,地上枝叶稀疏,落叶早,发芽晚,因此,枣树与其行间间作的作物争水、争光、争肥均较少。同时,枣树具有抗旱耐涝的特性,适应性较广,在年降水量不足 100mm 的地区也能正常生长发育,但以年降水量 400~700mm 较为适宜;抗风力较强,尤其是在休眠期抗风力很强。此外,枣树易于管理,用工少,见效快,适合与其他矮秆作物间作。

(二) 辣椒 (天鹰椒) 的生长特性

辣椒属于经济作物。按果型可分为樱桃椒、簇生椒、圆锥椒、灯笼椒等;按株型可分一年生辣椒、浆果状辣椒、分枝辣椒、绒毛辣椒等。一般植株比较矮小,喜温暖湿润的环境,怕强光和酷热,适合与果树间作。中国辣椒品种资源非常丰富,既有很多优良的品种,又有许多抗病、早熟、丰产的一代杂种。

以下以天鹰椒为例。

天鹰椒是簇生类辣椒的一个优良干椒品种,为一年生茄科作物。植株低矮,株型紧凑,株高 50~60cm,茎开张小,呈伞状,有效分枝6~8个。叶色浓绿，叶面平滑。花白色。果实簇生，呈红色，近纺锤形，顶端形似鹰嘴，果长5~6cm，辣味较强。籽粒浅黄色。千粒重4.5~5g。

天鹰椒是喜温作物，在整个生育过程中需要较高的温度，但又怕高温。其发芽的适宜温度25~30℃，低于15℃不能发芽，高于35℃芽受到抑制；开花结果阶段适宜温度25~30℃，温度过高落花落果严重，或叶片灼伤，温度过低影响光合效率。天鹰椒属短日照作物，适宜光照时间为每天10~12h，既喜阳光又怕暴晒。缩短光照会加快其生育进程。天鹰椒还喜湿润，但又怕连雨天，更怕沥涝。因此，生长期间温湿度要合理，还要及时排涝，使土壤保持湿润良好的通透性。天鹰椒对土壤的适应性较广，但以土层深厚，耕层疏松，肥沃，保水保肥的壤土为好。天鹰椒对肥料要求较多，每生产100kg干椒需纯N 9kg、P_2O_5 7.38kg、K_2O 8.74kg；苗期以N肥为主，中后期需要P、K肥较多，若后期N肥过多，则易造成植株徒长，降低红果率。

（三）枣树与天鹰椒间作原理

1. 枣树与天鹰椒间作，营造了有利于两者的田间小气候

枣树与天鹰椒，这一高一矮的作物间作，能充分利用光热资源，枣树又可起到防风防高温的作用。夏季枣树对天鹰椒具有一定的遮阳作用，使天鹰椒植株避免受强光直接照射，使植株表面温度降低，有利于天鹰椒的生长和发育。而由于天鹰椒植株绿叶的覆盖作用，在炎热的夏季又能有效地抑制土壤水分蒸发，增加了土壤含水量，对枣树的生长发育十分有利。

2. 枣树与天鹰椒间作，能够充分利用土壤水分和养分

枣树与天鹰椒间作，枣树的根系约有50%~70%分布在0~40cm的土层内，30%~50%的根量分布在40cm以下的土层和距成年树主干3m以外的远冠区；天鹰椒根系集中分布范围较小，垂直分布在 15cm 左右，水平分布在 25~30cm。枣树与天鹰椒间作，因根系分布在不同的土壤深度，可以比较全面地利用土壤水分和养分。

3. 枣树与天鹰椒间作，能够减少病虫害的发生 枣树与天鹰椒，一个是木本植物，一个是草本植物，一个是多年生植物，一个为一年生植物，在病虫害的发生种类、发生时间等方面均有不同。枣树与天鹰椒间作可有效减少病虫害的发生。因此，枣树与天鹰椒等辣椒间作，在中国北方各省较为常见，特别是河北省中南部，枣树与天鹰椒间作已成为当地农民致富的有效途径。

枣树与辣椒（天鹰椒）间作适宜在无霜期 190d 以上的广大枣区推广应用。

二、种植规格与形式

为充分发挥枣树和天鹰椒各自生长优势，充分利用光热资源，一般枣树选择南北行向种植。以河北省中南部特别是黑龙港一带的枣椒间作为例，枣树株距 3m，行距 7m，折合每 $667m^2$ 约 30 株。在留出枣树营养带的行间间作天鹰椒，天鹰椒株距 20cm，行距 30cm。天鹰椒可在 5 月份进行地膜覆盖栽植（前茬作物一般为小麦）。

三、枣树栽培要点

（一）枣苗选择

选用适应性强、品质良好的二年生金丝小枣树苗进行栽植。要求苗高 50cm 以上，干径 1cm 以上。特别注意严格剔除枣疯病病苗。

（二）枣苗栽植

秋天落叶后至翌年春天萌芽前均可进行种植。按株行距挖

80~100cm 的穴。注意挖穴时，表土与心土各放一侧不要混放。心土与适量有机肥混合，而后回填，回填距地平面 10~15cm 时止。然后浇水，使土下沉，待土坑中水全部渗下后再栽植。栽植时，将处理后的苗木放入坑中，先把留下来的表土埋在根系的周围，再用剩土把苗坑埋好，埋土时深度要求与原苗木地平位置略深 0.5~1cm。过深过浅都不好。栽植枣树苗后，在树周围培土，成为高于地面 5cm 左右的圆坑，再浇一水。

（三）肥水管理

1. 1~3 年的枣苗 枣苗栽植后的当年要及时检查枣园土壤的墒情，一旦发现缺水，应立即浇水，一般应以土壤相对含水量 60%~70% 为宜。当枝条长到 30cm 时，可追施以 N 肥为主的速效肥料一次，每株 30g，不宜量大。第二年、第三年的枣树，在其萌芽前结合天鹰椒种植整地浇水，施入有机肥，每株 40kg 左右，7~8 月份结合浇水再追施尿素，每株 0.2~0.3kg。

2. 三年以上的枣树 当枣苗进入第三年生长以后，肥水管理上要按照正常结果的枣树管理。

（1）施肥 枣树全年施肥应按照有机肥为主，化肥为辅，有机无机相结合的原则，做到 N、P、K、微肥合理搭配，有机肥提供的养分不能低于 60%。一般每生产 100kg 鲜枣施纯 N 2kg、纯 P (P_2O_5) 1.2kg、纯 K (K_2O) 1.6kg。每株结果量 35kg 左右的大树，一般在秋季即果实采收后，进行秋季基施肥料，施优质腐熟农家肥 35~50kg（斤果斤肥或斤果斤半肥），二铵 1.5kg，尿素 0.5kg，占全年施肥量的 70%。追肥量根据基肥施入情况而定，一般每株结果大树开花前施二铵 0.7kg；幼果期追施二铵 0.5~0.7kg，K_2SO_4 0.5kg；果实膨大期追施二铵 0.5kg，K_2SO_4 0.75kg。每次追肥都要配合浇水。

（2）浇水 4 月上中旬前后浇催芽水，通过灌溉补充土壤水分，有利于根系发生和生长，可促进枣树发芽、枣吊及枣头生长、花蕾分化。5月下旬，进入初花期，6月上旬进入盛花期。此期间正值干旱时节，开花、坐果都需要大量水分。在初花期土壤浇水可以增加土壤及空气湿度，有利于花粉萌发，完成受精过程和增加坐果量。7月上旬，枣树正值幼果迅速生长阶段，需水量很大，有的年份，雨季尚未到来，土壤比较干旱，应通过灌溉及时补充土壤水分。否则，使果实生长受到抑制。

（四）整形修剪

一般枣树定植成活后的第一二年内不进行修剪。当树干距地面1m左右，茎粗达到1.5~2.0cm时进行定干整形。定干时间在春季萌芽前，定干高度70~120cm。第四年可以开甲结果，以后按正常结果树修剪。枣树修剪一般以冬剪为主，夏剪为辅。冬剪在枣树落叶后至翌年4月上旬均可进行，重点是回缩骨干枝、剪去病虫枝、枯老枝，疏去过密枝等；夏剪是在5月下旬至6月上旬进行，重点除去徒长枝、过旺生长的枣头等，以改善通风透光条件。

（五）提高坐果率

1. 适时开甲 即对生长旺盛枣树在开花量占总花蕾量的30%~40%进行开甲。开甲宽度0.3~0.5cm，开口要平滑，不留毛茬。第一次开甲在距地面20~30cm处，以后逐年上移，两次开甲间距3~5cm。为促进甲口愈合，可采用抹泥或涂抹菊酯类农药，以防害虫危害。

2. 花期喷清水 在盛花期的上午10时以前和下午17时以后进行，可提高坐果率30%~70%。

3. 喷施激素 在花期对生长健壮的枣树喷赤霉素（10~15ppm），2,4-D（5~100ppm）、硼砂等。

4. 枣园放蜂 在枣园的开花期进行园内放蜂，可以提高枣树坐果率20%。

（六）防治病虫害

枣树病虫害种类多，分布广，危害重，是造成枣树产量低、质量差的重要原因。枣树虫害主要有枣黏虫、枣步曲、桃小食心虫等；病害主要是枣疯病。病虫害防治要坚持预防为主的无公害综合防治措施。

1. 枣步曲 又名枣尺蠖。幼虫危害幼芽、幼叶、花蕾，并且吐丝缠绕，阻碍树叶伸展，严重时可将树叶全部吃光。枣步曲3月中旬开始羽化出土，枣芽萌动时，幼虫开始孵化危害枣芽。

防治时可采用晚秋翻刨土壤，拣除越冬蛹；翌年2月下旬至3月上旬可采用在树干上缠纸、抹油、扎塑料带等方法捉步曲成虫；5月上旬喷菊酯类农药以防步曲幼虫。

2. 枣黏虫 又叫枣镰翅小卷蛾、枣小芽蛾。是以幼虫吐丝缠缀枣芽、叶、花和果实进行为害的一种小型鳞翅目害虫。一年发生三代，以蛹在枣树主干、主枝基部的粗皮裂缝树洞中及根际表土内越冬。成虫白天潜伏在枣树叶背或树下作物杂草中，黎明和傍晚活动，雌雄性引诱能力极强，对黑光灯趋性强，但趋化性差。

在防治方法上，一是冬季或早春彻底刮树皮并用黄泥堵树洞，可消灭越冬蛹80%以上；二是利用人工合成的枣黏虫性诱剂，于第二和三代枣黏虫成虫发生期，每667m^{2}挂一个性诱盆，可消灭大量雄蛾；三是利用赤眼蜂或微生物农药防治；四是化学农药防治。在枣树芽长3cm和5~8cm时，往树上各喷一次2.5%溴氰菊酯4 000倍液或25%的杀虫星1 000倍液等，可有效控制为害；五是秋季于8月中下旬，在树干或主枝基部进行束草诱杀，冬季或早春取下束草和贴在树皮上的越冬蛹，集中烧毁处理。

3. 枣桃小食心虫 又名桃蛀果蛾、枣蛆等，为世界性害虫。以枣、苹果、梨、山楂等果树受害最重。一年发生1~2代，以老熟幼虫在树干附近土中吐丝做扁圆形茧（冬茧）越冬。翌年6月气温上升到20℃左右，土壤含水量达10%左右时，越冬幼虫开始出土，在土块、石块、草根下吐丝做纺锤形茧（夏茧）化蛹，每次雨后形成出土高峰。成虫无趋光性、趋化性、但趋异性较强。

防治方法，一是在春季解冻后至幼虫出土前进行挖茧或扬土灭茧；二是春季对树干周围半径100cm以内的地面覆盖地膜，能控制幼虫出土、化蛹和成虫羽化；三是拣拾落果，消灭脱果幼虫；四是树下培土、阻止幼虫出土，培土约20cm即可；五是利用桃小食心虫性诱剂进行测报和防治；六是药剂防治。当桃小食心虫性诱捕器诱到第一头雄蛾时，正值越冬幼虫出土盛期，可在树干周围100cm范围内或全园撒施25%1605微胶囊或25%辛硫磷胶囊0.5kg，加5倍水和300倍细土混制成毒土进行撒施或用10%辛拌磷粉喷施或用50%辛硫磷乳油200倍液喷洒地表，施后轻轻耙糖。当诱蛾高峰出现1周前后，为树上喷洒的最佳时期，一般年份的7月中下旬和8月中下旬，当一代、二代成虫发生盛期分别喷布2.5%溴氰菊酯3 000倍液或20%速灭杀丁2 000倍液或25%杀虫星1 000倍液或50%对硫磷1 500倍液等，具有较好的防治效果。

4. 枣疯病 枣疯病是枣树的一种毁灭性病害。枣树染病后，有如下表现。

（1）花器返祖 花柄加长为正常花的3~6倍，萼片、花瓣、雄蕊和雌蕊反常生长，成浅绿色小叶。树势较强的病树，小叶叶腋间还会抽生矮小枝，形成枝丛。

（2）发育异常 发育枝正副芽和结果母枝，一年多次萌发生长，连续抽生细小黄绿的枝叶，形成稠密的枝丛，冬季不易脱落。

（3）隐芽萌发　全树枝干上原是休眠状态的隐芽大量萌发，抽生黄绿细小的枝丛。

（4）发生根蘖　有时树下萌生小叶丛枝状的根蘖。枣疯病的发生，一般先在部分枝条和根蘖上表现症状，而后渐次扩展至全树。幼树发病后一般 1~2 年枯死，大树染病一般 3~6 年逐渐死亡。

防治时，一是随时清除病树、病枝、病蘖，消灭病源，防止蔓延；二是健株育苗。挖取根蘖苗应严格选择，避免从病株上取根蘖苗。嫁接时采用无病的砧木和接穗；三是防治传病昆虫，减少传病媒介。在 5 月上旬枣树发芽展叶期，中国拟菱纹叶蝉等传病害虫第一代成虫进入羽化盛期，喷布 50％1605 乳油 1 500 倍液加复果 1 000 倍液，或喷布 20％灭杀丁 2 000 倍液加复果 1 000 倍液，进行防治。不仅要在枣园普遍防治，而且在枣园附近的其他果园和林地也要进行防治。

5. 枣锈病　是枣树的重要叶片病害，有时也侵害果实。叶片发病初期，在叶背散生淡绿色小点，后渐变成淡灰褐色，最后病斑变黄褐色，产生突起的夏孢子堆。病斑表皮破裂时，散出黄粉状的夏孢子。危害严重时，8~9 月份全树落叶，树势衰弱，严重降低枣果的产量和品质。多雨高湿是枣锈病发生流行的重要条件。

防治方法，一是压低菌源。枣树越冬休眠期间，彻底扫除病落叶，集中深埋或烧毁，消灭越冬源；二是合理修剪。疏除过密枝条，改善树冠内的通风透光条件。做好雨季排水工作；三是药剂防治。北方枣区一般在 7 月上中旬临近发病前开始喷药，相隔 20d 左右，连喷两次 200 倍石灰倍量式波尔多液或粉锈宁即可控制危害。干旱年份的6~8月，除水浇地外，可不必喷药。

四、辣椒栽培要点

（一）品种选择

品种在作物增产中起着关键性的作用，一个好的品种可以增产达30%~40%。因此，在枣树与辣椒间作中要选用优质、高产、抗病的天鹰椒优质品种与枣树间作。

（二）育苗

天鹰椒是高产高效的经济作物，生长期比较长，为210d左右，需要提前育苗。育苗是指辣椒在苗床中从播种到移栽、定植的栽培过程，是辣椒栽培的重要环节。育苗能节约用种，便于管理，缩短在大田的生育期，延长辣椒生长期，提早成熟，能够提高辣椒商品率。因此，育苗成功与否、苗子质量的好坏都直接影响辣椒产量和经济效益。辣椒育苗要做好选配育苗土、选地建阳畦、严格种子处理、高质量播种共4个关键环节。

1. 选配育苗土 每10~12m^2的阳畦需育苗土1.5m^3，畦内铺10~15mm厚。育苗土由优质农家肥200kg、尿素1.0kg、过磷酸钙2.0kg、磷酸二氢钾0.5kg、多菌灵150g和足量过筛细土混合而成，同时加入少许防治地下害虫的农药。

2. 选地建阳畦 2月20日前选择背风向阳，地势较高，没有种过茄科作物，有水源和管理方便的地方建筑阳畦。阳畦东西走向，深30cm，宽1.5~2.0m，长需依苗量而定，四周筑10~15cm高的畦埂。阳畦做好后，填入育苗土，耙平浇足水分，保证足墒播种。

3. 严格种子处理

（1）晒种 播前要充分晒种2~3d，以杀死种子表面的病菌，激活种子活力。

(2) 温汤浸种　晒种后用温汤浸种的办法即二开一凉（55℃）温水浸种消毒 10min，水量为种子的 5 倍，并不断搅拌待降温到 30℃时停止搅拌，再浸泡 10h 捞出淋干。

(3) 催芽　为防治疫病、枯萎病，可用福尔马林（40%甲醛）100 倍液浸种 10~15min。用清水冲洗后浸种催芽。对病毒病的防治可用 10%磷酸三钠溶液浸种 20min，再用清水冲洗。消毒后种子用湿纱布包好，放在 25~30℃的环境中催芽，每天翻动 1~2 次，4~5d 出芽 70%~80%时，选晴天上午播种。

4. 高质量播种　一般选择 3 月上旬播种育苗。选择晴好天气播种。用种量 125g/m^2，均匀撒播。播后盖 0.5~1.0cm 厚的过筛细土，盖膜。

（三）苗期管理

辣椒的苗期管理指从播种出苗到定植前的四叶一心这段时间，大约 50d。田间操作一是保持苗床的适宜温度和水分，保证辣椒正常出苗；二是合理间苗、炼苗，做到去弱留壮、利于定植。

1. 温度　播后盖膜，夜间加盖草苫，保持 10cm 地温在 20℃以上，以利出苗，出苗前不放风。齐苗到二叶一心前注意保温，白天 20~25℃、夜间维持在 17℃左右。幼苗长到二叶一心时，开始放风。棚温白天维持在 20~22℃，夜间维持在 15~17℃。

2. 水分　在辣椒苗四叶一心前严禁浇水，应采取多次覆土保墒的措施。若苗床过分干旱，可用喷水壶喷水，待叶面水分蒸发后，撒布一薄层细土。四叶一心后，可选择晴天午前适量浇水。

3. 间苗　幼苗长到二叶一心和四叶一心时，对于播种过密的苗床适当地进行间苗，去弱留强，保持苗距 5cm 左右。

4. 炼苗 定植前 10~15d，一般在 4 月下旬，选凉爽天气揭去薄膜，进行炼苗，以适应露地自然环境。

此外，当辣椒苗 4 片真叶出齐后要注意防治细菌性斑点病和病毒病。

（四）定植

5 月上旬，选晴好天气，选择生长健壮的辣椒苗进行定植。底肥配置要 N、P、K 搭配合理，一般底施二铵或 N、P、K 复合肥 7~10kg/667m^2，辣椒专用肥 10~15kg/667m^2。深翻精细整地，采用地膜覆盖栽培，膜宽 1.4m、厚度 0.005mm、膜面宽 120mm，栽植四行，株距 20cm，行距 30cm。定植后随即浇缓苗水，以确保成活。

（五）大田管理

对定植成活后的辣椒苗，大田管理主要进行合理打顶、科学施用肥水、防止落花落果等。

1. 打顶 当植株主茎达 14~16 叶片时，一般在 6 月中下旬及时掐去顶端的花蕾，以促进和增加有效侧枝数目，尽量保留茎生叶，有助于提高天鹰椒的产量和质量。摘心后可随水撒施 45% 高氮复合肥 20kg/667m^2 进行追肥。

2. 肥水管理 天鹰椒不耐旱，更怕涝，如浇灌或雨水较大则会引起天鹰椒成片落叶死亡。5~9 月是天鹰椒植株营养生长的盛期和开花结果期，肥水的运用要适当合理，不能缺少，更不可过量。当辣椒打顶以后，施入 15~20kg/667m^2 尿素并浇水一次，以促进侧枝生长。进入初花期时，施入 20~25kg/667m^2 磷酸二铵。进入 8 月中旬以后，切忌追施 N 肥，以防贪青徒长。遇涝及时排水。从 9 月中旬开始控制浇水。

3. 防止落花落果 造成辣椒落花落果的原因很多。辣椒喜空气干燥而土壤湿润，如气温偏高（超过 35℃），即影响授粉、受精，又易引起植株徒长，使植株同化功能减弱，呼吸消耗增加，引起子房枯萎，花丝干缩，致使落花落果；或遇到较长时间的阴雨天，使光照不足，温度下降（低于15℃），也会影响授粉及花粉管的伸长，导致落花。

土壤干旱，水分不足，空气蒸发量大，也会抑制植株对肥水的需求，引起落花落果。而水分过多，通透性差，使根系呼吸和生长发育受阻，甚至沤根，也会引起落花落果。同时施用肥料不均衡，花果因其养分不足或营养紊乱引起落花落果。此外，栽植过密，导致通风不良，光照不充足，雄花发育不良，加上较重的虫害等，也易引发花果脱落。

在合理密植、合理施肥前提下，开花前、开花初期、盛花期各喷一次200ppm的防落素，盛花后喷一次1%～2%的辣椒专用肥，以有效防止落花落果。

此外，在辣椒大田管理中，植株行间进行中耕培土也是一项实际有用的农事活动，既可以松土保墒，又可除去杂草，有利于根系生长发育。特别是在定植缓苗后进行中耕还能提高地温、保苗早发。以中耕2～3次为宜。

（六）防治病虫害

1. 天鹰椒病害及防治 病害主要有疫病、病毒病、炭疽病、疮痂病等。

（1）疫病 属真菌性病害，是天鹰椒的毁灭性病害，叶、茎、果均可染病。叶片感病时产生绿色圆形病斑，边缘不明显，湿度大时病斑迅速扩展，造成叶片软腐。茎、枝条感病，出现环绕表皮扩展的褐色条斑，病部以上枝叶很快枯萎死亡。茎基部常造成褐色软腐，有时覆一层白色霜层。果实感病，多从蒂部开始，形成暗绿色水渍状、不规则形病斑，很快扩展到全果，有的果肉和种子也随之变色，湿度大时果面长出稀疏的白色絮状霉层。高温高湿、重茬种植发病重。

发现病株后,要立即喷施乙膦铝锰锌500倍液或75%抗毒剂1号200~300倍液,每隔7d喷施1次,连续防治3~4次。

(2)病毒病　主要是蚜虫传毒造成的。受害植株一般表现为花叶型、丛枝型、黄化型。

① 花叶型　嫩叶上出现黄绿相间的斑驳,叶面凹凸不平,叶片畸形。

② 丛枝型　植株矮小,节间变短,叶片狭长,小枝丛生,但不落叶。

③ 黄化型　叶片自下而上逐渐变黄,落叶、落果。高温干燥、土地干旱、重茬地以及蚜虫发生早的年份易发此病。

在定植后每15d喷吡虫啉一次治蚜;7~8月份用15%杀螨特治螨,7~10d喷1次进行预防。发现病情及时喷施20%病毒病A可湿性粉剂500倍液,或抗毒剂1号200~300倍液,每隔7d喷洒1次,连续防治3~4次。同时还注意增施Zn肥,增强植株的抗病能力。

(3)炭疽病　常发性病害,是引起辣椒田间落叶的主要病害。根据田间症状和不同侵染源,可分为黑色、黑点和红色炭疽3种。黑色炭疽叶、果、茎枝均可感病,多为老叶和成熟果实,叶片感病出现水渍状褪绿斑点渐成圆形,中央灰白,有轮纹状黑色小斑点;病果长圆形或不规则形,褐色水渍状凹陷,有隆起不规则状轮纹,密生黑色小粒点,空气干燥时,病部失水变薄,易破裂。茎枝感病,病部褐色凹陷不规则,表皮易破裂。

发病初期喷洒70%甲基硫菌灵可湿性粉剂600~800倍液或80%新万生可湿性粉剂800倍液,连喷两次,间隔10~15d,生长后期用1:0.5:100的石灰半量式波尔多液进行叶面保护。另外,高温高湿,田间积水,密度过大,N肥过多,有利于该病发生蔓延，因此要注意田间通风透光，合理施肥。

（4）疮痂病　又名细菌性斑点病，为细菌性病害。主要危害叶片、茎枝、果实。叶片感病后初期出现许多圆形或不规则状的黑绿色至黄绿色斑点，有时出现轮纹，病部不整齐隆起，呈疮痂状。茎枝感病后呈不规则状条斑或斑块。果实感病后出现圆形或长圆形墨绿色病斑。

在发病初期用200ppm农用链霉素或30% DT可湿性粉剂或47%加瑞农可湿性粉剂600倍液喷药防治，隔7~10d喷洒1次，连喷2~3次。

另外，立枯病、猝倒病是危害辣椒苗期的主要病害。要求严格苗床土壤消毒和苗床温度及水分管理。

2. 辣椒虫害及防治　虫害主要有小地老虎、烟青虫、棉铃虫、茶黄螨等。以7~8月份危害较重。

（1）小地老虎　是辣椒苗期的主要虫害。幼虫将辣椒幼苗近地面的茎部咬断，使整株死亡，造成严重损失，甚至毁苗。

小地老虎的二龄至三龄幼虫为防治适期。定植前，在田间堆积灰菜、刺儿菜、苦荬菜、小旋花、艾蒿等杂草，诱集地老虎幼虫，或人工捕捉，或拌入药剂毒杀。小地老虎一龄至三龄幼虫期抗药性差，当暴露在寄主植物或地面上，可喷2.5%溴氰菊酯3 000倍液，或50%辛硫磷800倍液，进行除治。

（2）烟青虫　常以幼虫蛀食花蕾、果实，也为害茎、叶和芽。严重时蛀果率达30%以上。果实被蛀后引起腐烂而大量落果，是造成辣椒减产的主要原因。

当1~2龄幼虫盛发时或辣椒幼果期是防治烟青虫的适期。此时幼虫在茎尖及果表危害，田间操作比较容易。可用2.5%溴氰菊酯或20%灭杀菊酯乳油等低毒类农药3 000~4 000倍液喷施。

（3）茶黄螨　茶黄螨食性杂，分布广，繁殖快，世代重叠。

辣椒受害后,植株生长停滞,早衰,果实畸形,严重降低产量和品质。

成螨和若螨集中在幼嫩部分刺吸危害。受害叶片背面呈灰褐色或黄褐色,具油质光泽或油浸状,叶片边缘向下卷曲。嫩茎、枝、果变黄褐色,扭曲畸形,严重者植株顶部干枯。受害花和蕾,重者不能开花坐果,果实木栓化,丧失光泽成锈壁果。由于螨体极小,成螨体长约0.2mm,一般肉眼难以观察识别,所以开始时往往容易被误认为是生理病害或病毒病。

防治方法如下。

① 轮作　辣椒等茄类、黄瓜、马铃薯、豇豆、菜豆的茶黄螨寄主地要实行轮作,最好间隔2~3年,实行水旱轮作。

② 开沟排水　排除田间渍水,降低田间湿度。

③ 药剂防治　茶黄螨生活周期短,繁殖力极强,应特别注意早期防治。第一次用药时间在5月中旬,当有虫株率10%,卷叶株率达2%时即可用药,或者在初花期喷施。以后每隔10~15d喷1次,连续防治3次,可控制危害。可选用1.8%虫螨克4 000倍液,或15%哒螨酮3 000倍液,或73%克螨特2 000倍液,20%三唑锡2 500倍液等,均有很好的防效。

(七) 适时收获

天鹰椒的收获要适时,过早或过晚均会影响辣椒品质和品级。一般每年的10月上旬,当植株果实基本红透,叶子开始变黄时,可陆续收获。对移栽较晚的或夏栽辣椒可适当晚些收获,但最晚也要在10月20日初霜到来前收获完,以避免因受霜冻而降低品质。辣椒收获后要立即进行晾晒。田间的辣椒通常要整棵收下,收下后先晾晒1~2d,待叶子半干后,再头部朝北根部朝南,平码成半人高的条状或圆圈形垛,让其自然风干。辣椒在初期晒干时容易出现白干椒,鲜叶上垛容易发生霉烂。因此,切记不要将植株堆成大垛或根朝下单层堆放。垛码好后7d左右要进行倒码，即改为辣椒植株顶部朝南根部朝北，上下翻个。这样晾晒15~20d，当辣椒八成干，即含水量18%左右时开始采摘。要边采摘边分级，不要先混后分级，这样可以省工、省时和提高辣椒品质。

（八）分级贮存

在采摘辣椒的同时，一般把辣椒分成等内、等外两大类。等内为出口商品椒，其标准是果实深红色、不破不碎、无霉烂无白绿椒、无斑点等（椒长3~3.5cm）。其余均为等外品，只能内销。为销售方便，还可进一步分成绿干椒、粉红椒及等外混椒等类型。但无论等内等外的辣椒，一律不得带柄。分级后要继续晾晒，待含水量下降到16%以下时即可交售。14%以下为达标，即出口允许含水量。

不能及时售出的辣椒干，可先贮藏起来。方法主要有如下3种：① 密封法。即把辣椒充分风干，待含水量降到14%以下时，将其装入塑料袋内，袋口要严密封好，在室内贮藏起来不会变质；② 晾晒法。将晾晒好的辣椒装入编织袋内，置于室内的贮藏架上（架离地面30cm即可），每隔10~15d，将成袋的辣椒放在院内晾晒一下，以避免含水量升高，贮藏一年品质如初；③ 冷藏法。在条件好的地方，如有冷藏室（或冷库），把椒干放在里面会更好，可长期存放。

五、经济效益

枣树与天鹰椒间作，充分利用了光热资源，合理利用了土壤养分和水分，获得了较高的经济效益。在河北省东南部如沧州地区，这种种植形式一般产小枣400~500kg/667m^2，天鹰椒200~300kg/667m^2，可获产值3 500~5 000元/667m^2，是农民增收致富的一条有效途径。

第四节 其他类型的林菜（果）间作

在速生林和果园栽种初期，利用林地的行株间空地，采取配套技术适当种植一些生长期短的蔬菜作物，能够有效地提高所在地光能、热能、水分和土壤的效能，改善小气候条件，促进林木的生长发育，提高建园之初投资者的收入。还可在一定程度上增加总体收益，解决林地和果园投入产出周期长、见效慢的难题，其经济效益、社会效益和生态效益明显。

一、适宜树种和应用范围

刺槐、旱快柳等速生林和栽植苹果树、梨树、杏树、桃树、李子树以及葡萄等树木的果园，由于株行距较大，一般栽植后1~3年间处于幼林（幼树）期，一些树种甚至到第六年时树体还未充分伸展完全，树间土壤闲置。可适当间作一些瓜菜作物，如韭菜、马铃薯、草莓、大葱、地豆、荷兰豆、大白菜、甘蓝、花椰菜、黄瓜、冬瓜、番茄、茄子、架豆、苦瓜以及西甜瓜等。增加收入的同时，还提供了良好的水分和养分条件，利于树体的生长发育和提早进入林（果）收获期。

蔬菜作物需水较多，与菜间作的林地和果园需具备良好的配套灌溉设施，配备必要的电源或柴油机等动力，做到旱能浇、涝能排，满足蔬菜和树木的正常需要。

林菜（果）间作，投资少、效果好、见效快，适合中国北方平原及丘陵地区应用。

二、间作规格和实用模式

研究表明，5~10月份，林间10%~25%的遮阳对多数蔬菜瓜果作物产量的影响并不明显。除遮蔽部分光线之外，林木对其他小气候因子的改变，还对菜田生产有利。因此，林菜（果）间作一举多得。

（一）速生林间的林菜（果）间作

速生林指种植刺槐、旱快柳等树种，较短时间内可采伐获益的林地。一般密度为 $1.0m \times 4.0m$，即 166 株/$667m^2$，可间作蔬菜 2~3 年。此后采取间伐、加宽行距的办法，如留 2 行去 2 行，或留 2 行去 1 行，使每 $667m^2$ 内的树木株数保持在 60 株左右，还可间作蔬菜 2~3 年。而采取"小株距、小行距、大带距"造林模式建造的速生林，其株距×行距×带距一般为 $1.0m \times 2.0m \times 4.0m$，每 $667m^2$ 栽种 222 株幼树，有的则采取 $1.0m \times 4.0m \times 8.0m$ 的株距带距种植，每 $667m^2$ 种植 111 株，均适宜较长时间的林菜间作。

速生林间通过种植蔬菜获得收益的同时，特别利于林木的快速健康生长。一般林菜间作的速生林中树木的根系比未间作的多 40% 左右，主要是间作蔬菜生长期间要投入较多的肥料并给予足够的水分的缘故。而普通速生林内水肥投入较少，且容易形成杂草丛生现象，与树木"夺水夺肥"延迟采收。另外，林木根系分布较深，蔬菜作物根系较浅，可使土壤养分得到较为合理的利用。

（二）果园内的林菜（果）间作

果园指栽植苹果树、梨树、杏树、桃树、李子树以及葡萄等果树的林地。通常栽培的株行距为 $4.0m \times 5.0m$。与蔬菜间作的年限可达 5~6 年。一般可分为 3 个阶段，栽植后 1~2 年间为第一阶段，此期的果树遮阳面积小，树体自身对树间的光照影响较小，行间的间作幅度在 4.0m，并不影响果树的生长；3~4 年间为第二阶段，果树行间的光照变弱，遮阳面积变得较大，一般间作幅度设定在 3.0m 左右；5~6 年间为为第三阶段，行间遮阳范围较大，间作蔬菜数量宜少而精，间作幅度多设定在 1.0~2.0m。

在果树行间种植蔬菜，能使果园的水平空间和垂直空间得到较充分的利用，可在一定程度上达到"以短养长"目的，缓解果树、果园见效慢的难题。果树间作蔬菜，可改善果园的小气候环境，降低夏季林间温度，利于果树的生长，提高果树单株产量和质量。

（三）林菜（果）间作实用模式

1. 树木+高秧的蔬菜瓜果 蔬菜中的黄瓜、架豆、苦瓜等作物，生长期较短，一般在 100d 之内。其叶片较小、节间较长、根系较浅、根展也较小，植株蔓生。露地栽培须搭建"人"字形架，遮阳相对较少，可在速生林种植之初的 1~2 年内或果园的第一阶段实施间作，林菜间的互补性较强，效益较好。

2. 树木+矮秧的蔬菜瓜果 韭菜、大葱、马铃薯、墩豆、荷兰豆、草莓、大白菜、甘蓝、花椰菜、冬瓜、番茄、茄子、西瓜、甜瓜、菜花生等蔬菜作物，植株较为矮小，占用空间的高度一般在 1.3m 以下。其中除韭菜、草莓为多年生作物外，皆为一年生蔬菜，实际从栽植到收获的时间多在 120d 之内，叶片较小，遮阳较少，适合林间郁闭前的时间内实施间作，栽种管理简便，经济效益也较好。

（四）注意事项

1. 种类选择 间作的蔬菜瓜果作物不宜选择根系发达、叶片肥大、枝蔓繁茂、生长势过强的种类，如南瓜、丝瓜等。应以不影响林木正常生长发育为前提。并注意选择病虫害较少、且与树木没有交叉传染危害的品种。

2. 间作距离 间作的蔬菜瓜果作物应栽种在树冠外 0.5m，

或更远的地方，尽量减少和避免与树木争光、争水、争肥的现象发生。

3. 保护幼树 间作蔬菜瓜果过程中，要加强对幼树（林）的保护。进行播种、除草、中耕、收割等项作业时，幼树容易受到损伤，须认真防护。

三、主要林菜（果）间作模式和配套栽培技术要点

（一）林木和韭菜间作

速生林间和果园内均可采用。

韭菜为多年生宿根作物，栽植后可连续生产4～10年，其株高30～50cm，叶片细长、面积小，植株阴影小而少，一般不会影响树木的生长发育。韭菜对土壤的适应性较强，沙土、壤土、黏土均可栽培。韭菜的耐寒性强，一般地上部叶片可耐短时间-4℃低温，根茎在-40℃低温也能安全过冬。强光、高温条件不利于韭菜生长。适宜的光照强度在20 000～40 000Lx，光补偿点为1 200Lx。因此，林地6～9月份期间的树体遮阳，对生产优质韭菜十分有利。

栽培要点如下。

1. 适期育苗 韭菜应在4月上旬至6月中旬播种育苗，宜早不宜晚。

2. 选用优良品种 采用抗逆能力强、商品性好、农药和硝酸盐富集能力低、外观和内在品质好的品种，如"格林缘6号"和"丰汇仓9号"等。

3. 足量播种 一般的韭菜育苗田用种5kg/667m^2，培育的秧苗可供6 667m^{2}生产田定植之用。

4. 施足底肥 韭菜苗床基肥须选用优质腐熟有机肥，与适量复混肥配合施用。中等肥力条件下，撒施腐熟优质猪粪8m^3/

667m² 或腐熟的优质鸡粪 5m³/667m²、"撒可富"复合肥 40kg/667m² 或韭菜专用复混肥 50kg/667m²。如当时没有优质腐熟有机肥，可撒施"撒可富"复合肥 80kg/667m² 或韭菜专用复混肥 100kg/667m² 替代。土壤墒情差的地块，播种前应先浇地造墒，再施基肥，精细整地后做成畦心宽 1.5m 左右、长度 10m 的平畦，作为育苗畦。

5. 干籽直播 播前，先镇压一遍育苗畦，后开播种沟。沟宽 10cm 左右，沟距 20cm。播种时，将种子与 2~3 倍沙子（或过筛炉灰）混匀后，均匀撒在播种沟内，覆盖开沟时搂起的细土，厚度达 1cm 左右。播后，再镇压一遍。或用韭菜专用播种机精细播种。

6. 及时浇水 播种完毕，及时浇一次透水。

7. 防治杂草 韭菜播种浇水后 2~3d，每 667m² 育苗田用 30%除草通乳油 100~150ml，或 48%地乐胺乳油 180~200ml，加水 50kg 均匀喷撒地表。喷药时应倒退行走，严防重复或漏喷。韭菜出苗 20d 后，如田间出现单子叶杂草，喷施 5%精喹禾灵乳油 50~60ml/667m² 或 10.8%高效盖草能乳 50ml/667m² 等除草剂，减少人工投入，简化田间操作，严防草害发生。

8. 覆膜保护 4 月份播种的育种田，喷施除草剂后应覆盖黑色或白色地膜保墒、提温。5 月份或 5 月后播种，应慎用地膜覆盖，加强管理，防止晴天膜下高温烫种。当播种畦中有 1/3 幼苗出土时，撤去覆盖的地膜。

9. 追肥浇水排涝 韭菜出土至齐苗期间，7d 左右浇一小水；齐苗后至苗高 20cm 期间 10d 左右浇一次水；秧苗生长期间，当秧苗长势变弱、生长缓慢时，应结合浇水及时追施尿素 6~10kg/667m²，方法是撒施后及时浇水，或浇水后在水面上均匀撒施。高温多雨季节，注意排水防涝。当降大雨或暴雨后，须及时排除积水,防止秧苗倒伏、腐烂及死苗现象发生。

10. 定植前不收割 以培育健壮秧苗。

11. 定植前准备 在行间距树冠0.5m之外的区域整地施肥。由于韭菜是多年生蔬菜,而树冠年年向外扩展,需给树木留足发展区。要求韭菜定植当年的7月25日前后在计划栽植韭菜的区域施入足量的基肥,一般施入腐熟优质堆肥 $10\sim18m^3/667m^2$,或腐熟的优质鸡粪 $8\sim10m^3/667m^2$,分别混配15∶15∶15的三元复合肥 $75kg/667m^2$。7月30日前,整地做畦。

12. 适期定植 8月上中旬期间,选择凉爽、无雨天定植。定植前1~2d起苗。淘汰弱苗、病苗和杂株,将健壮秧苗的根茎对齐,剪去叶尖部分和须根末梢部分,保留10cm长叶片和4~5cm长的须根。用2%阿维菌素乳油2 000倍液蘸根,待秧苗根系表面的药液晾干后定植,防止将育苗田的害虫带入生产田。

13. 合理密植 一般按 $150\ 000\sim200\ 000$ 株$/667m^2$ 栽植,3~6株/簇,行距25cm、簇距7~11cm,深度以韭菜秧苗叶鞘露出地面1~2cm为宜。

14. 适当浇水 定植后及时浇一次透水;缓苗前,经常保持土壤湿润,一般地块6d左右浇一水;缓苗后要经常保持土壤见湿见干状态,晴天每10d左右浇一水;夏秋季节大雨过后,注意排除田间积水;11月下旬至12月中旬,选"昼化夜冻"时,浇足冻水,水量宜大不宜小。

15. 及时追肥 第一次追肥在缓苗后30d左右进行,追施尿素 $8\sim10kg/667m^2$ 和碳酸氢铵 $15kg/667m^2$。施用碳酸氢铵需先融于水,再结合浇水随水均匀追施。第二次追肥,施用15∶15∶15的氮磷钾复合肥 $30kg/667m^2$。一般定植当年追肥2次。浇冻水时,随水追施碳酸氢铵 $15\sim20kg/667m^2$ 和尿素 $20kg/667m^2$,满足早春韭菜生长需求的同时,除治地下害虫。

16. 草害防治 浇韭菜定植水后2d，应在韭菜的行间地表喷施33%"除草通"100~150g/667m^2，防止草害发生。喷施时，应避开韭菜植株。

17. 田间管理 韭菜定植当年一般不收割，以促进养分的积累，培育健壮的植株群体，为翌年优质高产奠定基础。对秋后少量出现的韭菜花薹，要及时摘除。上冻前，每667m^{2}采集15~20m^{3}肥沃的粮田表土，最好是沙壤土，在翌年土壤化冻前均匀撒在韭菜生产田中，培土2~3cm高，用来弥补地表裂缝，减少散墒。冬春季节降水较多的年份，土壤墒情较好，早春茬提早栽培，应尽量推迟浇水，以促进地温上升，加速植株返青和生长速度；如降水少，土壤墒情不足，须适当浇小水，以满足韭菜生长的需要。春、夏、秋季栽培，宜经常保持土壤呈现潮湿状态，满足韭菜正常生长发育的需求。春、秋时节，10d左右浇一水；夏季，7~10d浇一水，降雨后田间出现积水，应注意排涝。韭菜植株返青前，沟施腐熟农家肥1.5m^3/667m^2、复合肥15kg/667m^2。韭菜生长期间，不使用粪稀和硝酸铵作追肥。收割后，结合浇水及时施肥，中等肥力地块施入腐熟畜禽肥400kg/667m^2、复合肥10kg/667m^2、尿素10kg/667m^2。追肥宜在韭菜伤口愈合，新叶刚刚长出时进行。有条件的农户，追肥浇水后可在地面撒施草木灰。冬季栽培，需增加蓄光保温设施。

18. 虫害防治 在树间露地栽培韭菜应及时防治韭菜虫害，最好在韭菜田上方搭建简易的网棚，覆盖30目防虫网，以隔绝外来虫源，减少害虫对韭菜的危害。在网棚内采用高效低毒农药消灭残余的害虫成虫，可采用2%齐螨素乳油4 000倍液，或3.2%"甲维盐·氯"1 500倍液和10%"蚜克西"可湿性粉剂1 500倍液混合均匀，仔细、全面地喷洒秧苗、地表、棚架和支柱等处，连续喷施3遍，间隔期10d。以后可少用甚至不用杀虫剂也能有效地防治韭菜害虫,从源头减少或杜绝农药公害的产生。

19. 病害防治 韭菜病害以灰霉病、疫病、锈病等为主。

(1) 灰霉病防治 在发病初期用50%的速可灵可湿性粉剂1 500倍液,或50%的扑海因可湿性粉剂1 000倍液,或50%多菌灵500倍液喷雾防治。发病时,用50%速克灵可湿性粉剂1 000倍液、50%扑海因可湿性粉剂800倍液喷淋,连喷2次。

(2) 疫病防治 用60%烯酰吗啉可湿性粉剂2 000倍液、64%杀毒矾可湿性粉剂500倍液,或72.2%普力克水剂600~800倍液喷雾,每5d喷1次,连喷2~3次。阴雨天,用5%百菌清粉尘剂,用药$1kg/667m^2$,7d喷粉1次。

(3) 锈病防治 用16%三唑酮可湿性粉剂1 600倍液,隔10d喷1次,连续喷撒两次。收割前10d之内,禁止在韭菜植株上喷施杀虫剂、杀菌剂。

20. 收割上市 春、夏、秋季栽培的韭菜,选择无雨天的清晨收割;冬季栽培的,收割宜在傍晚进行。上市的新鲜韭菜生长时间不宜过长,一般两次收割间隔时间以30d为限,春、秋两季间隔20~25d,夏季间隔15~20d。

林间间作韭菜投资小,见效较快,风险小,茬次多,产量高,质量好,售价高,一般收入5 000~12 000元$/667m^2$。

(二) 林木和大葱间作

林间间作大葱投入小,效益高。大葱为二年生蔬菜作物,株高30~50cm,叶片呈圆筒状、细而长、叶面积较小,植株遮阳很少,栽植合理不影响树木的正常生长发育。大葱对土壤的适应性也很强,中性或微碱性的沙土、壤土、黏土均可栽培。大葱耐阴,适宜间作套种。

栽培要点如下。

1. 适期育苗 林间间作大葱多采用露地栽培或地膜覆盖栽培，其播种育苗时间一般选在 9 月中下旬，过早秧苗植株过大，过晚秧苗发育不足，不利于安全越冬和丰产高效生产。

2. 选用优种 应注意选用符合销售市场消费者需要的品种，一般采用具备葱白长、口味好、产量高、抗病虫、耐储运的优良品种。目前生产上主要种植的品种有章丘大葱、五叶齐大葱、梧桐大葱等。

3. 苗床选择 育苗要在 3 年内没有种植过葱蒜类蔬菜的地块中进行，切忌连作。

4. 施足底肥 培育大葱秧苗的苗床，播种前须底施 2 500kg/667m^2 优质农家肥和磷酸二铵 15kg/667m^2、硫酸钾 10kg/667m^2。

5. 适量播种 培育健壮秧苗，播种量十分关键。一般培育可供 667m^2 移栽用的秧苗需用种 0.5kg，苗床 150~180m^2。

6. 草害防治 播后 1~2d，每 667m^2 苗床用 33% 除草通（施田补）乳剂 80~100ml，加水 40~50kg。选择无风天气，倒退喷药，将药液均匀喷洒于土表。

7. 巧浇冻水 12 月上旬前选择"昼化夜冻"时期浇足冻水，以增强秧苗的越冬能力。

8. 整地施肥 定植前深翻土地 30cm，同时底施农家肥 5 000kg/667m^2 和 15∶15∶15 的三元复合肥 40kg/667m^2，耙平后开南北向的定植沟，沟距 75~80cm，沟深 10~15cm。

9. 适期定植 5 月中下旬至 6 月 20 日定植，苗龄以 8~9 叶、株高 30~40cm、径粗 1~1.5cm 为佳。

10. 合理密植 株距 8~10cm、深 7cm 左右，上埋到葱心，定植 10 000 株/667m^2 左右。

11. 水肥管理 定植后尽早浇水，促进根系发展。之后不干不浇水，夏季过湿容易烂根。8月中旬前以追施N肥为主，可追肥两次，每次追施尿素35kg/667m²。8月中旬以后应追施P、K复合肥，追施25~35kg/667m²。

12. 注意培土 大葱缓苗后，要及时培土。每次培土时以不埋住生长点（葱心）为度。培土能有效促进葱白生长，提高产品质量。

13. 越夏管理 夏季要勤中耕，防杂草，破除板结，及时排除雨后积水。

14. 秋季管理 8月中下旬期间要勤锄地，防杂草，及时浇水保墒和追施攻叶肥；9月份，白露至秋分，应追好攻棵肥，保证水分供应，加强培土。

15. 适时收获 10月可收获鲜葱上市出售。11月上旬收获贮藏用大葱，若遇霜冻，应待天晴温度上升，葱叶解冻变软时再收获。

16. 虫害防治 大葱生长过程中，易发生葱蓟马、葱蛆、菜青虫、小菜蛾及潜叶蝇等害虫，应及时用90%的敌百虫0.25kg/667m²，拌细土20kg，撒入田间进行防治；斑潜蝇用1.8%阿维菌素1 000~1 500倍液喷雾；葱蓟马用10%的吡虫啉可湿性粉剂2 000倍液喷雾防治。

17. 病害防治 主要病害有霜霉病、紫斑病、黄矮病等，可用75%百菌清500倍液或50%扑海因1 500倍液，或50%的甲霜灵可湿性粉剂800倍液喷雾防治；紫斑病采用50%的代森铵可湿性粉剂800倍液，每隔7~10d喷1次，连续喷2~3次。

大葱产量较高，一般单产4 000~5 000kg/667m²，高产可达10 000kg/667m²，按0.4元/kg计算，可收入1 600~4 000元/667m²。

另外，林间适宜间作的葱蒜类蔬菜还有洋葱、青蒜、小葱等。

(三) 林木和草莓间作

草莓是多年生草本宿根植物，果实色泽艳丽、营养丰富、酸甜适口，是人们喜爱的水果。露地栽培草莓春末夏初上市，正值市场淡季。

草莓对气候条件的适应性较大，对土质的适应性也较强，全国各地都能种植。草莓喜光，耐荫蔽，适宜在林间进行间作。但有线虫的葡萄园和其他果园，不宜种植。

栽培要点如下。

1. 茬次选择 草莓有一年一栽茬和多年一栽茬等两种。其中一年一栽茬，头年秋季定植秧苗，翌年收获果实后清除全部植株，秋季重新定植新秧苗。适宜间作套种，减少病虫害的发生，利于控制杂草的蔓延和危害，增加单果重量，提高总产和经济效益。不足之处是每年需要购置新的种苗，也增加用工量。而多年一栽茬，一次定植后连续收获两季或两季以上，节省用工和秧苗成本，投资少，植株生长健壮，分枝较多，花芽分化充实，结果数量多。但单果相对偏小，易受病虫害危害。生产者应依据自身条件选择。

2. 整地施肥 栽植草莓前要耕翻土壤 25~30cm，结合翻地施入基肥，一般施入腐熟的优质农家肥 5 000~10 000kg/667m^2，另加过磷酸钙 50kg/667m^2 和氯化钾 50kg/667m^2，或加 N、P、K 三元复合肥 50kg/667m^2。草莓种植可选用平畦栽培或高垄栽培，地下水位高、土壤持水量大、透气性差、地面容易积水的应做垄畦。高垄栽培可使根系土层加厚，植株生长健壮，通风透光良好，果实着色好，病害减轻。一般要求垄宽 60cm，垄高 15~20cm，垄距 30cm。平畦栽植防寒保墒好，中耕除草简便。栽培者可依据自身条件选择。

3. 品种搭配 草莓自花授粉能够正常结果，但异花授粉的增产效果明显。一般选择一个市场欢迎的品种作为主栽品种，搭配 1~2 其他品种作授粉品种。

4. 品种选择 露地草莓栽培应选用休眠期长、长势强、产量高，果实硬度大的品种。目前以"全明星"和"玛利亚"为主。

5. 秧苗培育和挑选 选用无病虫、新根较多、根茎粗 1cm 以上、4 片以上的展开叶（含 4 片）、中心芽饱满、叶柄粗壮的秧苗作种苗。林间间作草莓种苗可外购也可自己繁育。草莓育苗在露地进行，每 667m² 生产田需苗圃 150m² 左右。一般在生产田附近选合适地块育苗，4 月初定植母本苗，株行距为 80cm×80cm。缓苗后陆续出现的花蕾应及时摘除，追施尿素 2~3 次，每次 7~10kg/667m²。勤浇小水，保持地面湿润。育苗期间注意杂草危害，及时除草。至 8 月份定植时，1 株母本苗平均繁殖生产用苗 30 株左右。

6. 定植要求 中国北方地区一般 8 月定植，入冬前形成发达的根系，贮存较多的营养，为翌年春季获得优质高产奠定基础。栽植密度应根据栽培制度、栽植方法、品种特点、种苗质量、土壤肥力、因地制宜。一般情况下，一年一栽比多年一栽密度大，大叶、大株型品种比小叶、小株型品种密度小。一般栽植 9 000~11 000 株/667m²。定植时应将新茎的弓背朝固定的方向，平畦栽植时，边行植株花序朝向畦里，避免花序伸到畦埂上影响作业。覆土深度以苗心基部与土面齐平为宜，并使根系在土壤中充分伸展。定植后立刻浇水，促进缓苗。

7. 肥料追施 基肥不足的应进行 3 次追肥：第一次在花芽分化后，一般在 10 月中旬左右，这时植株和根系生长仍较旺盛，增施一次 N 肥，但在花芽分化前，应控制 N 肥，控制灌水，进行蹲苗，使幼苗充实；第二次在开花前施入，可叶面喷0.3%尿素或0.3%磷酸二氢钾3~4次；第三次在采收后施入，以保证植株健壮生长，促进花芽分化，提高植株的越冬能力。

8. 水分管理 定植后每隔2~3d浇一次水，保持土壤湿润。缓苗后可根据土壤墒情，适当浇水，保持土壤见干见湿，促进植株发育。待秋末气温下降时，开始控制水分，抑制地上部的生长，促进养分向根系转移。11月中下旬浇一次冻水，可提高植株的越冬能力，并保证早春植株生长对水分的需要。

9. 越冬覆盖 利于保持土壤水分，提高根系温度，保证植株安全越冬。一般于11月中下旬进行。先将地膜覆盖于畦面，四周用土压实，然后地膜上面适当压些土或秸秆等。在良好的覆盖条件下，冬季草莓叶片不干枯，仍保持绿色，翌年开春能很快恢复生长，各生育期能相应提前5~7d。

10. 田间清理 早春地温回升、土壤化冻时，先清除地膜上的土、秸秆等不透明覆盖物，以便增加地膜的透光性，提高地温。3月初，植株恢复生长，此时在苗上方的薄膜上打孔，把秧苗掏出，并用土将孔的四周压实。

11. 春季管理 3月下旬结合施肥浇一次返青水，穴施N、P、K复合肥10~15kg/667m^2；4月中旬，浇一次透水，保证花器官的发育；4月下旬草莓需水量较大，应小水勤浇，保持土壤湿润；采收前5d，停止浇水，以提高果实的耐贮运能力。每次采果后，在傍晚或早上浇小水。

12. 疏花疏果 草莓花序上先开的花，个大、果实成熟早，后开的花结果小，甚至无商品价值。应及时摘除花序上后期开的花和小果，以使养分集中供应到先开放的花，增加单果重，促使结果整齐一致。

13. 及时采收 草莓从开花到最终成熟在17~30℃的温度

条件下，需 600h 左右，果面由绿色逐渐变白，最终变为鲜红色，聚合果上的瘦果（习称"种子"）逐渐变为黄色或红色。一般供鲜食用的鲜果，在果面70%着色，大约有八成熟时即可采收。供加工用的鲜果，应在果实完全成熟时采收以提高含糖量。采收时间要在清晨或傍晚。采收时用母指和食指切断果柄，连同果实及一小段果柄一起摘下，最好不接触果实，更不能损伤果实表面。

14. 病害防治

（1）草莓灰霉病防治　应及时清除枯叶、老叶，保持5~6片功能叶。对病叶、病果应及时清理出去深埋或烧毁；显蕾后发病可用50%多菌灵500倍液或75%百菌清600倍液隔7~10d交替使用；花期用100ppm萘乙酸和1 000倍速克灵混合液，于下午喷花，既防病又增产；果实发育期发病，用百菌清烟剂或速克灵烟剂熏棚。

（2）草莓白粉病防治　须注意选用抗病品种；生长期间及时摘除病、残、老叶，喷洒2%农抗120或2%武夷菌素水剂200倍液，隔6~7d再喷一次。

（3）草莓茎腐病防治　避免过多施用N肥，降水过多应及时排水。灌水时间选择在10~14时期间使果实和叶片迅速干燥；选用58%甲霜灵锰锌可湿性粉剂800倍液或64%杀毒矾可湿性粉剂500倍液喷洒，从花后开始每隔10d，连续防治3~4次。

（4）草莓枯萎病和黄萎病防治　要及时清除病株及残株、落叶，实行轮作避免重茬；用溴甲烷或氯化苦进行土壤消毒或采用太阳能消毒；发现病株及时拔除，集中烧毁，病穴用生石灰消毒；发病田，6月初用70%代森锰锌500倍液喷洒基部，隔15d喷1次，连续防治5~6次。

15. 虫害防治

（1）红蜘蛛防治　要尽早清除老叶和枯黄叶。发现红蜘蛛，用2.0%阿维菌素3 000倍液,隔7d施药一次,连续防治两次。

(2)蚜虫防治　及时摘除老叶集中烧毁。清除田间杂草。用高效低毒农药隔7d 1次,连续防治两次,采收前15d停止喷药。

林间间作草莓,可采摘商品果1 000kg/667m² 左右,产值3 000元/667m²左右。

(四)林木和马铃薯、花椰菜间作

林间间作马铃薯和花椰菜投资少、见效快、风险小、收入高。其中的马铃薯3月栽植,6月收获上市,正值京津地区市场淡季。花椰菜随后定植,中秋、国庆节及以后上市,质高价优。林、菜间互补性强,不存在相互竞争和遮蔽现象。

1. 马铃薯栽培要点

(1)品种选择　河北省廊坊市及周边京、津区域内,适宜栽培早熟、优质的马铃薯品种,如丰收3号、荷兰薯15等。

(2)种薯贮藏　种薯应在10月下旬至12月之前购进,以避免翌年早春购种因外界温度低而出现的冻种现象发生。种薯贮藏温度以2~4℃为宜,可放置在住人或不住人的房间中,温度低时须盖麻袋片或草帘或其他保温材料防寒。

(3)林间选择和准备　以土质疏松肥沃易排能灌的微酸性壤土、沙壤土较好。冬前施足底肥,一般以农家肥2~3m³/667m²、三元复合肥40~50kg/667m²为宜。注意冬前浇冻水。早春深耕30~40cm后起垄,垄高10~15cm。冬季墒情好的地块,也可以早春施底肥、耕地、起垄。

(4)适宜播种期的确定　春季林间间作的马铃薯一般在气温稳定在5~7℃播种为宜。春茬地膜覆盖栽培,3月上旬播种,4月初出苗,5月上旬开始结薯,6月上旬收获出售。中棚或小棚多层覆盖栽培,2月中下旬播种,5月中下旬采收上市。

(5) 催芽时期　一般在种植的前一周升温催芽。将室内温度逐渐升高到 10~15℃，待芽长到 3mm 左右时，揭去麻袋片或草帘等覆盖物，将马铃薯从包装袋中倒出、摊平，厚 10cm 左右，让种薯充分见光，促新芽尽早由黄变紫褐色，并增粗变壮。

(6) 种薯处理　种薯播种前 1~3d 切块，每块重 25g 左右，留 1 个以上的新芽，切忌现切现种。将切好的种块，表面沾一层草木灰促进伤口愈合减少烂薯并有利于增产。也可将切好的薯块自然风干使伤口尽快愈合，切好的薯快切忌堆堆以防腐烂。切种块时如遇到病、烂薯，要对所用的刀具消毒。消毒液可用 75%酒精，或用火焰进行烧烤后，再进行切块，否则会使所切薯块带菌，影响后期产量。

(7) 播种要求　播种时种芽朝上，每穴一块，穴距 18cm，深 10cm 左右，播种 4 000~4 500 穴/667m^2。播后撒毒饵，再用幅宽 90cm 地膜覆盖。

(8) 苗期管理　幼苗出土期间应仔细检查，遇芽拱土及时将芽上的地膜扎眼，引芽出膜。盖严孔眼，防止高温烫芽。破膜引苗，并用土压严孔洞，防止杂草滋生。幼苗基本出齐后进行查苗、定苗。对种薯因病腐烂的，要把烂薯连同周围土壤全部挖除后再换新土补苗。补苗可用地头备用苗，并选壮株带土移栽，以提高成活率，并视气温状况破膜。以后如秧势太旺，可喷洒 500 倍液矮壮素控制旺长。结薯期进行高培土，并浇好花期三水。此期如有徒长现象，可用 0.1%矮壮素进行控旺，同时进行叶面喷施磷酸二氢钾。收获前一周，将已黄化的秧子压倒，促使茎叶养分流入块茎，以提高产量。

(9) 花期管理　5 月初开花，马铃薯开始结薯、膨大。应尽早揭去地膜或在地膜上盖土。尽早施肥，一般施用硫酸钾复合肥 25~40kg/667m^2，并浇水 2~3 次，收获前须一直保持土壤湿润。

否则，浇水不到，将严重影响产量。

（10）田间管理　发芽期一般不浇水，如干旱，可浇小水。出苗后要早追肥、浇水、培土。从出苗到团棵期间追肥、浇水、培土两次，每次追复合肥 10kg/667m^2，接着浇水、中耕、培土一次，保持土壤通透性。发棵中后期少浇水以防茎叶徒长。结薯期要求保持土壤呈湿润状态，但浇水时要防止大水漫灌，引起薯块腐烂。收获前 5~7d 停止浇水，促使薯皮老化，减少在贮藏与运输过程中造成经济损失。

（11）病虫害防治　对环腐病、青枯病等，发病期可喷施农用链霉素 800~1 000 倍液；对晚疫病等，在发病初期可喷施 80%代森锌 600~800 倍液，75%百菌清 600~800 倍液，杜邦可露 2 000 倍液，每隔 5~7d 喷药 1 次，共喷 3~4 次；对病毒病，选用脱毒、抗病品种，及时防治蚜虫，生长期保证充足的水肥，提高植株的抗病力。

对金针虫、蛴螬、蝼蛄等可用辛硫磷 100~150g 拌细土 20kg，撒入土中防治。如地下虫害较重时，可用辛硫磷等药剂灌根。

（12）适期收获　6月上旬及时采收。采收上市早、售价高、收益好。一般产 2 000kg/667m^2，高产地块或中棚以及小棚多层覆盖栽培，可产 3 000~3 500kg/667m^2。

地膜覆盖马铃薯，一般收入 3 000 元/667m^2，高的可达 7 000 元/667m^2。

2. 花椰菜栽培要点

（1）清理田园　上茬马铃薯收获后，应尽早将病株和残枝败叶全部清除干净。

（2）土地晾垡　深翻土地 25~30cm，不进行耙整，用以消灭病虫。

(3)品种选择 采用优质、耐热、抗病、丰产、上市及时的品种,如白峰、神良、夏雪、雪山等。

(4)适时播种 京津地区的播种期以6月中下旬为宜,白峰应在6月10日左右。过早、太晚都会影响产品质量和产量。冬贮花椰菜的播期,不晚于7月中旬。

(5)苗床处理 秋花椰菜播种育苗期正值高温多雨季节,苗床应做成高畦,一般以畦面高出地面10cm左右为宜,畦宽1.5m,畦长10m左右。畦和畦之间应挖排水沟,沟深10~15cm,沟宽30~40cm。每个苗床施入腐熟过筛的有机肥80~100kg,草木灰25~30kg,复合肥3~4kg。

防雨遮阳是苗全、苗壮的重要措施。苗床上须建小拱棚,覆盖薄膜(四周撩起10~20cm)和遮阳网。幼苗出齐后在9时前和16时后应及时撤掉遮阳网,子叶展开后及时间苗,去除病苗和弱苗。

(6)适龄壮苗 正常管理条件下,花椰菜的适宜苗龄为30~40d,植株拥有5~7片健壮叶片,无病虫。

(7)定植准备 花椰菜需肥较大,一般施入优质腐熟的有机肥3 000~5 000kg/667m^2,通过旋耕的方法使肥土混合均匀、消灭坷垃。整耙后起垄,垄距40~50cm(早熟品种以40cm为宜,中晚熟品种多选45~50cm为好),垄宽10~15cm,垄高8cm左右。

(8)合理密植 花椰菜一般在7月中下旬定植,按株距40cm左右,定植2 700~3 300株/667m^2。

(9)肥水管理 北方夏季较为炎热,栽培中不能缺水,干旱容易导致早球和毛球的产生。定植后要及时浇一次大水,不蹲苗。缓苗后一般5d浇一次水,经常保持地面潮湿状态,雨后及时排除积水。莲座期追肥,追施氮磷钾三元复合肥30~

$50kg/667m^2$。

（10）折叶盖球　用3片下部的大叶，覆盖在花球的表面用来遮光，使花球采收时保持洁白，提高产品质量。

（11）虫害防治　危害花椰菜的害虫主要有菜青虫、蚜虫、小菜蛾、甜菜夜蛾、棉铃虫及潜叶蝇等。防治害虫宜采取高效、低毒、低残留的杀虫剂，如绿菜宝、高绿宝、农哈哈等。

（12）病害防治　花椰菜生长期正值高温多雨期，病害较严重。主要病害有病毒病、黑腐病、霜霉病和软腐病等。应采取综合防治措施，加强栽培管理，辅之药剂防治。

花椰菜一般可收获花球 $2\,500kg/667m^2$ 以上，收入 2 000 元/$667m^2$ 左右。

（五）林木和西瓜、大白菜间作

在林间土地上间作西瓜和大白菜也是投资少、见效快、风险小、收入较高的模式。其中露地和地膜西瓜4月下旬播种，7月中下旬收获；小拱棚西瓜2月中旬播种育苗，3月中下旬定植，5月下旬至6月下旬收获，可收获商品西瓜 $3\,000\sim5\,000kg/667m^2$，收入 $1\,500\sim3\,000$ 元/$667m^2$。大白菜8月上旬播种，10月中旬至11月上旬收获，可收获商品菜 $5\,000\sim7\,500kg/667m^2$，收入 1 500 元/$667m^2$ 左右。

（六）林木和黄瓜、架豆间作

黄瓜和架豆植株蔓生，须借助网架等设施生长结实。北方露地栽培黄瓜和架豆一般搭建高 $1.8\sim2.0m$ 的"人"字形架，不仅防风而且利于植株生长，也不易对周边其他植物形成遮蔽，适合初期速生林间和果园内应用。见效快、风险小、收入高。一般黄瓜3月中旬前后播种育苗，4月中旬前后定植在小拱棚或定植沟内，5月中旬至7月上旬期间收获，可产 $3\,500\sim4\,500kg/667m^2$ 黄瓜，收入 $2\,500\sim3\,500$ 元/$667m^2$。架豆，即菜豆，要在

林地间作

7月初播种,当时黄瓜尚未拉秧,须沿着黄瓜行向在黄瓜植株旁5cm左右处挖穴播种,待黄瓜植株清理完毕后再引领架豆蔓沿着原来的黄瓜架生长,一般8月中旬开始采收上市,可单产商品架豆1 500kg/667m^{2}左右,收入约2 000元/667m^2。

此外,林间还可间作苜蓿、绿豆、黄豆、蚕豆、豌豆、花生等矮秧作物,以及绿肥植物。

本章参考文献

1. 曹广才,魏湜,于立河.2006.北方旱田禾本科主要作物节水种植.北京:气象出版社,206~212
2. 曹清河,刘义峰,李强.2007.菜用甘薯国内外研究现状及展望.中国蔬菜,(10):41~43
3. 陈智,麻硕士,范贵生等.2007.麦薯带状间作农田地表土壤抗风蚀效应研究.农业工程学报,23(3):51~54
4. 崔根深.1994."两高一优"立体农业实用技术.石家庄:河北科学技术出版社
5. 崔雄维,吴伯志.2009.间作蔬菜研究进展.云南农业大学学报,24(1):128~132
6. 杜广云,曲现婷,黄国赏等.2004.枣粮椒间作模式初探.林业科技,29(4):35
7. 杜雄,张立峰.2007.论华北农牧交错区退耕区域生态系统生产力的演替与增进机制.中国农业科学,40(12):2 788~2 795
8. 杜雄,张立峰.2008.华北农牧交错带退耕区榆树幼林-南瓜间作的农田生态效应.中国农业科学,41(9):2 710~2 719
9. 贺金红,廖允成,胡兵辉等.2006.黄土高原坡耕地退耕还林(草)的生态经济效应研究.农业现代化研究,27(2):110~114
10. 姜岳忠,刘盛芳,马履一等.2006.毛白杨幼林间作效应研究.北京林业大学学报,28(3):81~85
11. 李光星,蔡南通.2005.叶菜用甘薯福薯7-6周年栽培技术要点.

农业科技通讯，(10)：34

12. 刘刚．2007．介绍几种菜用甘薯新品种．北京农业，(8)：44

13. 刘树庆，刘玉华，张立峰．2002．高寒半干旱区农牧业持续发展理论与实践．北京：气象出版社

14. 刘廷俊，雍文，赵世华．2007．枣树栽培实用技术．银川：宁夏人民出版社

15. 卢育华．2000．蔬菜栽培学各论．北京：中国农业出版社

16. 吕佩珂，李明远．1998．中国蔬菜病虫原色图谱．北京：气象出版社

17. 吕佩珂．2001．中国果树病虫原色图谱．北京：中国农业出版社

18. 商玉恒，史爱英．2004．草莓与幼龄果园间作效益高．河北果树，(3)：8~11

19. 史新敏，唐君．2008．叶柄菜用甘薯商薯19及其栽培技术．作物杂志，(1)：103

20. 王国槐等．1999．湘杂油1号栽培技术．湖南农业，(10)：5~7

21. 王家才，杨爱梅．2007．菜用甘薯的开发利用及生产规程．安徽农业科学，(22)：6 748

22. 王明耀，杜德玉等．2003．冀中北平原地区马铃薯栽培的关键技术及其配套技术．中国马铃薯，(1)：11~13

23. 王明耀，张桂海，王学颖等．2008．网棚韭菜病虫防控关键技术．中国蔬菜，(9)：3~6

24. 王颖，袁玉欣，魏红侠等．2001．杨粮间作系统小气候研究．中国生态农业学报，9(3)：40~42

25. 伍光和，王文瑞．2002．地域分异规律与北方农牧交错带的退耕还林还草．中国沙漠，22(5)：439~442

26. 吴淑珍，胡少奇．2000．优化种植结构，发展优质油菜．中国农技推广，(3)：7~9

27. 郗荣庭．1998．果树栽培学总论．北京：中国农业出版社

28. 袁玉欣，贾渝彬，邵吉祥等．2002．杨粮间作系统小气候水平分布的特征研究．中国生态农业学报，10(3)：21~23

29. 张凤仪，张晨，肖万魅．2006．实用枣树栽培图诀198例．北京：中国农业出版社

30. 张桂海等．2007．优质安全食品——新鲜韭菜生产技术规程．河北省廊坊市地方标准，3~6

31. 张明军，宋凤平．2006．枣树天鹰椒间作栽培技术．北京农业，（2）：20

32. 赵举，郑大玮，潘志华等．2005．农牧交错带粮草带状间作防风蚀保土效应的研究．华北农学报，20（专辑）：5~9

33. 赵英，张斌，王明珠．2006．农林复合系统中物种间水肥光竞争机理分析与评价．生态学报，26（6）：1 792~1 801

34. 郑世锴．2006．杨树丰产栽培．北京：金盾出版社

35. 周海燕，贾红茹，王丽英等．2004．安阳平原沙区新型立体种植模式的研究．河南林业科技，24（3）：35~38

36. 朱天文．2004．特用甘薯的特性——配套栽培和加工技术．安徽农业科学，（6）：1 176~1 178

第四章 林菌（食用菌）间作

随着林业产业结构的调整，各地利用林下空间与空地发展食用菌，如同雨后春笋日渐高涨。为了解决各地种植食用菌模式与技术匮乏的问题，本章将廊坊市农林科学院多年研究成果和各地经验，介绍如下。

第一节 林菌间作依据与意义

食用菌生长发育过程中有两个阶段，即菌丝生长和子实体发育。菌丝和子实体的生长发育与环境中温度、湿度、光照、空气等因子既有着密切关系，又对各因子要求有所不同。菌丝生长温度为 5~35℃，适宜温度为 22~25℃。子实体一般在 5~22℃ 能形成原基并长出子实体，15℃ 左右为适宜的出菇温度，并要求 5~10℃ 的温差刺激方能出菇。菌丝与子实体对湿度的要求相差无几，为 80%~90%；对光照要求绝然不同，菌丝体一般不需要光照，强光抑制生长，需较暗环境。转入生殖生长阶段的子实体要求散射光，俗称"三分阳，七分荫"，保障出菇数量与质量。食用菌是一种好气性真菌，菌丝和子实体要不断地吸入 O_2，呼出 CO_2，当 CO_2 超量时，造成菌丝萎缩，小菇死亡。

依据食用菌生长发育所需条件，可分为两地培养，菌丝生长阶段在温室或塑料大棚中进行，占地小置放数量多，易集中管理，并可进行工厂化生产；子实体生长阶段移至树林下，既能满足出菇阶段的温湿度和昼夜温差的要求，又能保证对散射光和

林地间作

O_2 的需求，还能节省建造温室或大棚等设施费用。除此，夏季在温室培养食用菌，其温湿度、光照和 O_2 难以调控，经常出现菌枯菇亡，无奈停产歇工，造成市场上鲜菇断档供应。

食用菌没有叶绿体，不能进行光合作用，却吸收 O_2，放出大量的 CO_2，而林木生长吸收 CO_2 放出 O_2，促进林木生长，相得益彰。为了验证培育食用菌对林木生长的影响，特做了光合特性测定。测试地点选在养植食用菌的廊坊杨林内，林木郁闭度为 0.8，通过固定光照强度，设置不同 CO_2 浓度梯度，拟合杨树光合作用的 CO_2 相应曲线，详见图 4-1。

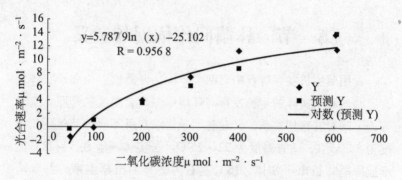

图 4-1 廊坊杨光合作用的二氧化碳响应曲线

从图中可以看出，廊坊杨光合作用 CO_2 响应方程为：$y = 5.7879\ln(x) - 25.102$，相关系数为 0.9568，通过该方程得出 CO_2 补偿点为 76.476 $\mu mol \cdot mol^{-1}$。说明廊坊杨的光合作用受 CO_2 影响非常明显。

为了进一步了解 CO_2 浓度对林木光合作用速率的影响，通过用光合仪对培养食用菌的林分和无菌林分中 CO_2 浓度进行测定发现，培养食用菌的林分内 CO_2 浓度维持在 386~389 $\mu mol \cdot mol^{-1}$，无食用菌林分内 CO_2 浓度维持在 360~367 $\mu mol \cdot mol^{-1}$，相差浓度 20 $\mu mol \cdot mol^{-1}$ 左右。中午 11 时前后，在固定光照强度下，林菌复合栽培的林地平均光合速率为 9.3μmol·m^{-2}·s^{-1}，而普通林地廊坊杨平均光合速率为 8.9μmol·m^{-2}·s^{-1}，经过方差分析，两者光合作用差异达到 0.001（P=0.000 584）的显著程度。说明，养植食用菌，为林木提供了足够的 CO_2，可以提高林木光合作用速率，从而提高林木产量。同时，养植食用菌需供应充足水分，促进林木生长。林木经光合作用释放大量 O_2 为食用菌生长发育提供需求，林地小气候环境为食用菌提供了散射光（经测定光照强度为对照的 17.16%）和稳定的温度（地面温度为对照的 50%），创造了适宜食用菌生长发育的条件。两者互相促进。

第二节 适宜树种、菌种和简易设施

一、树种

林下种植食用菌适宜树种的依据是食用菌在生菇阶段需要散射光，凡是能遮住强光的阔叶树种和果树均可。以交通方便、水源充足、地势平坦的人工林为好，林木株行距 4m×4m 或 3m×5m，郁闭度达 0.8 以上即可，适用范围以中国北方为主，兼顾南方。

二、菌种

林下种植食用菌菌种有平菇、香菇、鸡腿菇、双孢菇、大肥菇、金针菇、茶树菇、白灵菇、杏鲍菇、猴头菇、灰树花、毛木耳、灵芝等。

三、简易设施

林下种植食用菌最难控制的是空气湿度，通过搭建简易小拱棚，解决供水系统。

（一）供水系统

每（15~18）×667m² 建一眼井（深 120m），配井房、泵和过滤装置。

（二）管道系统

含主管道、分流阀门、细管道（拱棚内）和控制阀门。

（三）拱棚搭建

搭建前进行林地清理，主要是将林地的杂草、小灌木、石子、废弃物等清除干净。在林下行间，沿行向设计小于 40m 长，1.5m 宽的长畦。每隔 2m，钉 3 根小木杆为一排，中间木杆高 85cm，两边高 30cm（各距中间杆 75cm），形成一排。每排木杆顶端上绑一根长 150cm 的竹片，其上均匀地打 7 个小孔，用 12 号铅丝分别穿过竹片并固定于起始竹片两端。用一根 14 号铅丝经 85cm 高木杆顶端分别固定于长畦两端，完成床架搭架。

用 3m 长的竹片，每隔 1m 将竹片弯成弦长为 1m 的弓形，两端深埋于土内，中间顶上用 10 号铅丝将微喷绑缚在上面，贯穿整组竹片，安好微喷组建。用 3m 宽的塑料膜罩于弓形竹片之上，并每隔 4m 用压膜线固定，压膜线两端固定于土内，拱棚即搭建成功。该拱棚适宜地上培植的平菇、香菇、黄背木耳等需立式栽培的品种。地下埋植生长的品种，如鸡腿菇、草菇、双孢菇、大肥菇等无需用 1.5m 长竹片穿 12 号铅丝作为依托。但高度因菇种而异，如平菇、灵芝等需要将菌棒叠放的，高度可达 160~180cm。除此，地下埋植或覆土栽培的菇类，可先做畦栽植，后搭棚盖膜，以方便操作。

（四）微喷系统

将水从主管道引至各拱棚的分管道，分管道沿着中杆顶部10号铅丝从头到尾,每隔50cm用细绳绑在铅丝上。进入棚内的分管道每隔1.2m安装一套微喷轻雾六件套组件(市场供应)。

第三节 林下食用菌栽培技术

本节介绍均为林下食用菌栽培技术,菌棒制作过程是由工厂化完成,发菌期多数在温室内进行,这里不再赘述。

一、平菇

平菇[*Pleurotus ostreatus*(Jacq. Fe.)Quèl],在真菌学分类上属担子菌纲,伞菌目,侧耳科,侧耳属。平菇具有营养价值和药用价值。平菇肉厚质嫩,味道鲜美,营养丰富,含有大量的氨基酸、谷氨酸、多种维生素和较高的矿物质成分。被誉为"安全食品"、"健康食品",尤其是糖尿病和肥胖症患者的理想食品。多食平菇既可防治高血压症、心血管病、糖尿病、癌症、中年肥胖症、妇女更年期综合症、植物神经紊乱等病症,又可以增强体质、延年益寿。平菇是世界上栽培蘑菇主要品种之一。

(一)生长发育条件

1. 温度 平菇是低温型菌类(通过人工筛选后有耐高温型品种),菌丝耐寒能力强,生长范围在0~5℃,最适培养温度是24±2℃。子实体形成温度是5~20℃,在10~15℃下子实体发生快,生长迅速、菇体肥厚、产量最高。10℃以下生长缓慢,超过25℃时子实体不易发生(高温型品种例外)。

2. 湿度 平菇原基分化和子实体发育时,空气相对湿度应控制在85%~95%的范围。

3. 空气 平菇是好气性菌类。菌丝生长阶段如透气不良,生长缓慢或停止，出菇阶段在缺氧条件下不能形成子实体或形成畸形菇，所以出菇阶段要注意通风换气。

4. 光照 平菇对光照强度和光质要求因不同生长发育期而不同。菌丝生长阶段完全不需要光线。子实体原基分化和生长发育阶段，需要一定的漫射光。

（二）栽培时间

平菇中有高温品种和低温品种，可以从3月份一直种植至11月份。

（三）栽培管理

1. 菌棒入棚 3月下旬，采取垛底用土堆成高15cm，宽50cm，长度依照拱棚长度而定（棚内横向摆放），上面用薄膜覆盖。菌棒摆放在薄膜上，每层两排，菌棒底部相接，扎口部朝外，码5~6层，每两层之间用2~3根小木棍隔开，以便通气。

2. 菌棒培养 菌丝长满培养料表面后，料面将形成子实体原基，平菇是变温结实，温度控制在5~25℃，相对湿度85%~95%的情况下，加大温差能多出菇。当菌丝布满料面6~7d，并露出菇蕾后，采取夜间地面浇水，棚间喷雾，加减通风量，调节适宜平菇生长的温湿度和温差。

空气相对湿度在90%左右，每天喷水3~4次，根据菇的长势确定通风量和通风时间。

3. 出菇管理 平菇是变温结实，在保证温度22~26℃，相对湿度85%~95%的情况下，加大温差能多出菇。当菌丝布满料面6~7d，并露出菇蕾后，采取夜间地面浇水棚内喷雾，加减通风量，调节适宜平菇生长的温湿度和温差。

当菌棒内有菇蕾原基产生时，将菌棒扎口松开，菌棒袋向外翻卷，露出菌面即可。当菇蕾分化出菌盖和菌柄时，注意少喷、细喷和勤喷水，并呈雾状。每潮菇后，清理死菇、病菇和烂菇。

第二潮菇后，出现小菇时，喷营养液（味精 5g、维生素 B 10g、尿素 15g、溶于 15kg 水）每潮菇喷 2~3 次（喷在料面），既补充营养又诱导新菇形成。

（四）菇体采收与收后管理

1. 菇体采收 在适宜的条件下，平菇从原基长成子实体需 5~10d。当平菇边缘内卷，未弹射孢子时及时采收。采收时可以用一只手按住菇柄基部的培养料，另一只手捏住菇柄轻轻扭下。正确采收平菇不仅能够保证收获质量，也有利于下茬菇的发生和管理。

2. 采收后的管理 采收后清除袋料两端的菇角和老菌丝，这时培养料的含水量应补足到 65% 左右。空气湿度适宜，一般 10d 出现第二茬蕾菇。平菇出两茬菇后，培养料的营养有些不足，为促进多出菇，可以结合喷水喷施营养液。采收 3~4 茬后，大致在 6 月底，可以更换耐高温品种菌棒，进行下一轮出菇管理。

二、香菇

香菇 [*Lentinula edodes* (Berk) Pegler] 又名香蕈。属担子菌纲，伞菌目，侧耳科，香菇属。子实体较小至稍大，菌盖扁平球形至稍平展，表面浅褐色、深褐色至深肉桂色，菌肉白色，稍厚，细密，菌褶白色。主要分布于中国东南部热带、亚热带地区，而北部自然分布到甘肃、陕西、西藏南部。香菇是著名的食药兼用菌，其香味浓郁，营养丰富，含有 18 种氨基酸，7 种为人体所必需。所含麦角甾醇，转变为维生素 D，有增强人体抗疾病和预防感冒的功效；香菇多糖有抗肿瘤作用；腺嘌呤和胆碱可预防肝硬化和血管硬化；酪氨酸氧化酶有降低血压的功效；双链核糖核酸可诱导干扰素产生，有抗病毒作用。民间将香菇用于解毒，益胃气和治风破血。分布于安徽、浙江、江苏、福建、台湾、江西、湖南、湖北、广西、广东、四川、贵州、云南等省、自治区。

（一）生长发育条件

香菇是一种木腐菌，体内没有叶绿素，不能进行光合作用，而是依靠分解吸收木材或其他基质内的营养为生。香菇属变温结实性菌类。菌丝生长温度范围较广，为 5~32℃，适温为 25~27℃，子实体发育温度在 5~22℃，以 15℃左右为最适宜。变温可以促进子实体分化。香菇菌丝生长期间湿度要比出菇时低些，适宜菌丝生长的培养料含水量为 60~65g/100g，空气相对湿度为 70%左右，出菇期间空气相对湿度要保持 85%~90%为适宜，一定的湿度差，有利于香菇生长发育。香菇为好气性菌丝，如果空气不流畅，会抑制菌丝生长和子实体的形成，甚而导致杂菌孳生。所以菇场应选择通风良好的场所，以保证香菇正常生长发育。香菇是好光性菌类，只有在适度光照下，子实体才能顺利地生长发育。

（二）栽培时间

结合当地气候条件及林分郁闭度情况安排栽培时间，一般在林地开始郁闭时入林生产，到落叶前基本结束。黄河以北地区一般 4 月下旬菌棒入林地进行养菌出菇，11 月上旬基本结束。

（三）栽培管理

1. 菌棒入棚 春季气温回升，天气转暖，此时主要工作是养菌和转色。在发菌棚内，当菌棒菌丝全部长满，于 4 月下旬，将菌棒运至林下出菇场地。进入出菇场地的香菇棒，交叉斜靠于床架的铅丝上，菌棒与地面的夹角以不大于 15°为宜，一般每米摆放 35~40 个菌棒为宜。

养菌完毕，菌棒用钉板打孔透气，每个菌棒均匀打 30~50

个孔，孔深 0.5cm 左右，菌丝进一步生长、倒伏并形成深褐色的保护膜，这样历时 20~25d，菌棒完成转色。

菌棒脱袋选择在晴天或者阴天，无西北风，气温在 17~25℃，最适宜气温为 20~22℃。用小刀轻轻划破薄膜并小心撕去，将菌棒 80°倾斜排放于铁丝旁。菌棒脱袋后，若拱棚内温度在 20~22℃，空气相对湿度 85%，3~5d 内不要掀动薄膜，使菌丝适应新环境，恢复正常生长，但当温度超过 25℃时，第二天就要掀开薄膜，通风降温；若温度在 20℃以下，7~8d 后再掀开薄膜通风。总体原则是当菌棒长出一层浓白的气生菌丝后，开始掀动薄膜，增加 O_2，降低温度，防止菌丝徒长和霉菌危害。

2. 出菇管理 菌棒正常转色后，菌丝已储藏极为丰富的营养，这时必须给予一定的干湿差、昼夜温差和光刺激。外界恶劣环境条件的作用，使菌丝从营养阶段向生殖生长阶段转化，并相互交织扭结形成原基，继而变成菇蕾。现蕾时，棚内湿度要增加到 85% 左右。当菇生长到黄豆大小时，应及时喷水，以利于子实体的生长。具体做法是用注水器给菌棒注水，使菌棒单重恢复到 1.6kg 左右。一般注水后 3~5d 菌棒便出现菇蕾，再过 4~5d，当菇体达到七成熟，菌盖的菌褶出现量达到菌盖量一半时采摘。

出菇期间注意温湿度管理。此时小拱棚的塑料膜白天掀起，夜间放下，利用微喷系统及时喷水降温、增湿，创造一个最高温度在 33℃以下，空气相对湿度在 80%~90% 的出菇环境。一般每天喷 3~4 次水，中午温度高时应增加喷水次数。遇到阴雨天气，要首先停止或减少注水，以免刺激过大，出菇集中；其次放下塑料膜以防雨水冲刷菌棒，影响出菇品质。

7 月中下旬，由于天气闷热潮湿，极易发生绿霉感染。此时要控制喷水量，适当给予干处理。如遇连续阴雨，及时用克霉灵喷洒，即可有效消除杂菌影响。

8月上旬进入秋季，气温逐渐降低，空气温湿度变化也较大。当夜间温度低于20℃时，放下拱棚塑料膜，以利保温、增湿。随时掌握天气变化，多风、干燥时增加注水次数，保持空气相对湿度80%以上利于出菇。

（四）菇体采收与收后管理

1. 菇体采收 当香菇子实体长到八分成熟时，菌盖边缘少许内卷形成"铜锣边"，由白转为淡黄时，品质最优，应及时采收，加工。采摘需上、下午各一次，以防香菇开伞，影响质量。一般可持续采摘7d左右，然后养菌20d，再注水等待下一潮菇出现。随着菌丝体代谢减缓，养菌时间、出菇时间、出菇过程相应延长，注水量控制在出菇棒重量的30%~50%，以利养菌。

当菇棒生产4~5潮菇后，棒体缩小、干瘪，出菇个头小，菇盖薄，说明已营养耗尽，此时出菇管理结束。

2. 采收后管理 对于到了深秋菌棒营养未能耗尽，仍有出菇能力的出菇棒，采取移到暖棚内出菇，或就地掩埋越冬，翌年温度上升后管理出菇的方法，实现菌棒出菇生产最大化。

三、鸡腿菇

鸡腿菇 [*Copyinds comatus*（MUII. Fr）Gray] 又名鸡腿蘑、毛头鬼伞。隶属于担子菌纲，伞菌目，鬼伞科，鬼伞属。因其形如鸡腿，肉质肉味似鸡丝而得名。具有高蛋白，低脂肪的优良特性，且色、香、味、形俱佳，菇体洁白，美观，肉质细腻，炒食、炖食、煲汤均久煮不烂，口感滑嫩，清香味美。据分析测定，每100g鸡腿菇干品中，含有蛋白质25.4g、脂肪3.3g、总糖58.8g、纤维7.3g，还含多种微量元素。鸡腿菇含有20种氨基酸，总量17.2%，人体必需氨基酸8种全部具备，占总量的34.83%；其他氨基酸12种，占总量的65.17%。鸡腿菇性平，味甘滑,具有清神益智、益脾胃、助消化、增加食欲等功效。鸡腿菇还含有抗癌活性物质和治疗糖尿病的有效成分,长期食用,对降低血糖浓度、治疗糖尿病有较好疗效,特别对治疗痔疮效果明显。野生鸡腿菇世界各国均有,中国主产于北方各省,发生于春雨至夏秋的田野、果园中。

(一) 生长发育所需要的环境条件

1. 营养 鸡腿菇是一种适应力极强的草腐粪生土生菌。可利用的材料很广泛,如稻草、麦秸、棉籽壳、牛粪、马粪,同时还可以很好地利用多种阔叶木屑。可熟料栽培,发酵料栽培,也可生料栽培。

2. 温度 菌丝生长适温20~28℃,以24~27℃生长最好。子实体形成需要低温刺激,当培养温度降至20℃以下后,子实体原基则很快形成。出菇温度范围9~28℃,但以12~18℃为适,20℃以上菌柄很快伸长,并开伞。16~22℃下子实体发生数量最多,产量最高。

3. 湿度 培养料含水量65%~70%极适于菌丝生长,出菇阶段要求大气相对湿度85%~95%。

4. 光照和通风 菇蕾分化需要300~500lux的光强,并要O_2充足。

5. 酸碱度(pH值) 鸡腿菇较喜中性偏碱的基质,培养料和覆土的pH值以7.0~7.5为宜。

(二) 栽培时间

北方地区林下种植鸡腿菇的时间多选在3月下旬至5月上旬,或9月下旬至11月上旬。

(三) 栽培方法

1. 林地畦床的制作 在林地行间做畦床,畦宽1.5m,长

林地间作

度依林地而定，深度40cm，畦床做成龟背形，用3%的石灰水浸畦床和四周，在畦的四周挖一圈浅沟作水沟，在畦床上制作小拱棚。

2. 覆土栽培 提前几天挖宽30cm、深20cm的窄行，底要平，撒一层约1mm厚的石灰粉，灌足水。挖出的土（称土埂）稍干，进行杀菌消毒，将发好的菌袋脱袋后卧放在畦床上，注意要轻拿轻放，防止弄碎菌棒，菌棒间隔2~3cm，然后在畦床上覆土，以肥沃的沙壤土为宜，添加1%的尿素，厚3~5cm，空隙间也要用土充实填满。覆土后要用大水浇透。最后苫上小拱棚的塑料膜。

（四）出菇管理

覆土后要视情况进行水分、温度和湿度的管理，温度控制在15~30℃，湿度75%~80%为宜，如果管理到位，一般覆土后半个月在覆土上出现大量鸡腿菇菌丝，即进入出菇管理阶段。出菇期间棚内保持湿度80%~95%；温度继续保持在15~30℃，以22~26℃为宜，注意通风，通风时间根据天气而定，低温时节应在无大风的上午11时或下午15时前后进行，高温时节宜在早晨或晚上进行。

（五）采收与采后管理

当子实体伸长至15~30cm圆柱形、菌盖紧包菌柄、菌环刚刚松动呈未撑开的雨伞状时及时采收，慎防菌盖边缘脱离菌柄、开伞、自溶或变黑，导致失去商品价值而欠收。采收时用手轻轻提拉菇体旋转式拔起，用利刀削除菇脚泥土，即可上市鲜销或加工成盐渍品出售。采摘后及时去掉老菇脚及残渣，在床面上填补新土，继续管理养菌出菇。第一潮菇收完后，清除畦面表土约2cm厚，把袋料口表面清理干净重新覆盖约2cm厚的沃土或火烧肥土，浇水润湿覆土，同前进行出菇管理至采收，一般可连采3

潮菇。

四、双孢菇

双孢菇［*Agaricus bisporus*（Lange）Sing］俗称圆蘑菇、白蘑菇、洋蘑菇。担子菌纲，伞菌科，蘑菇属，属草腐菌，中低温性菇类。中国双孢菇栽培已发展到10多个省（市、区）主产区有福建、广东、浙江、江苏、四川、上海、湖南、河南、广西等。双孢菇含有丰富的蛋白质、多糖、维生素、核苷酸、不饱和脂肪酸，肉质肥厚，味道鲜美，营养丰富，属高蛋白、低脂肪食品。具有益气开胃、抗癌、降血糖的功效。

（一）生长发育条件

双孢菇是一种腐生菌，不能进行光合作用。配料时，在作物秸秆（麦秸草、稻草）中加入适量的农家粪（如牛、羊、马、猪、鸡和人粪尿等），草粪比为1∶1的配方，还须加入适量的N、P、K、Ca、S等无机养分。合理的配方是获得高产的一个重要基本条件。

1. 温度 双孢菇菌丝体生长温度范围4~32℃，最适温度22~25℃；子实体生长温度范围5~25℃，最适温度14~18℃。

2. 湿度 培养料的含水量以60%左右为宜，覆土的含水量16%~20%。菌丝体生长阶段空气相对湿度60%~70%，子实体生长阶段85%~95%，过干或过湿对菌丝体生长都不利。

3. 酸碱度 双孢菇宜偏碱性，偏酸对菌丝体和子实体生长都不利，而且容易产生杂菌。菌丝生长的pH值范围是5~8，最适7~8，进棚前培养料的pH值应调至7.5~8，土粒的pH值应在8~8.5。每采收完一潮菇喷水时加少许石灰，以保持pH值，抑制杂菌孳生。

4. 空气 双孢菇是一种好气性真菌，因此要有良好的通风条件。

5. 光照 双孢菇的菌丝体和子实体均不需要光，但在一般散射光的条件下还是可以生长的，但不能强光照射。子实体在阴暗的环境下长得洁白、肥大，若光线太强，长出的子实体表面硬化，畸形菇多，商品价值差。

（二）栽培时间

双孢菇播种期以当地昼夜平均气温能稳定在 20~24℃，约 35d 后下降到 15~20℃ 时为宜。黄河以北地区一般 7 月底至 8 月初播种，8 月中下旬覆土，9~11 月采收秋菇，经越冬管理后，翌年 3~5 月收获春菇。

（三）栽培方法

播种栽培。将发酵好的培养料移入棚内，铺成厚 20cm 左右，料床两边留出 20cm，利于边菇生长。铺料应掌握干湿均匀、厚薄一致的原则。一般当天进棚完毕，料铺好后，喷一次杀毒剂或杀虫剂，闷棚 1d，以完成杀除杂菌。播种前注意通风。播种时在温度 28℃ 以下时进行，先将 1/2 菌种撒入料面，用手轻轻抖动料表层，使菌种落入料内，整平料面，再均匀撒入剩余菌种，并覆盖一层薄薄的培养料，然后用木板轻轻按压，使菌种与料贴合。如果气温低或天气干燥时，料面应覆盖一层消毒报纸或薄膜。

（四）发菌管理

1. 发菌 发菌期一般需要 15~18d，发菌期温度在 22~28℃ 为宜，最适温度 25℃，一般不要超过 30℃。空气湿度控制在 70% 左右。随菌丝生长逐渐加强通风换气，在开始 2~3d 内不通风或微通风，3d 后少通风，7~10d 后菌丝封面时加大通风量，此时菇棚用草帘覆盖不透光。发菌前期，不要向料面直接喷水，以免伤害菌丝。发菌后期可轻微抖动料面或用 1cm 直径的木棍在料面内打孔,增加料面透气性,并向料面少喷水,保证湿度,以利于菌丝生长。

2. 覆土 一般在播种后 14~18d,当菌丝长至料深 2/3 或接近料底覆土最好。覆土应先覆一层质地结构疏松,通气性好,遇水不黏,失水不板结的粗土,土粒大小在 1~1.5cm,覆土厚度 2.5~3cm。覆土后将土粒喷湿,注意喷水时要少喷勤喷,既要保证湿度,还要保持通气性。覆土后 5~7d,菌丝大部分长至粗土底部或间隙中时,覆盖一层厚 1cm 左右的细土,覆土后用木板刮平。

3. 覆土后管理 覆土后 15~20d 出菇。在此期间菇棚温度应保持在 16~22℃,空气湿度保持在 80%~85%,主要措施是喷水、通风。这段时间的水分管理,开头 3~4d 喷水稍多,每天几次轻喷,切忌喷水过急过重,使覆土的含水量提高到最适的含水量,当覆土层的含水量达到饱和时,每天只需喷适量的水,以维持其水分平衡即可。扒开上层覆土看到许多米粒大小的白点(即小蘑菇)同时看到覆土缝中已有大量的绒毛菌丝长出时,要适时、适量的喷洒较重的"结菇水",每天喷水 1 次,连续喷 2~3d,促进子实体迅速发育,并使覆土缝中绒毛菌丝横向生长,变粗转化,为下潮出菇打基础,同时注意适当通风。

(五)出菇管理

1. 秋菇管理 秋菇管理是夺取高产优质的关键。当多数菇蕾长至黄豆大时,需喷保菇水,保菇水量约 2.5kg/m²,在 1~2d 内分多次喷完,停止喷水 2d。然后随着菇的长大逐渐增加维持水的喷量,喷水时应轻喷、勤喷、喷匀,不能一次喷水量过大。此时,菇棚内空气湿度应维持在 85%~90%,温度控制在 12~18℃,避免出现大温差。秋菇前期气温高,菇多,呼吸旺盛,排出的 CO_2 多,此时要加强通风,降低温度。秋菇后期,气温下降,出菇减少,减少通风次数,注意保温,防止风直接吹到菇体。

2. 越冬与春菇管理 秋菇结束后进入冬季管理。中国北方地区冬季寒冷,不适宜子实体生长发育,此时进入休眠期。清除菇脚、死菇,要加强保温措施,补充土层,防止上冻。天暖时注意通风换气,结合喷2%石灰水,使土层保持半干半湿状态。翌年气温回升后进入春菇管理,当温度稳定在10℃以上时,逐步调足土层水分。随着温度升高和出菇量增加,喷水量逐渐增加。由于多潮出菇,培养料中营养物质减少,可适当追肥,结合一些丰菇宝、喷菇宝等增产剂。早春以提高菇棚温度为主,要灵活掌握通风换气,宜选择在每天午后温度较高时通风,并认真做好病虫害防治。

(六) 采收与间歇期管理

1. 采收 蘑菇子实体生长到一定阶段,在菌盖长到2cm以上,未开菌膜尚未破裂时应及时采收。采前3潮菇时,菌丝生活力强,采菇后还能长出肥大的菇体,因此要注意保护菌丝体。用大拇指和食指捏住菇盖,轻轻左右旋转,使菇体脱离菌丝,然后拔出。采第四潮菇以后,由于产菇后期菌丝体逐渐衰老,失去了形成肥大菇体的能力,采收时一手按住土面,另一手把菇拔起。这样不仅把衰老的菌丝拔去,还起到适当松动的作用,再把复土盖上,有利于促进新菌丝发生。菇体丛生密集发生时,不能单个拔出,这时可用小刀在菇柄处割下,不要伤及周围的小菇。采下的菇要及时用刀削去菌柄沿下端的泥土,切口要平整,保持菇面整洁,减少碰挤压伤。

2. 间歇期管理 采完一潮菇后,剔除菇根,清净料面,补平孔穴,产菇中后期还要松动板结的土层,喷1%~2%石灰水及适宜追肥,使7~10d后再现菇潮。

五、大肥菇

大肥菇 [*Agaricus bitorguis* (Quel.) Sacc] 又名双层环伞菇、双环蘑菇、大肥蘑菇。具有治疗高血压、消化不良、心脏病的功效，又有抗衰老、抗癌防癌之功效。内含蛋白质、纤维素、多糖、氨基酸、维生素及多种微量元素。菇体肥大、菇肉厚实、营养丰富、味道鲜美，是高蛋白、低脂肪、低热能的健康食品。大肥菇是原产于内蒙古草地上的高温型草生菌，现已驯化成功，在青海、河北、新疆等地区均有分布。

大肥菇适应性和抗逆性都很强，适宜粗放栽培。菌丝生长最适温度为 25~30℃，菇体 20~25℃，还要求 85%~95% 的湿度和充足的 O_2 及散射光。

（一）栽培时间

北方地区 5~6 月份播种，8~9 月份出菇结束。

（二）栽培方法

目前多采用粪草栽培方法（发酵料畦栽）。

1. 配料 按 100m^2 栽培面积的常用配方。

配方1：稻草 1 500kg、麦秸 1 000kg、干牛粪 500kg、菜籽饼 100kg、尿素 25kg、过磷酸钙 25kg、石膏 50kg、生石灰 50kg。

配方2：麦秸 2 000kg、稻草 500kg、猪、干牛粪 1 000kg、菜籽饼 100kg、尿素 20kg、过磷酸钙 25kg、石膏 50kg、生石灰 50kg。

2. 堆制发酵 采用二次发酵法

（1）前发酵 将稻草、麦秸先切成短段，干粪和菜籽饼粉碎，并与其他料混合。建堆过程中边放料边洒水边用脚踏实，以便水分吸收。堆料宽 3~3.5m，高 1.5~1.7m，堆长以料量定。建堆后用薄膜盖严，经 5d，堆料中心温度达 70℃ 左右时，进行第一次翻堆，以后每隔4d再翻1次，共翻3次，每次翻堆都要调节好水分，翻堆后用0.1%敌敌畏液将料堆和周边喷洒1次，以防害虫。发酵结束后，及时将料搬入棚内进行后发酵。

（2）后发酵　将发酵料铺入棚内的菇床上（料厚20cm），并通入热蒸汽升温，使料温达60℃以上，维持4~6h，随后降至50~54℃，维持6~7d，利于嗜热性放线菌和有益微生物大量繁殖。此时，培养料呈深咖啡色，无氨臭味，无酸败味，并有甜面包香味，而且料草有一定的弹性，完成了后发酵阶段。此阶段草料不能过湿，只要用手握料手心有湿印而无水滴为好，将pH值调至7.2~7.5，通过翻抖，使草料混合均匀与松紧一致，整平拍紧，准备播种。

（三）播种

当料温降至35℃以下时即可播种。按100m^{2}计算播种量，麦粒种170瓶，如果用棉籽壳种270瓶，分层点播，将2/3菌种播入1/3料层中，剩余1/3菌种播于料面，轻轻拍平。

（四）发菌管理

发菌阶段，拱棚内温度要求27~32℃，湿度85%~90%，播种初期少通风或不通风，让菌丝尽快萌发、定植。

菌丝定植后，视床面干燥情况适量喷水补湿，温度高时进行通风，经20d左右菌丝长满料面时进行覆土。

（五）覆土

覆土材料经严格消毒，土经过筛后拌入0.5%甲醛和0.1%多菌灵，用塑料薄膜覆盖密封2~3d后使用。两次覆土，第一次覆土2~2.5cm，要求厚薄均匀；一周后当土缝中出现菌丝时，再覆第二次土，厚度为0.5~1.0cm。覆土的含水量应保持在24%~25%。

（六）出菇管理

覆土后 15d 左右开始出现菇蕾。拱棚内温度控制在 27~28℃，湿度 90% 以上。出菇前减少通风，喷水量小次多，增加温度以利出菇。当子实体出现时，应喷 1 次重水，湿度维持到 75%~85%。大肥菇的菇潮比较明显，一般 7~8d 为一次菇潮。

（七）采收与收后管理

大肥菇适宜幼嫩时采收，当菌盖直径长到 2.5~3.0cm 时即可采摘，采摘过晚易开伞，而且菌褶很快发黑，降低商品价值。每潮菇采收后及时喷水，重复管理。

六、金针菇

金针菇 [*Collybia velutipes*]，又名毛柄金钱菌、冬菇，因其菌柄细长，似金针菜，故称金针菇。隶属于伞菌目，口蘑科，金针菇属。金针菇以其菌盖滑嫩、柄脆、营养丰富、味美适口而著称于世。金针菇既是一种美味食品，又是较好的保健食品特别是凉拌菜和火锅的上好食材，其营养丰富，清香扑鼻而且味道鲜美，深受大众的喜爱。据测定，每 100g 金针菇干品中含粗蛋白 31.23g，粗脂肪 5.78g，粗纤维达 3.34g。金针菇含有 18 种氨基酸，8 种人体所必需的氨基酸占氨基酸总量的 44.5%，高于一般菇类。尤其是赖氨酸和精氨酸的含量丰富，赖氨酸具有促进儿童智力发育的功能。金针菇还可预防和治疗胃肠溃疡病、肝炎、降低胆固醇、预防高血压。最近研究又表明，金针菇内所含的火菇菌素具有很好的抗癌作用。因此金针菇又是一种很好的保健食品。金针菇在自然界广为分布，中国、日本、俄罗斯、欧洲、北美洲、澳大利亚等地均有分布。在中国北起黑龙江，南至云南，东起江苏，西至新疆均适合金针菇的生长。

（一）生长发育条件

1. 营养 金针菇是腐生真菌，只能通过菌丝从现成的培养料中吸收营养物质。在栽培中，培养料的选择对产量和质量有很大的影响。金针菇菌丝生长和子实体发育所需的营养包括 N 素营养、糖类营养、矿质营养和少量的维生素类营养。

2. 温度 金针菇属低温结实性真菌，菌丝体在 5~32℃ 范围内均能生长，但最适温度为 22~25℃。菌丝较耐低温，但对高温抵抗力较弱，在 34℃ 以上停止生长，甚至死亡。子实体分化在 3~18℃ 的范围内进行，但形成的最适温度为 8~10℃。低温下金针菇生长旺盛，温度偏高，柄细长，盖小。同时，金针菇在昼夜温差大时可刺激子实体原基发生。

3. 水分和空气湿度 菌丝生长阶段，培养料的含水量要求在 65%~70%，低于 60% 菌丝生长不良，高于 70% 培养料中 O_2 减少，影响菌丝正常生长。子实体原基形成阶段，要求环境中空气相对湿度在 85% 左右。子实体生长阶段，空气相对湿度保持在 90% 左右为宜。湿度低子实体不能充分生长，湿度过高，容易发生病虫害。

4. 氧气 金针菇为好气性真菌，在代谢过程中需不断吸收新鲜空气。菌丝生长阶段，微量通风即可满足菌丝生长需要。在子实体形成期则要消耗大量的 O_2，特别是大量栽培时，当空气中 CO_2 浓度的积累量超过 0.6% 时，子实体的形成和菌盖的发育就会受到抑制。

5. 光照 菌丝和子实体在完全黑暗的条件下均能生长，但子实体在完全黑暗的条件下，菌盖生长慢而小，多形成畸形菇。微弱的散射光可刺激菌盖生长，过强的光线会使菌柄生长受到抑制。

(二) 栽培季节

金针菇是一种低温型食用菌。根据北方的自然气温，以当年9月至翌年3月底栽培为宜，最好是在10~11月份栽培，产量最高。

(三) 栽培方法

1. 立式栽培 菌丝长满菌袋后，将菌袋移入林地拱棚内（拱棚地要经过消毒），揭开袋口，用小勺（或耙子）搔去料表面老菌皮（俗称搔菌），并拉直袋口。将菌袋竖直靠在铅丝上，整齐排列，拱棚薄膜上方要加盖草帘。

2. 覆土栽培 搭建拱棚之前先做畦，畦的宽度与长度依据即将搭建的拱棚大小而定，深度在一个菌袋长左右。将发好菌的菌袋，解开袋口向下折，竖直摆放在畦内，然后覆上1.5~2.0cm厚的经消毒处理的菜园土，土粒直径在0.3~1.0cm为宜。覆土后要喷水保湿，在管理上要比不覆土栽培的减少喷水次数。

(四) 出菇期管理

1. 适时催蕾 当菌丝发满袋后，可以进行搔菌催蕾，头茬菇也可以不进行搔菌。搔菌的作用是刺激多出菇，另外还可以整理料面，使菇出得整齐。这时温度要保持在12~14℃，湿度保持在85%左右，经过一段时间的培养，就会产生菇蕾。

2. 温度管理 金针菇子实体生长的温度在5~15℃，温度过低时，会影响子实体的正常生长。一般来讲，8~12℃是金针菇子实体生长的适宜温度。在5~8℃时，子实体生长较慢，但质量好，洁白圆整。

3. 湿度管理 金针菇子实体生长所需要的空气相对湿度在85%~95%。一般以90%为宜。对空气相对湿度的要求一般随着温度的不同而有所变化。湿度高时，空气相对湿度不可太大，否则，高温高湿容易引起病害。当空气干燥时，增加喷水次数。

特别是在一茬菇采收完后,把外层的老菌块耙掉(搔菌),可以向培养料表面少喷一些水,当菇蕾已经发生时不能直接向菇蕾上喷水。另外,空气相对湿度过大容易造成根腐病的发生。在管理过程中还应注意袋内不能积水。

4. 通风管理 金针菇在生长过程中要吸进空气中的 O_2 而放出 CO_2。如果通风不好,会使菇生长缓慢,而且菌柄纤细,形不成菌盖。因此,应随着菇的生长而调节通风量,在菇较小时,通风量也较小,这样可以使菇房内 CO_2 浓度较高,促进菌柄的快速生长。随着菌柄的生长,应适当加大通风量。

5. 光照管理 金针菇的生长需要在较黑的条件下,光线明亮,会使菇的色泽加深,降低菇的商品价值。但由于金针菇生长有一定的向光性,因此,应保持适当的散射光。

(五)采收与收后管理

1. 采收 金针菇成熟后要及时采收,不然菌柄容易变色、腐烂。成熟标准是菌盖已开始扩展,若菌盖边缘上卷,说明已充分成熟而降低质量。采摘时每袋金针菇大小一起采,用手捏住菌柄基部,轻轻摇摆一下就可采下,然后再把菌柄基部粘上的培养料剪去,整齐地摆放好。

2. 采收后管理 金针菇栽培出菇期间,可收 3~4 潮菇,产菇量主要集中在前 2 潮。转潮间隔期 10~15d。菇体采收要进行搔菌,即用小耙子把袋口残留的菇渣耙掉,并整理平整,能够刺激出菇;搔菌后袋口表面菌丝恢复生长,一潮菇后基质内严重失水,需及时补水,补水量以菌袋吸水 1d 后袋内无积水为标准。当采 2~3 潮菇后,培养料的含水量和养分都严重下降,此时要补充速效性营养液(常用配方:0.2%磷酸二氢钾+0.5%葡萄糖+0.2 硫酸镁),一般将营养液溶于水,与补水相结合在一起施于基质内。

七、茶树菇

茶树菇 [*Agrocybe aegetita*（Brig.）Sing] 又名杨树菇。隶属于伞菌目，粪锈伞科，田蘑属。茶树菇，盖嫩柄脆，味纯清香，口感极佳，营养丰富。据测定，蛋白质含量高，富含人体所需的天门冬氨酸、谷氨酸等17种氨基酸（特别是人体不能合成的8种氨基酸）和10多种矿物质微量元素与抗癌多糖。茶树菇还具有一定的医疗价值。且有滋阳壮阴、美容保健之功效，对肾虚、尿频、水肿、风湿有独特疗效，对抗癌、降压、防衰、小儿低热、尿床有较理想的辅助治疗功能。茶树菇原为江西黎川境内的西域乡、东堡乡等高山密林地区茶树蔸部生长的一种野生蕈菌，数量极少，产地主要分布在江西、福建、云南等地。经过人工驯化，全国各地均有种植。

（一）生长发育条件

1. 温度 茶树菇属中温型食用菌，菌丝生长的温度 6～30℃，最适温度 25～27℃，子实体在 10～30℃均能分化，以 18～24℃为好。子实体生长温度 15～30℃。

2. 湿度 培养基的含水量在 60% 左右菌丝生长较快，子实体形成阶段，相对湿度 85% 左右时，能促进子实体健壮发育。

3. 光照 光线能抑制茶树菇菌丝生长，原基形成和子实体发育时需要一定的散射光，菇体有明显的向光性。

4. 空气 茶树菇属好气性菌类。子实体发育期要经常通风换气。

（二）栽培时间

茶树菇属中温型菌类，菌丝生长的适宜温度 22～27℃，根据其特性，北方地区一般在 2 月中下旬制菌袋，设施棚内发菌，4 月中下旬转入林地内培养，8 月下旬出菇结束。

（三）栽培方法

菌丝长满菌袋后，将菌袋移入林地拱棚内（拱棚地要经过消毒），揭开袋口，用小勺（或耙子）搔去料表面老菌皮，并拉直袋口。将菌袋竖直靠在铅丝上，整齐排列（80 袋/m² 左右）。

（四）出菇管理

1. 催蕾 菌袋转入林地后，菌丝由营养生长转入生殖生长，料面颜色会发生变化，初时有小黄水，继而变成褐色，出现小菇蕾。此时应注意充分通风和增加光照，保持棚内温度 18～24℃，经常喷水保持湿度在 85%～90%。

2. 温度管理 出现菇蕾后温度继续保持在 18～24℃，让菇蕾充分生长发育，形成大批优质菇。出菇阶段温差不宜大，棚内温度宜相对稳定。

3. 湿度管理 出菇场所湿度宜控制在 85%～95%。视天气情况，采用轻喷勤喷方法，切忌用重水，以保持菌袋湿润、水不下滴为宜。

4. 通风 茶树菇生长发育需新鲜空气。因茶树菇出菇集中，袋内 CO_2 浓度过大，就会抑制子实体生长，特别是菌盖的分化发育。故茶树菇生长发育期间，需根据长势情况每天通风 2～3 次，每次 30min 左右。随着菇蕾长大，可适当加大通风量，但要注意菇蕾期间避免强风直接吹到菇蕾上，会导致菇蕾干枯。同时，通风要注意与控制温湿度相结合。出菇旺季，一般利用采菇通风换气。

5. 光照管理 茶树菇有很强的趋光性，为保持菌柄的整齐度，不宜随意搬动菌袋，以免畸形菇发生。茶树菇生长期间需散射光，生产场所的亮度一般调节在 500～1 000lx 较好。

（五）采收与收后管理

1. 采收 当菌盖开始平展、边缘颜色较淡、菌环尚未脱落时即可采收。采收时握住整丛菌柄基部轻旋拔出，宜轻拿轻放并及时包装保鲜。

2. 采后管理 采收后要清理菌袋料面，合拢袋口，让菌丝休养3d左右，然后拉开袋口，喷1次比较大的水，并重复上述管理。茶树菇一般可出3~4潮，转潮间隔时间在5~7d。茶树菇产量集中在第一潮、第二潮，前两潮菇产量可占总产量的80%以上，且菇质量也最优。

八、白灵菇

白灵菇［*Pleurotus ferulae* Lanzi］又名白灵侧耳、阿魏蘑等。隶属于伞菌目，侧耳科，侧耳属。色泽洁白，质地细腻，味如鲍鱼，脆嫩可口，国外称之为"蚝菇王"，国内誉为"天山神菇"。具有消积化瘀、清热解毒功能、对腹部肿块、肝脾肿大、脘腹冷痛有一定疗效，还有防止动脉硬化、增强人体免疫力之功效。白灵菇含蛋白质、碳水化合物、脂肪、粗纤维、灰分、维生素C、多糖、氨基酸和赖氨酸等。白灵菇原产于新疆和四川北部，现人工栽培已扩大到北京、天津、河南、内蒙古、福建等省、市（自治区）。

白灵菇为中偏低温型食用菌。子实体发育温度为15~18℃，空气湿度为85%~95%，并要求有足够的O_2和散射光。

（一）栽培时间

白灵菇菌丝长满菌棒后，仍需35~40d（时间长短因不同品种而异）的后熟培养。待菌棒洁白，菌丝浓密，手触有坚实感方可入林，时间为3月下旬至4月。

（二）栽培方法

覆土栽培。将已成熟的菌棒竖直放在畦床上（畦宽1.5m，深25~30cm，长以拱棚长为度），打开塑料袋口，除掉1/3薄膜，然后覆上营养土（配方见猴头菇），在营养土中加适量的石灰粉，既可灭菌又可将pH值调至8~9。分次加水，边加水边搅拌，将含水量调至65%左右，手捏成团，掉地成散状即可。覆土厚度2~3cm。

（三）出菇管理

1. 温度管理　覆土后需要低于15℃的温度和昼夜温差大于10℃的条件刺激，才能尽快使原基分化和幼蕾出现（时间为5~7d），子实体发育阶段温度控制在15~18℃，过低易使菇柄变粗长，温度过高菌盖易反卷。

2. 湿度管理　覆土后为了刺激原基分化和幼蕾出现，空气湿度保证在85%~95%。当进入子实体生长发育阶段，可控制在85%~90%。低于70%，易使菌盖干燥龟裂，高于95%，因缺氧造成菇体腐烂。

3. 光照管理　覆土后为了刺激原基分化和幼蕾出现，光照应强一些，当幼蕾形成后保持平常散射光（在棚内能看清书报为佳）。

4. 通气管理　促进白灵菇原基分化和幼蕾形成，棚内空气一定要新鲜，O_2要充足。子实体发育过程中也要经常通气，否则CO_2浓度过高时，易造成菌柄粗长菌盖小的长柄菇。所以，通风要与棚内温湿度控制相结合，当温度高而湿度小时，可在夜间或清晨通风，温度低湿度大时可在中午前后通风换气（一般控制在半小时左右）。

（四）采收与收后管理

白灵菇从现蕾到采收需要10~15d。当菌盖边缘逐渐平展圆整时，孢子尚未释放，采收最佳。采收时用手捏住菇柄，轻轻旋下即可。采收切忌过晚，当大量孢子释放，成熟过度时采收，使菇体风味变差，商品价值降低。

头潮菇采收后,仍采取覆土栽培,重复管理,能出现第二潮菇。

九、杏鲍菇

杏鲍菇 [*Pleurotus cryngii* (DC. exfr.) Quel],又名雪茸、刺芹侧耳。隶属于伞菌目,侧耳科,侧耳属。杏鲍菇菌肉肥厚,质地脆嫩,具有杏仁香味,因而被称之为杏鲍菇。杏鲍菇是原产于中亚地区高山、草原的一种特殊食用菌。杏鲍菇经过近几年推广,现已成为低温时期的主要优良食用菌之一,栽培地区遍布全国,目前以北京、河北、河南、山东、辽宁等省市栽培居多,产量也逐年上升。

杏鲍菇的营养丰富,是一种高蛋白、低脂肪的营养保健食品。含有18种氨基酸和8种人体必需氨基酸。此外,杏鲍菇的子实体内寡糖丰富,这种糖在其他食物中含量较少,且是人体必需的,人体吸收后,可使肠道通畅,使肌肤细嫩,所以具有整肠和美容的效果。中医认为,杏鲍菇具有益气、杀虫和美容的作用,可促进人体对脂类物质消化吸收和胆固醇的溶解,对肿瘤也有一定的预防和抑制作用。它还有利尿、健脾胃、助消化的酶类,具有强身、滋补、增强免疫力的功效,是中老年人和心血管疾病与肥胖者的理想食品。杏鲍菇原产于印度,后经人工栽培,流传到中国。

(一) 生长发育条件

温度是决定杏鲍菇栽培的重要因子。子实体生长温度因菌株而异,一般适宜温度为15~20℃。杏鲍菇在生长过程中对水分和湿度有一定要求。培养料的含水量一般为60%~65%。在子实体发生和生长阶段空气适宜湿度为85%~90%。杏鲍菇的菌丝和子实体生长均需要新鲜空气。子实体形成和发育阶段需要一定的散射光。

（二）栽培时间

杏鲍菇适宜的栽培时间主要根据子实体发育所需要的环境条件而确定，不同地域栽培时间不尽相同。在华北地区全年适宜的栽培季节为春末夏初和秋末初冬。

（三）栽培方法

覆土栽培法。将已成熟的菌棒竖直放在畦床上（畦宽1.5m，深25~30cm，长以拱棚长为度），将菌袋的塑料袋全部脱掉，菌袋与菌袋紧密相连，将畦床排满，然后覆上营养土。一般选用菜园土加入一定数量的有机肥料或复合肥等营养物质，覆土要用细土，将袋与袋之间的空隙填实，菌袋上层覆土厚度2~3cm。覆土完毕后，做好小拱棚，盖上薄膜。

（四）出菇管理

1. 温度管理 秋栽时采取措施适当降低棚温、春栽时则应设法提高温度，并稍加大通风量，保持原有棚内湿度。当幼蕾现出时，该阶段棚温应严格控制在20℃以下，否则不能现蕾。气温13~16℃，出菇最快，菇蕾数多、生长整齐，出菇后菇体发育快；低于8℃，原基难以形成，已有的菇蕾也会停止生长甚至萎缩死亡。高于20℃时，菇蕾不会形成，已有的菇蕾会萎缩。

2. 湿度管理 畦床覆土后，要保持环境湿度，空气相对湿度保持在85%左右，若环境过于干燥应喷水加湿。当菇蕾形成后，增加环境湿度，使湿度保持在85%~95%，根据天气情况，每天喷水2~3次。

3. 光照管理 杏鲍菇生长需要一定的散射光，但光照不要太强，避免强光照射，使水分散失太快。

4. 通气管理 促进杏鲍菇原基分化和幼蕾形成，棚内空气一定要新鲜，O_2要充足，此阶段一定要加大通风量。菇蕾形成后还要增加通风量，每天通风 1~2 次，保证菇蕾生长对 O_2 的需求。通风要与棚内温湿度控制相结合，当温度高而湿度小时，可在夜间或清晨通风，温度低、湿度大时可在中午前后通风换气。

(五) 采收与收后管理

当子实体基部隆起但不松软、菌盖基本平展并中央下凹、边缘稍有向下内卷但尚未弹射孢子时，即可及时采收，此时大约八成熟。采收的子实体应随即切除基部所带基料等杂物，码放整齐，以防菌盖破碎，并及时送往加工厂进行加工处理。

采收后，将采菇的地方整理好，将菇柄残茬清理干净，用细土覆好，土层缺水要及时补水，保持覆土层湿润，但水量不要过大。整个菇棚普遍采收一茬后，通常追施尿素或复合肥，一般用量为 $0.05~0.1kg/m^2$。春栽时喷洒杀菌剂和杀虫剂，以驱避害虫和预防杂菌病害，并将菇棚密闭遮光，使菌袋休养生息。秋栽时也要注意杀菌消毒。等料面再现原基后，可重复出菇管理。一般可收 2~3 潮菇。

十、猴头菇

猴头菇 [*Hericium erinaceus*（Bull：Fr）Pers] 又名猴头菌、猴头蘑。隶属于猴头菌目，猴头菌科，猴头菌属。猴头菇自古以来被誉为食药两用的"山珍"，具有益气健脾、利五脏、助消化、抗癌、滋补身体等功效。主治十二指肠溃疡、胃溃疡、慢性胃炎、慢性萎缩性胃炎、食道癌等。猴头菇内含多糖、多肽、核苷酸和甾醇类物质。主产于黑龙江、吉林、内蒙古、河南、河北、山西、甘肃、湖北、四川、浙江等省、区。

猴头菇菌丝体生长适合温度 22~28℃，28℃以上易老化，达到 35℃以上停止生长。子实体适合温度 18~22℃，低于 14℃

子实体变黄,降低质量。适宜空气湿度85%~95%,并需要散射光和O_2。

(一)栽培时间

猴头菇在北方地区林下的栽培时间为3月中旬至4月下旬以及9~10月。当菌棒长满菌丝,个别接种穴出现原基时,即可入林。

(二)栽培方法

根据猴头菇具有子实体向上性和菌刺向地性的特点,采取畦中栽培。在林下小拱棚内南北向做畦,宽120cm,深15cm,长度依照拱棚长度而定。置放前浇一次水,使其渗透放干,撒上一薄层生石灰粉。置放时,将菌棒从中间切断,切面朝地面,整齐排列,菌棒之间2cm,用细土将菌棒固定住,喷水使土沉实。然后,将多余的塑料薄膜剪掉,既能使子实体向上生长,又能使菌刺向地生长,并保证出菇期间基料不脱水、不干燥,使子实体健壮端正,色泽鲜亮,商品价值高。

除此,还有一种方法,将菌棒从中间切开,再从面向上环割5~7cm,成为半个菌棒半个菌柱立于畦内,用细土全部埋严,随之浇肥水(50kg水中加入复合肥250g,磷酸二氢钾100g,硫酸镁150g,尿素100g,三十烷醇0.3瓶)沉实。除使菌棒固定外,还可以从覆土中吸取水分和养分,不仅增加产量,还使菇体肥大,菌刺粗细适中,提高商品价值。

(三)出菇管理

1. 温度管理 子实体适宜生长温度为18~22℃,控制好则生长迅速,发育健壮。温度超过22℃应及时或清晨掀棚膜通风和喷雾降温。温度低于18℃时,夜间给拱棚加盖草帘,减少喷雾,以便提温。特别需要注意棚温不能低于12℃,否则子实体易发红,导致菌枯死亡。温度超低或超高都会影响菇体生长,特别是高温或低温易出现畸形的"光头菇"。为此,春栽注意防高温,秋栽注意防低温。

2. 湿度管理 猴头菇适宜湿度为 90% ~ 95% 的潮湿环境。空气湿度低,菇体生长缓慢,颜色变黄易干缩。但湿度也不宜太高,否则经常出现饱和状态,菇体生长缓慢,易引起杂菌感染和病虫害,导致菇体霉烂。在长菇期间,随时观察湿度变化,用掀棚膜、盖草帘、喷雾等方法将空气湿度控制在 90% ~ 95%。

3. 通气管理 猴头菇对 CO_2 非常敏感,在保温保湿前提下,要控制棚内 CO_2 浓度,以人感觉到不闷或无异味为好。假如 CO_2 超过 0.1% 时,子实体易从基部分叉,形成貌似珊瑚状的畸形菇。所以,随时注意掀棚膜通风(每天从 1 次到 3 ~ 4 次,每次半小时),气温高时,晚间或清晨通风,温度低时可在白天通风。

4. 光照管理 猴头菇发育期间,要有一定的散射光(在棚内能看清书报为度)。光照不足菇蕾少,子实体发育不良,易出现畸形菇。光线过强,子实体生长缓慢,发育受抑制,导致菇体颜色发红变质。

(四)采收和采后管理

适时采收是保证猴头菇优质高产的关键。最佳时机是猴头菇基本长大但尚未成熟,仅为七八分熟,子实体长至 5 ~ 12cm,菌刺长至 0.5 ~ 1.5cm,瓶肩处有一层薄薄的白色孢子粉,孢子尚未弹出,即可采收。采收过早,生长不足,影响产量,采收过晚,肉质松涩,味苦色黄,降低品质。采收时,用利刃从菇的基部割下,适当留下少量菇基,以利下潮菇萌生与生长。

采收后,停止喷水 2 ~ 3d,遮光通风,湿度至 70% 左右,使菌棒处于养菌阶段,5 ~ 7d 再度进行催蕾,进入下潮管理。一般采收 2 ~ 3 潮菇。

十一、灰树花

灰树花 [*Grifola frondosa* (Dicks. exFr.) S. F. Gray] 又名栗子蘑、千佛菌等，日本称之为"舞茸"。属非褶菌目，多孔菌科，树花属。灰树花肉质柔软、味如鸡丝、口感鲜美、香味独特。灰树花内含蛋白质、氨基酸，并富含维生素 C、维生素 B_1、维生素 B_2 及有机 Se 及 Cu、Fe、Zn、Ca、Na 等矿物质元素。不仅是高蛋白、低脂肪、营养丰富的食品，还具有防癌抗癌、抗衰老、促进性腺功能，也有防治糖尿病、抑制肥胖、双向调节血压、治疗动脉硬化和脑血栓、益气健脾、补虚扶正之功效。因此有"食用菌王子"之美称，是极具发展前途的高档食、药用菌。灰树花原产于日本北部山区，中国自然分布在河北、吉林、广西、四川、西藏、江西、浙江、福建等省、自治区。

灰树花菌丝在 20~30℃ 能生长，最适温度 24~27℃；子实体在 16~24℃ 下均能生长，最适温度 18~21℃。菌丝适宜的空气相对湿度为 65%，子实体在空气相对湿度 90% 时为宜。灰树花属好氧性中温真菌，特别是子实体需要散射光和稀疏的折射光，非常适宜林下栽培。

（一）栽培时间

春秋两季栽培，春季 4~6 月，秋季 8~10 月（制菌时间应提前至 1~3 月和 6~8 月）。当菌棒菌丝长满，由灰白色变为深灰色，方可入林管理。

（二）栽培方法

采用覆土栽培。菌棒摆放前，在林下小拱棚内做畦，宽与长依据拱棚大小而定，深 15~17cm，灌足底水，渗干后畦底撒一薄层生石灰粉。菌棒长满菌丝后，脱掉塑料袋整齐地排列在事先挖好的畦内，菌棒间留适当的空隙，然后填土（在肥土中喷洒

1%漂白粉液消毒），表面覆土厚度为1~2cm。

（三）出菇管理

1. 温度管理 春季出菇前以保温为主，晚间在塑料薄膜拱棚上加盖草帘，温度保持在15~20℃，以利于原基的出现和膨大，待出菇后温度不要超过20℃，此时自然气温较高，要采取通风喷水的方法降温。秋季出菇采用相同的温度控制，温度高时遮阳、喷水、通风降温，温度低时采用保温措施直至出菇完毕。

2. 湿度管理 出菇前对湿度的要求不严，只要畦面覆土不干即可。出菇期间将湿度控制在90%~95%。否则，通风大湿度小易造成原基黄化萎干不分化；湿度过大又不通风，易造成鹿角菇、高脚菇和黄肿菇等畸形菇和病菇。

3. 通气管理 灰树花是一种好氧型真菌，需氧量较大，通气本着菇蕾分化期少通风保温保湿，菇蕾生长期多通风的原则。但要与棚内的温度、湿度和光照协调进行。否则，通风大湿度小易造成原基黄化萎干不分化；通风小缺光照易造成小散菇；高温高湿不通风易造成薄肉菇。

4. 光照管理 出菇期间需要稳定的散射光或稀疏的直射光，菇盖分化和颜色才会正常。否则，光照太弱，易造成白化菇，光照强而湿度小，易造成焦化菇。

（四）采收和收后管理

正常情况下，子实体发育成熟需要15~18d。当灰树花的扇形菌盖外缘无白色的生长环，边缘变薄，菌盖平展、伸长，颜色呈浅灰黑色，并散发出浓郁的香味时，即可采收。

采收前一天停止喷水。灰树花的菌盖很脆嫩，操作不当极易折断或菌盖破碎。采摘时，用手伸入子实体基部将菇体轻轻托住，轻轻旋动后拔起，动作要平稳。将菇体基部的泥土、沙石和杂碎物除掉，即可鲜售。

采摘后 1~2d 喷一次大水，按上述管理方法保持出菇条件，通过 20~40d 仍可出下潮菇。

十二、毛木耳

毛木耳 [*Auricularia polytricha* (Mont.) Sacc.] 是热带及亚热带地区主要食用菌之一。隶属于银耳目、木耳科、木耳属。毛木耳营养丰富，质脆可口，含人体必需的 8 种氨基酸，具有较高的药物价值。它具有滋阴强壮、清肺益气、补血活血、止血止痛等功用，是纺织和矿山工人很好的保健食品。又据日本的资料报道，毛木耳背面的绒毛中含有丰富的多糖，是抗肿瘤活性最强的 6 种药用菌之一。近年来不少学者认为纤维素是保持人体健康所必需的营养素，毛木耳的质地比黑木耳稍粗，粗纤维的含量也较高，而且这种纤维素对人体内许多营养物质的消化、吸收和代谢还起了很好的作用。分布于河北、山西、内蒙古、黑龙江、江苏、安徽、浙江、江西、福建、台湾、河南、广西、广东、香港、陕西、甘肃、青海、四川、贵州、云南、海南等省、区。

(一) 生长发育条件

1. 温度 毛木耳对温度的适应范围比较广，菌丝在 8~35℃均能生长，但以 22~26℃较为适宜；子实体在 10~35℃均能形成和生长，适宜温度为 24~30℃。

2. 水分 毛木耳生长发育要求有较高的空气湿度，菌丝生长要求湿度在 65% 左右，出耳时要求空气相对湿度达 90%~95%。

3. 光照 毛木耳只要有散射光就能顺利出耳，黑暗环境下不能形成子实体，光线对毛木耳的营养生长转向生殖生长有诱导促进作用。

4. 空气 毛木耳生长时需要 O_2，若 O_2 不足，子实体就不能形成耳片。栽培时棚内要经常通风保持空气新鲜，才能保证优质高产。

（二）栽培时间

当日平均气温在 15~26℃ 条件下，培育出来的木耳产量高，质量好。日平均气温低于 15℃ 时，耳基形成及分化缓慢，日平均气温高于 26℃ 时，木耳生长速度较快，但耳片薄。北方地区林下栽培毛木耳的时间多选在 4 月下旬至 11 月上旬，生产两批次。

（三）栽培管理

1. 菌棒入棚 菌棒的菌丝长满整个袋筒，夜间气温维持在 15℃ 以上，即可开口入棚。进入林地的木耳棒，交叉斜靠于床架的铅丝上，菌棒与地面的夹角以不大于 15° 为宜，一般每延米摆放 35~40 个菌棒。开口前利用微喷系统连续大水喷洒地面以增加小拱棚内的湿度。开口时用利刃在每个袋筒上均匀划成两行，每行开 4 个长约 4cm 的条形小口，深入料内 1~2mm，加上原有接种孔共 11 个口。开口同时要对原有菌种进行处理，方法是用刀去掉老的菌种块，深度约 0.5cm，收集后统一处理。开口后菌棒竖起堆放在一起，以利保温催耳。棚膜夜间放下保温，白天适当打开通风，棚内温度应保持在 18~30℃，湿度 80% 左右。湿度过低可向棚内喷雾状水，菌棒上覆盖湿润的编织袋，切忌直接向菌棒上浇水。

2. 催耳管理 开口后 3~7d 伤口处菌丝发白，进而出现白色点状物，并逐渐变成米粒状粉红色的圆珠，随着生长连成一块长成耳基。耳基正常应为浅红色或白色。耳基形成后可直接向菌棒上每天喷水 2~3 次，夜间放棚膜保温增湿、白天打起棚膜通风，保持相对湿度在 85%~95%，温度在 20~30℃。经过 10~15d，耳基可长至手指大小，及时将菌棒均匀摆开。此时人工喷洒食用菌专用高效绿霉净 1 000 倍液，全程可有效防止菌棒受杂菌侵染，喷药后棚内控水一天。

3. 生长期管理 毛木耳的生长过程分为耳基、开片、膨大和成熟 4 个阶段。

（1）耳基生长期 上架初期，耳基由于受堆放时空气、光线的限制，大多呈浅红色，通风不好的呈白色。上架后颜色逐渐加深至棕灰色，且表面密生绒毛，耳基逐渐膨大。这一阶段水分和通风是管理的重点。棚内每天喷水 2~3 次，相对湿度维持在 85%~95%，加强通风，每天通风 1h 以上，通风的时间要依据天气、木耳长势而定。高温时可通过喷雾给菌棒降温，同时加大通风量，使棚内温度控制在 32℃ 以下，耳基生长正常。

（2）耳基开片期及膨大期 当耳基生长到一定程度（正常温度下 3~5d），一部分较大的球体逐渐伸开形成耳状，凹面产生一层粉红色的粉状物，背面密生白色绒毛，水分充足时棕灰色。刚开片时，耳片 1~2mm 厚，长势强壮，在 18~35℃ 范围内，温度越高，长势越快，颜色由深变浅。此时水分管理应掌握的原则是：当耳片背面绒毛呈白色，耳片边缘稍有卷曲时开始喷水为宜，喷水量的大小和喷水次数要酌情而定，做到"见干见湿"。湿度过大，耳片呈棕黑色，影响内部呼吸，生长缓慢甚至烂耳。水分太小，耳片处于干缩状态，同样影响耳基生长。一般要掌握"晴天多喷、风天勤喷、阴天少喷、雨天不喷"。

毛木耳是喜湿性菌类，又是好气性真菌。当耳片展开时，特别需要加强通风。实践证明，通风良好的木耳耳片肥大，颜色深，产量高，每棒可产 1.5kg 以上。反之耳片薄，色淡黄，每棒产量 1kg 左右，有时会出现畸形。随着木耳生长开始进入高温雨季，湿度大、温度高，棚膜可完全打起，通风降温。只有遇大雨时放棚膜保护菌棒，防止耳片过湿。

（3）成熟期管理 耳片充分伸展，朵形大小基本固定，耳片内面仍存有粉状物,背面有绒毛,没有过大的耳基,此时即可采收。采收原则为采大留小,采收时只需将耳片轻轻扭动即掉,采后除净耳基,如有烂耳现象,须用小刀将耳基挖出,否则会影响下茬耳基的生长。此时期水分和通风管理参照耳基膨大期。

4. 采收与采后管理 采收前 2~3d 要停止喷水,使背毛充分生长,阴天可提前 4~5d。当耳片充分展开,边缘开始卷曲,耳基边薄,腹面见白时即可采收。第二茬木耳采收后,菌棒失水失营养,产量显著下降,及时给菌棒补充水分和营养。采用注水器给每个菌棒注水,注水量应达到原来菌棒的重量(2kg 左右)为宜,之后 3~5d 内减少喷水,使菌丝得以恢复。在木耳放叶时每隔 5~7d 连续喷施 2~3 次营养素,用手动喷雾器,在无风条件下,均匀喷到耳片上即可。其他管理同上。

十三、灵芝

灵芝 [*Ganoderma Lucidum* (Legss. ex Fr) Karst.] 又名瑞草、仙草等。属多孔菌目,灵芝科,灵芝属。腐生真菌。具有镇静、安神、强心、抗心肌缺血、抗过敏、抗肿瘤、抗放射、抗衰老、抗缺氧、降低血脂、平喘、保肝和增强免疫力的功效,称之为中华医学宝库中的珍品。内含粗蛋白、粗脂肪、纤维素、木质素、单糖、多糖、甾体和 18 种氨基酸以及微量元素。主产于北京、河北、吉林、山西、山东、陕西、安徽、浙江、江苏、福建、江西、湖南、湖北、广西、广东、四川、贵州、云南等省、市、自治区。

灵芝喜高温高湿的环境,属高温型腐生真菌。菌丝体最适生长温度 24~30℃,子实体形成最适温度 24~28℃,10℃ 以下不能分化与发育。相对湿度 85%~90% 为宜,低于 70% 子实体抑制生长。在通风良好具散射光条件下利于子实体分化、发育和菌柄生长。

（一）栽培时间

灵芝在北方种植时间为4月下旬至9月（可种两茬）。当菌棒在室内培养至袋口出现白色块状物（原基）时，即可入林地的拱棚内。

（二）栽培方法

1. 堆积栽培 将菌棒（菌袋）整齐横放在畦面上，叠放6~7层。当芝棒两头转色，有白色突起的芝蕾时，剪开两头薄膜口，充分通气，以利芝蕾生长。薄膜口勿大，以2cm为宜，防止芝棒失水，影响子实体形成。

2. 覆土栽培 南北向做畦，宽120cm左右，深20cm，长度依拱棚长而定。置放芝棒前，畦底撒一层生石灰灭菌，芝棒置放在1%高锰酸钾溶液中浸一下，棒面消毒。然后，竖放在畦内，棒与棒之间留6~8cm空隙，覆上干净的沙壤性细土，芝棒上面覆细土2cm。

（三）出芝管理

1. 温度管理 灵芝出芝需要温度25~28℃，勿低于22℃或高于29℃，否则芝体生长缓慢，影响产量。特别是低于20℃或高于35℃的时间超过5d，菌丝变黄，萎缩纤维化，难以出芝，即便出芝，芝体瘦小，芝盖薄，过早老化。为此，温度过高采取多次喷水，拱棚上覆盖遮阳网，使温度降到25~26℃，芝体生长虽慢，但质地紧密，芝盖厚，色泽光亮，商品质量好。

2. 水分管理 为促进芝蕾表面细胞分化，应经常喷水，不能因空气干燥而影响芝蕾分化。空气湿度应达95%（覆土栽培，可向畦内浇水，保持湿润），当指状突起分化成芝盖雏形后，湿度可以降低至85%~95%。

3. 通气管理 灵芝属好气性菌,发育过程中对 CO_2 非常敏感,应经常通风,以人在拱棚内感到空气新鲜为宜。特别是现蕾至芝盖分化阶段,CO_2 浓度超过 0.1% 时,灵芝只长芝柄不长芝盖,导致畸形灵芝。

4. 光照管理 灵芝对光照的要求是散射光,灵芝芝芽形成后,需较强的光照刺激,使芝盖形成快,芝柄短,芝盖色深而有光泽。除此,灵芝具有向光性生长特性,出芝阶段勿移动芝棒或改变光源,否则影响正常的生长与发育。

(四)采收与采后管理

当芝盖边缘浅黄色生长圈消失,整体色泽基本一致,并有孢子弹出,吸附于芝盖上,即可采收(采收前 5d 应停止喷水,减少通气,适当提高光照,以利后熟)。采收应用利刃剪刀从芝柄基部将整芝剪下,放入干净的容器内晾干,在晾晒过程中有孢子弹出,以便收集销售。

采收后将出芝面进行清理,堆积栽培可采取用水浸泡或补水器补水,使芝棒重量恢复至出芝前;覆土栽培,往畦内灌水。在此期间,盖好棚膜,停止喷水,盖上遮阳网,养菌 7~10d,再重新管理,2 周后可继续长出 2 潮芝。

林下种植食用菌可以合理利用时间,充分利用设施和土地,将食用菌高、低温品种搭配,安排合理的茬口衔接。在栽培实践中,探索出华北地区几种适合农民种植的茬口衔接模式。

第一种:低温平菇—高温平菇、高温香菇或毛木耳—鸡腿菇。时间 3~6 月、6~9 月、10~11 月。

第二种:鸡腿菇—高温香菇、高温平菇或毛木耳—鸡腿菇。时间 3~6 月、6~9 月、10~11 月。

第三种:杏鲍菇—黄背木耳、高温平菇或高温香菇—鸡腿菇。时间 3~6 月、6~9 月、10~11 月。

各阶段食用菌种类可根据需要自己选择。华北地区林下栽植食用菌可利用时间为3月底至11月中旬，长达8个月。在6月以前和9月以后安排低温品种，6~9月安排中高温品种。如10月初在林下埋植鸡腿菇（特白33）或杏鲍菇（2号），第一批采收后覆土越冬，翌年3月气温回升，继续出菇。鸡腿菇出菇结束后可改换其他适宜品种，如黄背木耳、高温平菇等，继续栽培管理。高温品种出菇（耳）结束后，继续培养鸡腿菇或杏鲍菇等能入地越冬耐低温品种。几种食用菌高低温品种搭配，可以形成多种茬口衔接模式，农户可根据自己的具体情况，选择适宜自己的模式。华北大部分地区，西北、东北部分地区与京津冀地区气候相近的广大区域均可采用此栽培模式，但部分地区林下栽培季节应根据当地气候条件适当调整。

第四节　林下种植食用菌病虫害控制

林下种植食用菌病虫害防治的目的是为了保证食用菌生产获得高产、稳产和优质，把病虫的危害控制在最低程度。因为食用菌生长发育所需要的环境条件也非常适合多数病虫害的发生与发展，很容易造成病虫害的发生，一旦迅速发展蔓延，将造成非常大的经济损失，甚至绝收。因此要牢固树立病虫害预防和防治意识，抓住食用菌病虫害防控的关键环节，采用"预防为主，综合防治"的措施，严格控制农药残留，确保食用菌产品高产、质量安全，收到最好的防治效果，实现林下食用菌生产效益最大化。

一、林下食用菌的主要病害及其防治

食用菌在生长发育过程中，很容易遭受病原生物的侵害，或

受到不良环境的影响，引起外部形态、内部构造或生理机能发生异常的变化，使食用菌产量降低或质量变坏。按照食用菌病害发生原因，主要分为两大类：即侵染性病害（病原病害）和非侵染性病害（非病原病害）。侵染性病害是食用菌在生长发育过程中受到某种病原生物的侵染而引起的病害。

主要种类如下。

（一）细菌性腐烂病

该病原菌为荧光假单孢杆菌（*Pseudomonas opp*）。子实体初期感染后在菌盖或菌柄上产生淡黄色水渍状斑，继而腐烂变臭。

1. 发生条件　病菌生活在土壤或不洁净的水中，高温高湿和通气不良的情况下极易发生此病。

2. 危害对象　平菇、茶树菇、杏鲍菇、鸡腿菇、滑子菇等。

3. 防治措施

（1）做好菇棚内卫生和温湿度控制及通风管理　管理用水最好经过漂白，相对湿度控制在95%以下，每次喷水后及时通风，防止子实体长时间有水膜或处于水湿状态。

（2）及时防治菌蛆的危害　菌蛆危害严重的地方，病害也往往发生严重。

（3）药剂防治　发现菇体感染病害后，及时摘除并停止喷水，加大通风量，喷洒1 000倍链霉素液。

（二）细菌性黄斑病

该病是由假单孢杆菌（*Pseudomona agarci*）引起的一种病害。发病菇体会分泌黄色水滴同时停止生长，最后萎缩。

1. 发生条件　菇棚内温度高，湿度大而通风不良时极易发病。病原主要生活在水和土壤中，初次传染由水而来，再次侵染通过土壤、堆肥、蚊蝇类等传播。

2. 危害对象　主要是平菇。

3. 防治措施

（1）加强通风，避免高温高湿。

（2）彻底消灭蚊蝇等致病害虫。

（3）发现病菇及时摘除，并喷 1.5%~2.5% 的漂白液。

（三）细菌性褐斑病

该病原菌为托拉斯假单孢杆菌（*Pseudomonas tolaasii*）。在菌盖表面生成褐色斑点，发病初期颜色较浅，只有针头大小，逐渐发展为椭圆形暗褐色斑。金针菇褐斑病又名黑斑病，病原菌为假单孢杆菌（*Pseudomonas sp.*），金针菇菌盖患病后，褐色斑点随病情发展而扩大，严重时整个菌盖变成黑色，失去商品价值。

1. 发生条件 菇棚内温度高，湿度大而通风不良时极易发病，特别是菌盖上有水滴或水膜时有利于病害的发生，比较干燥的子实体上可以存在病原菌，但不易引起危害。

2. 危害对象 双孢菇、平菇、香菇、金针菇等。

3. 防治措施

（1）加强棚室卫生 覆土要消毒，管理用水最好经过漂白。

（2）控制棚内湿度 子实体生长期棚内空气相对湿度控制在 95% 以下，每次喷水后及时通风，避免菌盖上形成水膜或存有水滴，引起细菌繁殖。

（3）药剂防治 发现病菇后及时摘除，用 100 倍液农用链霉素喷洒，喷药前后一天停止喷水，3~4d 后再喷 1 次，连续喷 3 次以上能有效控制病情蔓延。

（四）褐腐病

该病病原菌为有害疣孢霉（*Mycogon perniciosa*）。幼菇受害后表现为畸形，菇柄变大，菇盖变小，菇体表面附有白色绒毛状菌丝，后变褐色，并伴有褐色液滴，最后腐烂死亡。子实体生长中后期被侵染后，不表现畸形，在菌盖表面和菌柄出现白色绒毛状菌丝，后期变为褐色病斑。

1. 发生条件　有害疣孢霉是一种土壤真菌，在土壤中可存活几年。由土壤、水、害虫、人工操作等传染给子实体，在通风不良、高温、高湿时病菌极易爆发，尤其在覆土栽培时此病发生严重。

2. 危害对象　以双孢菇受害为多。此外还侵染香菇、平菇、草菇、灵芝等食用菌的菇体。

3. 防治措施

（1）使用菇棚前，彻底清除废料、垃圾等，并喷洒25%的多菌灵500倍液进行消毒处理。

（2）覆土栽培时，土壤要经过暴晒，使用前土壤用甲醛液喷洒后，密闭熏蒸杀菌处理后使用。

（3）出菇期间加强通风，控温控湿。

（4）发现病菇后及时摘除，病区内不要浇水，防治孢子、菌丝随水流传播，撒上杀菌剂进行局部处理。

（五）病毒病

病毒病是由病毒（Mycovirus）引起的一种食用菌病害。危害轻时无明显症状，危害重时造成子实体小，有的畸形，菌盖小、菌柄长，菌柄膨大或早开伞，菌盖和菌柄上出现明显的水渍状条纹或条斑，产量下降或失去商品价值。

1. 发生条件　病毒病通过担孢子和菌丝的相互融合而传播。菌种将病毒带进菇棚或带病毒的孢子落在床面上而引起发病，发病可发生在生产的各个时期。

2. 危害对象　平菇、香菇、双孢菇、金针菇等。

3. 防止措施

（1）使用菇棚前，搞好卫生并进行消毒处理。

（2）选择健康无病毒菌种。

(3) 畦床栽培时，防止带病毒的平菇孢子落入创面。

(4) 及时清理及消毒场地，防治菇蚊、蝇，以免传染病毒。

（六）线虫病

线虫主要危害覆土栽培的菌丝和子实体，菌丝被害后微缩，继而培养料开始发黑，料面不出菇并有特殊的腥臭味。少有线虫取食子实体致使产量下降。

1. 发生条件　培养料中含水偏高，有利于线虫活动和危害。主要通过培养料、不洁净水源、土壤和昆虫传播危害。在干燥环境中线虫可长期存活，一旦条件符合，随时复发。

2. 危害对象　双孢菇、金针菇等。

3. 防治措施

(1) 培养料湿度要合理，并经过两次发酵，在60℃以上维持5h以上。

(2) 使用菇棚前，搞好菇棚内外卫生，彻底清除废料、垃圾等，地面不能存有积水，减少虫源、卵源存活条件。

(3) 覆土栽培时，土壤要经过暴晒，使用前土壤用甲醛液喷洒后，密闭熏蒸杀菌处理后使用。

(4) 最好使用经过消毒的过滤水，防止水中存有线虫。

(5) 发现有线虫危害，可用500倍碘液滴在线虫聚集处，并在地面上撒上一薄层石灰粉防治。

（七）竞争性杂菌

竞争性杂菌可以在入林前后所有生产过程中发生，或者污染菇类的母种、原种、栽培种，或者危害培养料、菌棒，与菇争夺营养，对生产构成严重威胁。防控不严格，可造成菌棒整批报废，生产蒙受重大损失。由于菌袋含有部分鼠类取食成分，还容易遭鼠害，料袋的破损处往往成为杂菌侵染菌棒的通道。

1. 常见种类与发病条件

（1）链孢霉　链孢霉又名脉孢霉（*Neurospora sitophila*）。无性阶段属丝孢目，球壳菌科；有性阶段是一种子囊菌。危害菇的是粗糙脉纹孢霉和面包脉纹孢霉。菌丝白色，疏松，有分枝和隔。在高温季节生产的香菇、平菇、茶树菇、金针菇等菌种菌袋极易遭受链孢霉侵染。

（2）木霉　木霉又称绿霉。丝孢目，丛梗孢科。为害菇的是绿色木霉（*Trichoderma viride*）与康氏木霉（*T. kaningii* Oudem）。菌丝无色，有隔。木霉对菇的危害是：污染培养料，与菇争夺营养；分泌毒素，毒害菇的菌丝；缠绕或切断菇的菌丝。分布广，凡适合食用菌生长的培养基均适合木霉孢子生长，是世界性的害菌。为害期长，菇的生长过程都受到侵害。为害程度大，可使整批菇绝收。木霉分布于朽木、植物残体、有机肥、空气和土壤中。培养基质碳水化合物过多、偏酸及高温、高湿环境有利于其发生。采菇时遗留的残根极易被侵染。

（3）青霉　青霉也属丝孢目，丛梗孢科。为害菇的是桔青霉、黄青霉等。菌丝无色或有色，具横隔。分生孢子梗有隔，上生帚状分枝，顶端为小梗，小梗串生分生孢子，分生孢子球形或椭圆形，淡绿色。青霉在很多有机物上均能生长，分生孢子主要靠空气传播，全年均生，夏季尤重。在被污染的培养料上，形成圆形菌落，深绿至蓝绿色，茸毛状，扩展较慢。菌落较密时连接成片。老菌落常交织在一起，形成膜状物，隔绝料面空气，并分泌毒素，对菌丝有致死作用。它还能诱发菇类病害。

（4）毛霉、根霉、曲霉　毛霉又名长毛菌（*Mucor racemosus* Fres），属毛霉目，毛霉科。危害食用菌的一般为高大毛霉和总状毛霉。受污染的培养料初期生出灰白色粗壮稀疏的菌丝，其生长速度明显快于食用菌菌丝，后期变为淡黄色至黑色。根霉又叫黑根霉菌（Rhizopus stolonifer）也属毛霉目，毛霉科。多发生在培养料和培养基上，菌落初为白色，无明显菌丝生长，老熟后灰褐色至黑褐色，其特征是黑色颗粒状霉层。曲霉也属丝孢目，丛梗孢科。为害菇的是黑曲霉（Asper gillusiger V. Tiegh.）、黄曲霉（A. flavus. Link）和灰绿曲霉（A. glaucus. Link）等。菌丝无色，有隔。曲霉分布于土壤、空气及各种有机物上。高温，高湿，通风不良，培养基质中碳水化合物过多时易发生。受污染的培养基质一开始出现白色绒状菌丝，很快即变为有色的粉状霉层。它不仅与菇争夺养料和水分，还分泌毒素，严重影响菇的产量和品质。

（5）总状炭角菌和胡桃肉状菌 总状炭角菌又称之为鸡爪菌（Xylaria pedunculata），属炭角菌目，炭角菌科。子实体多丛生或簇生，上部呈鹿角状近似鸡冠状。此菌绝大多数寄生在鸡腿菇菌丝上，在连种鸡腿菇的菇棚，在较高温度下发菌极易造成鸡爪菌先长，鸡腿菇菌丝营养被鸡爪菌转化吸收，致使产量下降，甚至绝收。胡桃肉状菌又名假块菌（Diehiomyces microsporus），属囊菌目，囊菌科。菌丝白色粗壮，有分隔和分枝。常发生在秋菇覆土前后和春菇后期，偶尔也发生于以粪草为培养料的菌种瓶内。最初在料内、料面及覆土上产生白色或奶油色棉絮状的浓密菌丝，一方面产生大量分生孢子；另一方面形成一粒粒红褐色，外观似胡桃仁的子囊果。菌床发生胡桃肉状菌后，菌丝生长受到抑制，最后消失。培养料呈暗褐色、湿腐状，并发出一种漂白粉味，菇床发病严重时不能再形成蘑菇。在菇棚高温高湿和透风不良、培养料及覆土偏酸的条件下，极易发病。

（6）鬼伞 鬼伞是夏季高温期发生于粪草菌类培养料上的竞争性杂菌。鬼伞属伞菌目，鬼伞科。发生在料堆和菇床上的鬼伞有墨汁鬼伞（Coprinus. atrameatarius）、毛头鬼伞（C. comatus）、粪鬼伞（C. sterquilinus）和长根鬼伞（C. macrorhizus）等。鬼伞类在形态上的共同特征是菌盖初呈弹头形或卵形，呈白色或灰黄色，表面大多有鳞片毛，菌柄细长、中空，老熟时菌盖展开，菌褶逐渐变色，由白变黑，最后与菌盖自溶成墨汁状。在双孢菇、草菇、鸡腿菇培养料内均可长出鬼伞子实体，菇棚内多发生在覆土之前。尤其是草菇栽培中最常见，消耗培养料中的营养成分，生长很快，影响草菇及其他食用菌菌丝的正常生长，造成减产，甚至绝收。

2. 防治措施

（1）链孢霉、绿霉、青霉、曲霉、毛霉、根霉的防治　主要防治措施是培养基质严格灭菌、接种谨防污染，养菌过程中注意通风降温和入林后防治。入林后的防治关键措施有如下方面。

① 小环境条件控制　发好菌后，菌棒即可入林进入夏季出菇管理阶段。由于夏季气温较高，一般采取喷水降温的方法保证出菇处于适合的温度环境。喷水降温的同时，林内空气湿度势必同步增大，引起杂菌活动加剧。因此须加大对林内温湿度观测的密度，当小环境温度降低到出菇适宜的温度（一般为25℃左右），湿度增加逼近90%的杂菌暴发条件时，应及时停止喷水，防止喷水量过大使林内水气蒸散不及时，造成长时间内空气湿度过大，增大杂菌侵染几率。

② 药剂预防　出菇期间施用预防性药剂，可以较好地防止杂菌侵染。喷施0.1%多菌灵液或苯菌灵800倍液，可预防木霉、曲霉等的发生。防治各种霉菌应采用国家允许的药剂，如扑海因（又名异菌脲、桑迪恩）、普克特（又名霜毒威）、百维灵、甲霜灵锰锌（为甲霜灵、代森锰锌配制）、百菌清（又名达克宁、达克尼尔、桑瓦特）等。对允许使用的农药，严格按照说明书规定的浓度和剂量。时间一般选在下午或喷水前用药为宜。禁用剧毒和高残留农药。

③ 其他注意事项　喷水量或空气湿度过大易引起烂菇，一旦发现烂菇，应及时摘除。木霉容易侵染菌棒上的残根，因此采摘时，也要注意不在菌棒上留下残根。

(2) 总状炭角菌和胡桃肉状菌

① 预防　堆制合适的培养料，严防培养料及覆土带菌。

② 检查　严格检查菌床，发现有漂白粉气味过于浓而短的菌丝及子囊果时，应予以淘汰。

③ 处理　一旦发生此菌，立即停止喷水，加大通风量。局部感染，立即将受污染的培养料及覆土挖除，并用2%甲醛溶液喷洒感染的床面。

(3) 鬼伞

① 选料　选用新鲜、干燥、无霉变的稻草、棉籽壳等为栽培原料，使用之前先经阳光暴晒 2~3d，以杀灭鬼伞孢子和其他杂菌。

② 发酵　原料要经堆制及发酵，料温上升高达60℃左右，维持3d，及时翻堆，并在料温降至35℃时抢温接种。

③ 控制培养料中的含 N 量和 pH 值　不可为求营养丰富，过多添加高 N 素辅助材料。加适量石灰粉使 pH 值达9左右，抑制鬼伞发生。另外，菇床上一旦出现鬼伞，立即摘除并喷洒石灰水。

二、林下食用菌的主要虫害及其防治

(一) 粪蚊 (*Scatopse* sp.)

粪蚊隶属于双翅目，粪蚊科，是北方地区危害林下食用菌的主要害虫。以幼虫为害平菇培养基、菌丝、原基和菇体，高温时期黄背木耳的原基和耳片遭受侵害。被害后的培养基松散，吃掉菌丝，破坏生长或失去出菇能力；耳片被害后造成缺刻、孔洞、流耳，随之被绿霉等杂菌感染。

1. 生活习性 成虫在晴朗天气活动、交尾，喜群集。在菇棚内，成虫常群栖于光线较暗的缝隙处或悬垂物上。黑粪蚊成虫在 15~35℃ 均能交尾产卵，但以 20~28℃ 时活动最旺。粪蚊幼虫共 4 龄，喜潮湿腐烂的环境。粪蚊常年发生，以老龄幼虫在培养料中越冬。翌年春天化蛹羽化，飞回菇棚产卵危害。

2. 危害对象 几乎危害所有食用菌的菌丝和子实体。

3. 防治措施

（1）注意卫生，减少虫源 是防治粪蚊的重要环节，在使用菇棚前搞好内外卫生，彻底清除废料、垃圾等。

（2）土壤处理 覆土栽培时，土壤要经过暴晒，使用前土壤用甲醛液喷洒后，密闭熏蒸杀菌处理后使用。收菇后认真清理料面，除掉菇根。

（3）物理防治 用黑光灯诱杀成虫。

（4）药剂防治 在成虫羽化期出菇，多次用药直到羽化期结束。选择菇净、菊酯类低毒高效农药，用量在 500~1 000 倍液，整个菇棚要喷透、喷匀。

（二）蚤蝇

蚤蝇又名粪蝇，属双翅目、蚤蝇科。北方地区主要有短脉异蚤蝇（*Megaselia curtineura* Brue）和白翅型蚤蝇（*Megaselia* sp.）两种。幼虫在发菌期蛀食菌丝体，从表层菌丝逐渐深入蛀食，但只蛀食新鲜菌丝，很少侵害老化的菌丝或菌索。也蛀食幼嫩子实体。该虫用口钩撕裂组织，食其汁液，使菇体萎缩，发黄失水而死亡。

1. 生活习性 成虫白天活动，喜湿，对光和菌体香味具较强的趋性。多在下午飞出菇棚择偶交尾。雌蝇常选择幼菇及未被咬食过的菌丝体产卵，只要菌袋（床）有孔隙，常钻入袋（床）内产卵。成虫在 15~35℃ 均能交尾产卵繁殖。一年多代，3 代以后出现世代重叠现象。11月份以后以蛹在土缝或菇袋中越冬。

2. 危害对象 危害几乎所有种类的食用菌，以平菇、鸡腿菇、双孢菇和草菇为主。

3. 防治措施

(1) 搞好菇棚内外卫生，避免蚤蝇在周围活动繁殖。

(2) 发现菌袋内有虫卵时要及时销毁或回锅灭菌后重新接种。

(3) 发现成虫在袋口或菇床表面活动时，要喷药防治。常用的药剂有菇净、菊酯类等。发现幼虫钻入袋内或料面内时，不出菇的情况下可注入2 000倍菇净药液杀虫。

(三) 其他双翅目害虫

1. 其他双翅目害虫 除去上述两种主要害虫外，其他双翅目害虫如蛾蚋科毛蠓、尖眼蕈蚊科迟眼蕈蚊、瘿蚊科瘿蚊、菌蚊科多菌蚊、蝇科家蝇和厩腐蝇、果蝇科黑木耳果蝇等双翅目害虫常与以上两种混合发生。

毛蠓（*Psychoda*）幼虫具有群集习性，几十头幼虫常群集一起取食菌丝。培养料受害后变黑，感染杂菌，发黏发臭。幼虫还能钻入木耳原基或耳片的隙缝处以及伞菌类的菌褶内部为害。迟眼蕈蚊（*Bradysia minpleuroti*）以幼虫咬食菌丝、原基和菇体。被害后造成退菌、原基消失、菇蕾萎缩、耳片缺刻和菇体萎缩。被害部位基质呈糊状，发黑发黏，继而感染各种霉菌造成污染报废。瘿蚊（*Mycophila fungicola* Felt）幼虫纺锤形，橘红色或淡黄色，常从柄基部蛀入造成断柄或倒伏。

每年7、8月份，温度高、天气炎热，菇棚中的温度随之上升，家蝇（*Musca domestica*L.）、多菌蚊（*Mycetophilidae docosia*）、厩腐蝇（*Muscina stabulans* Fallen）、黑木耳果蝇（*Drosophila* sp.）等成虫混合大量发生，集体在培养料、子实体上产卵为害。如果菇棚通风不良、湿度大，受害将更加严重，菌丝衰退、子实体畸形、产量降低，经济效益严重受损。

2. 防治方法 参照粪蚊与蚤蝇防治方法进行综合防治。

（四）跳虫

跳虫又名香灰虫，以弹尾目主要昆虫紫跳虫科紫跳虫（*Hypogastrura communis* Folsom）和长角跳科黑角跳虫（*Entomobrya sauteri* Borner）危害较严重。该虫在菌丝体表面取食菌丝，破坏菌种，抑制发菌。在子实体生长期群集于菌柄、菌褶内活动取食，有时也到菌体表面取食，造成菇体凹点、缺刻和孔道，致使被害后产品质量下降。跳虫还能携带病原菌传播病害。

1. 生活习性 跳虫常栖息在腐败物质及较阴湿的环境中。成虫产卵于培养料内或覆土层上，一年可发生6~7代。春季平均温度达15℃左右时开始活动，夏季高温季节危害最重。该虫行动活泼，善于跳跃，常在培养料、子实体上迅速爬行。跳虫喜群集，几百头甚至几千头一起在菌盖上危害，受到惊扰，立即跳离原处。

2. 危害对象 几乎危害所有食用菌种类，以金针菇上多见。

3. 防治措施

（1）搞好菇棚内外卫生，空气要通畅。防积水，防潮湿。

（2）覆土栽培时，培养料要经过两次发酵，高温可以杀灭跳虫。

（3）发现跳虫时，要喷药防治。常用的药剂有菇净、菊酯类等。或在采菇结束后在菌棒或料面内注入2 000倍菇净药液杀虫。

（五）螨类

螨类主要直接危害子实体及菌丝。子实体受害后形成褐色凹陷，菌丝受害后断裂老化，不能长出絮状的绒毛菌丝，菌丝生活力减退。

1. 生活习性 螨虫多在夏季发生危害，气温高于25℃繁育快，危害严重。螨类喜温暖、潮湿环境，常潜伏在棉籽壳、麦麸、米糠等食用菌栽培料中。

2. 为害对象 为害香菇、平菇、木耳、茶树菇、金针菇、鸡腿菇等多种食用菌。

3. 防治措施

（1）菇棚附近不要堆放原料，并要远离畜禽舍。

（2）菇棚使用前结合杀菌和杀灭其他害虫，用药剂熏蒸2~3d。也可用食用菌专用杀虫剂1 000倍液杀灭螨虫。

（3）出现螨虫后，要及时清理被螨虫危害的菌种或区域，然后喷洒专用杀虫剂杀灭。

（六）其他害虫

双翅目蚊蝇、弹尾目跳虫、蛛形纲螨类是危害各地食用菌的主要种群，数量大，危害重。其他像鞘翅目、革翅目、鳞翅目、直翅目、缨翅目、等翅目等害虫种类和数量均较少，危害较轻，属次要害虫。

对于次要害虫，要做到防与治相结合，以防为主，以治为辅。其综合防治主要应做到以下几点。

第一，清除虫源，切断害虫的侵入途径是菇棚害虫防治的首要环节。选择良好的栽培场地，菇棚使用前要熏蒸消毒，发菌地和出菇地分开，并尽可能注意环境场地的卫生。新场地在使用前实行严格消毒等措施，都能起到良好的预防作用。

第二，采用物理、生物防治方法。如利用电子灭蚊器、高压静电灭虫灯及黑光灯诱杀双翅目害虫或运用捕食性动物、寄生性生物和病原菌防治害虫。

第三，化学防治仍是一种十分有效的防治方法，对害虫种群的控制有着不可替代的作用。但是另一方面必须控制食用菌农药残留。要选择出高效、低毒、低残留的农药，合理使用。

第四，防治食用菌害虫应该针对害虫种类、危害特点、食用菌种类及其生长发育特点，抓住关键时期进行防治。

第五节　林下发展食用菌的效益分析

林下发展食用菌可以充分利用闲置土地，促进林木生长，增加农民收入。在林下发展食用菌，衔接模式不同，收益不同。下面介绍几种不同茬口衔接模式产生的经济效益。

由于在林下栽培的食用菌种类多，栽培方式多种多样，其效益的计算方法不统一。为了便于统计分析，仅对林下利用小拱棚培养菌棒进行效益分析。

一、林下培养食用菌的成本

在林下发展食用菌，种植户需要投入林地、搭建小拱棚、购置菌棒、安装微喷设施、打井等方面的资金。根据目前市场价格，将支出列表如下。

（一）建设投资（即基础设施投资）

包括林地清理、喷灌系统、搭建小拱棚、打井等（表4-1）。

表4-1　建设投资（基础设施）

编号	基础设施	单价	合计（万元）	年摊销费元/667m^2	备注
1	喷灌主管道	2 000元/667m^2	16	250	按8年摊销
2	分支供水系统	1 200元/667m^2	9.6	300	按4年摊销
3	搭建小拱棚	800元/667m^2	6.4	200	按4年摊销
4	打井	80 000元/667m^2	8.0	20	长期（20年）
合计			40	770	

备注：喷灌的主管道使用年限最少为8年，分支供水系统使用年限4年，小拱棚使用年限4年，机井按使用20年计算。200×667m^2地需要1眼机井。效益计算面积为200×667m^2。

据表 4-1，200×667m² 林地的基础设施一次性投入 40 万元，年摊销费用 6.16 万元，平均年投入费用为 770 元/667m²。

（二）经营投入

1. 菌棒购置费 每 667m² 每茬需菌棒 1 万个，菌棒单价 1.5 元，则需 15 000 元，栽植两茬则 30 000 元。200×667m² 林地的使用面积为 80×667m²，菌棒投资为每年 240 万元。

2. 人工费 林下食用菌栽培管理期平均为 7 个月，80×667m² 食用菌用工 10 人，用工费为 8.4 万元（1 200 元/人/月）；

3. 水电费 200 元/667m²，合计 1.6 万元。

表 4-2 经营投入

编号	名称	单价	合计（万元）	备注
1	菌棒投入	1.5 元/个	240	80×667m²（2 茬）
2	人工费	1 200 元/人/月	8.4	7 个月
3	水电费	200 元/667m²/月	1.6	7 个月
	合计		250	

备注：各地人工费、水电费有浮动，以示范过程中的投入为依据估算。

从表 4-2 计算出，发展 200×667m² 林地的食用菌（林地使用率 40%）总投入为 250 万元。平均每年经营投入为 3.125 万元/667m²。根据不同的茬口衔接，投入会发生上下浮动，可根据实际情况具体计算。此外，还存在堆草栽培、畦式栽培等多种方式，其成本以主料的收购价格及辅料价格等估算即可。

二、不同茬口衔接模式效益

上面估算了食用菌栽培的成本投入，基础设施及经营投入平均每年为 3.202 万元/667m²（发展两茬）。其效益估算涉及不同季节食用菌的价格、各地销售价格、市场价格等，上下浮动大，效益存在不确定性。根据廊坊市农林科学院几年来对食用菌的林下栽培及示范,得出在北方林下单纯发展一种食用菌,每年纯收益在 7 000~8 000 元/667m²;如果连续栽培,高低温菌种衔接,还可以进一步提高收益。林下栽植食用菌可利用时间为 3 月底至 11 月中旬,长达 8 个多月。在此期间根据不同菌类对不同温度的需求进行安排,低温品种有杏鲍菇、鸡腿菇、平菇等,中高温品种有高温平菇、香菇、草菇和黄背木耳等。

下面介绍实践过程中采用的 3 种茬口衔接模式,其实际投入及产出情况列表 4-3 如下(栽培时间:2003~2005 年)。

表 4-3 林下栽培食用菌不同模式效益分析

栽培地点	栽培时间	栽培种类	产量 (kg/667m²)	成本 (元/667m²)	售出 (元/667m²)	纯收入 (元/667m²)
文安县桑园新庄	3~6 月	鸡腿菇	9 125	16 956.25	27 375.00	10 418.75
	5~9 月	平菇	9 982	16 956.25	19 964.00	3 007.75
	全年合计		12 596	33 912.50	47 339.00	13 426.50
广阳区北旺村	5~9 月	木耳	8 592	16 956.25	25 192.00	8 235.75
	8~11 月	鸡腿菇	7 072	16 952.25	25 776.00	8 819.75
	全年合计		9 864	33 912.50	50 968.00	17 055.50
农业园区	3~5 月	杏鲍菇	7 170	19 456.25	35 135.00	15 678.75
	5~9 月	木耳	8 592	16 952.25	19 728.00	2 775.75
	全年合计			36 408.50	54 863.00	18 454.50

备注:上述栽培模式非同一年发展,市场价格不一致。

上述 3 种模式为不同地点不同年限一年种植两茬食用菌,市场价格的不同,导致同一种食用菌纯收入相差悬殊,但通过合理茬口衔接,得到了满意的收益。年纯收入为 13 426.5~18 454.50 元/667m²。

根据上述情况,在林下发展食用菌栽培,可以根据市场行情,选择合理的茬口衔接模式,提高抗风险能力,保障种植户的收益。可以肯定,在有效的技术指导下,利用林下空地资源发展食用菌高效栽培是农民致富的好项目。

三、社会生态效益

林下发展食用菌，不仅可以产生良好的经济效益，还会带来很大的社会生态效益。第一，林下栽植食用菌可以充分利用林下土地资源，解决贫瘠地、沙荒地、盐碱地等生态脆弱区造林管理难的问题；第二，该技术简单易推广，可以解决农民增收难问题；第三，项目的发展可以增加地方发展林业的信心，保证林业经济的可持续发展。

林下食用菌产业的形成，将成为地方经济的支柱产业，带动地方经济的进一步发展。不仅为农民增收，还可以安排大量农村剩余劳动力就业，并促进相关行业的发展，如运输、销售、食品加工、塑料和机械加工等。林下食用菌的发展，还可以有效促进林木的生长，增大出材量，从而促进胶合板产业的发展。林木的茂盛成长，还可改善小气候，促进当地农作物的生长和增收。最终形成"农业兴，则百业兴，天下安定"的良好局面。另外，食用菌属异氧微生物，它的营养来源于农业上的废弃物，如秸秆、棉籽壳、木屑、畜禽粪便等，实现了农业废弃物资源化、资源整合高效化、物质循环良性化、能量利用多级化，可以变废为宝，变污染环境为改善生态环境，产生良好的社会、生态效益。

本章参考文献

1. 陈建芬，王建华，张雪平. 2006. 食用菌栽培指南. 北京：中国农业科学技术出版社
2. 高世明. 2008. 林下高效养殖种植生态模式实例. 北京：中国农业出版社
3. 谷颜泽. 2007. 林下双孢蘑菇高产栽培技术. 农技服务，24（12）：29~30
4. 侯桂森. 2008. 林下香菇高效栽培总结. 中国食用菌，27（5）：63

5. 胡清秀. 2005. 优质食用菌生产实用技术手册. 北京：中国农业科学技术出版社

6. 胡清秀. 2008. 食用菌病虫害危害分析与防治关键控制点. 中国农学通报，24（12）：601~604

7. 刘魁. 2006. 北方食用菌生产技术规程与产品质量标准. 北京：中国农业大学出版社

8. 刘晓杰. 2007. 林地小拱棚双孢菇栽培技术. 林业实用技术，（6）：24

9. 刘晓杰. 2007. 林下栽培毛木耳优质高产技术. 河北农业科技，（7）：40

10. 吕作舟. 2005. 食用菌无害化栽培与加工. 北京：化学工业出版社

11. 米青山. 2006. 食用菌病虫害预防指南. 郑州：中原农民出版社

12. 庞国新. 2005. 林下食用菌高效栽培技术. 河北林业科技，（6）：39

13. 王传福，徐明辉，贺桂仁. 2007. 秸秆四季栽培食用菌指南. 郑州：中原农民出版社

14. 王恭祎. 2006. 林下食用菌高效栽培技术（Ⅰ）（Ⅱ）. 世界林业研究，19（1）：118~126

15. 王俊山. 2007. 林下反季节种植平菇技术. 河北农业科技，（6）：42

16. 王俊山. 2009. 夏季林下栽培香菇技术初探. 食用菌，（3）：37

17. 王学众. 2007. 林下食用菌生产中常见杂菌及其防治技术. 林业实用技术，（6）：35~36

18. 张法来. 2009. 速生林下拱棚双孢菇种植技术. 食用菌，（10）：183~184

19. 张金霞，黄晨阳. 2007. 无公害食用菌安全生产手册. 北京：中国农业出版社

第五章 林药间作

第一节 间作体系中的林木与药用植物种类

一、林药间作概述

（一）人工林与药材间作

1. 杨树、柳树类与药材间作 林木行距一般为2m，株距1~2m，可在行间间作药材。1~3年的林木，树冠较小，可以做畦间作的药材如龙胆、防风、柴胡等；也可以垄作黄芩、绵黄芪、板蓝根、远志等。

树龄2~3年后，树冠变大，可以间作细辛、龙胆草、柴胡、三七等药用植物。

2. 落叶松、樟子松林与药材间作 在落叶松1~3年龄期和樟子松1~5年龄期，可以间作甘草、防风、柴胡、苏子、板蓝根、桔梗、龙胆草、绵黄芪等种类。

落叶松、樟子松树冠增大后，不宜与大多数药材间作。可选耐阴的种类，如柴胡、细辛、天南星、三七、天麻等。

（二）防护林与药材间作

1. 路边、田边防护林的间作 树冠增大后，可选择刺五加、防风、大力子、水飞蓟、苍耳等种类。

2. 防沙固土林 林木行距2m，株距1~2m，可间作甘草、防风、黄芪等根类药材。

（三）天然林、次生林与药材间作

这类林一般生长着株距不等、疏密不均的各种杂木，如杨树、桦树、椴树、榆树、柞树等树种。适宜间作的药材有穿龙薯蓣、五味子、刺五加、铃兰、鹿药、老苍芹、福寿草和鹿草等。

另外，林中、林缘生长的药材还有蒲公英、地榆、萱草、石松、银线草、荨麻、寄生、石竹、剪秋罗、王不留行、乌头、升麻、铁线莲、草芍药、白头翁、三棵针、山豆根、落新妇、稠李、绣线菊、黄柏、卫矛、千屈菜、金丝桃、柳兰、暴马子、益母草、列当、忍冬、接骨木、羊乳、苍术、返魂草、龙须菜、轮叶贝母、野火球、百合等。

二、林药间作的条件

林药间作利于生物多样性的发展，能充分利用林地空间，进行多层次的林药立体经营，是体现林业经济效益、生态效益的重要复合种植模式。林药间作必须坚持"五宜"原则，即宜乔则乔、宜灌则灌、宜花则花、宜草则草、宜果则果，真正做到以短养长、长短结合的发展要求。

应严格选择间作的药材种类，合理安排，避免产生不良影响。要根据不同林木与中药材的生物学特征，组成合理的田间结构。第一，选用的中药材种类要以耐阴性、浅根性为主；第二，配置比例要适当，坚持以造林树木为主，优势互补；第三，坚持以本地的特优、地道药材为主；第四，加强田间管理，互促互利，控制矛盾，以确保双丰收；第五，不能互相传播病虫害，所种中药材不能是造林树木病虫害的中间寄主。

三、间作体系的树种选择

(一) 以红松为主的针、阔叶混交林

红松针阔叶混交林,是中国东北湿润地区最有代表性的植被类型,集中分布在小兴安岭、张广才岭、完达山、太平岭地区。针叶树种以红松为主,并混有多种阔叶树,常见的有紫椴、青楷槭、花楷槭、蒙古栎、白牛槭、拧筋槭、花曲柳、刺楸、千金鹅耳枥等。乔木下有毛榛子、胡枝子、杜鹃等。

混交林内的灌木种类也相当丰富,如毛榛、五加、刺五加、卫矛、忍冬、接骨木、悬钩子、刺玫、蔷薇等代表性种类。

混交林下的草本植物种类更为繁多,往往形成小片群落,高者可达1m以上,低者仅在10cm左右。常见的有山茄子、棉马、木贼、蕨、掌叶铁线蕨、阴地苔等。混交林中的藤本植物也很多,主要有山葡萄、狗枣子、软枣子、木通、五味子等。

(二) 以柞、椴、桦树为主的阔叶林或针阔混交林

柞树又称栎树、橡树。中国有柞树60余种,柞林面积约有0.07亿 hm^2,以黑龙江、辽宁、吉林、内蒙古、山东、河南、贵州、广西、安徽、陕西、四川等省(区)为多。垂直分布从平地到海拔3 000m的高山均能生长,在四川中部,可生长在海拔4 600m处。

椴树为落叶乔木或小乔木。中国南北均产,长江流域以南有20多种,主要是糯米椴、南京椴和椴树。北方和东北有紫椴、蒙椴和糠椴等12种。紫椴常生于小兴安岭、长白山海拔500～1 600m处,是温带红松阔叶林的重要组成成分之一。糠椴、蒙椴在北部海拔800～1 400m处为习见树种。椴树稍耐阴或喜光,适生于深厚、肥沃、湿润的土壤,在山谷、山坡均可生长。深根性,生长速度中等,萌芽力强。

桦树在中国的分布几乎遍及全国，而以东北、西北及西南高山地区为最多。桦树喜光，不耐庇阴；较喜湿润，对土壤要求不严，在较肥沃的棕色森林土生长良好；萌芽力很强，采伐后可自行萌芽更新。在林区迹地和火烧迹地上，桦树能作为先锋树种迅速侵入，形成纯林。但当桦林形成以后，一些耐阴的树种如云杉等便可逐渐侵入而形成混交林，最后又逐渐被后来者所更替。

（三）落叶松

落叶松是中国东北、内蒙古林区以及华北、西南的高山针叶林的主要森林组成树种，是东北地区三大针叶用材林树种之一。其天然分布很广，主要在寒温带及温带，是针叶林中最耐寒的树种，垂直分布达到森林分布的最上限。浅根性。耐寒、喜光、耐干旱瘠薄；喜冷凉的气候；对土壤的适应性较强，有一定的耐水湿能力。但其生长速度与土壤的水肥条件关系密切，在土壤水分不足或土壤水分过多、通气不良的立地条件下，落叶松生长不好，甚至死亡，过酸或过碱的土壤均不适于其生长。落叶松通常形成纯林，有时与冷杉、云杉和耐寒的松树或阔叶树形成混交林。

（四）杨树

杨树是杨属树木的统称，在中国分布很广，从新疆到东部沿海，北起黑龙江、内蒙古到长江流域都有分布。不论营造防护林还是用材林，杨树都是主要的造林树种。杨树具有早期速生、适应性强、分布广、种类和品种多、容易杂交和改良遗传性、容易无性繁殖等特点，因而广泛用于集约栽培。

（五）苹果、杏、桃、李、葡萄等果树

果园里合理地间作套种中药材，不但可以提高土壤肥力，而且可以抑制杂草丛生，起到"生草覆盖"的作用。这样不但可以提高果园的经济收入，而且可以加速土壤熟化，减少地面肥水流失，促进果树生长，实现果药双丰收。

适宜果树地栽种的药材很多，如麻黄、天南星、鱼腥草、西洋参、细辛、甘草、半夏、知母、黄芩、沙苑子、锦灯笼等。

（六）桑树

桑树为落叶乔木，适应性强，抗污染，抗风，耐盐碱。南北各地广泛栽植，以长江中下游为多。适于桑园栽植的药材有牛蒡、白术、丹参、元胡、浙贝母等。

四、适于林药间作的药用植物种类

【麻黄科】

1. 黄麻 *Ephedra sinica* Stapf.

别名草麻黄等。

为深根根蘖性植物，根系入土深达 8~10m，既有垂直根又有水平根。水平根为无性繁殖器官。花期通常在 5 月，种子成熟期在 7 月。适应性很强，野生于沙质干旱地带。产于辽宁、吉林、内蒙古、山西、河北、河南、宁夏及陕西等地。

【三白草科】

2. 鱼腥草 *Houttuynia cordata* Thunb.

别名臭草、臭灵丹等。

多生于阴湿处或近水边。喜温暖湿润气候和肥沃、疏松、水分充足的土壤。较耐寒，也耐阴、耐瘠薄。广布于南方各地。北方见于西北、华北等地。

【马兜铃科】

3. 细辛 *Asarum sieboldii* Miq.

别名马蹄香、华细辛、大药等。

喜湿润、阴凉环境，耐严寒，怕见光。喜生于山坡树下灌木丛中的腐殖质较厚的轻沙疏松土壤。干燥及黏重土壤、积水低洼及易受冲刷的山地均不适宜种植。应选择海拔 800m 以上的山区地带、土层深厚、腐殖质含量丰富的背阴坡或稀疏林地种植。

【毛茛科】

4. 黄连 *Coptis chinensis* Franch

别名味连、鸡爪连等。

喜生长于亚热带中高山的凉爽、潮湿、冬少严寒、夏少酷暑的环境。忌强光和高温，需荫蔽，特别是苗期的耐光能力更弱。随苗龄的增长，耐光能力逐渐增强。喜疏松肥沃、并含有丰富腐殖质和土层深厚的壤土和轻壤土，土壤 pH 值以 5.5~6.6 为宜。粗沙土和黏壤土不适宜栽黄连。

【小檗科】

5. 淫羊藿 *Epimedium brevicormum* (Fort.) Carr.

别名短角淫羊藿、心叶淫羊藿、仙灵脾、野蔓莲等。

适应范围广，生长势强。喜富含腐殖质的土壤。每年 4 月中旬萌芽，不受春末晚霜的危害，能正常生长。花期 5 月上旬，5 月中旬进入盛果期，6 月初果实成熟。生于湿度均衡的阔叶杂木林缘（下）、灌木丛中及山坡背阴面。分布于陕西、甘肃、宁夏、青海、新疆、山西、河南、湖北、四川等地。

【豆科】

6. 扁茎黄芪 *Astragalus complanatus* R. Br.

别名蔓黄芪、沙苑子等。

多年生高大草本，高可达 1m 以上，全体被短硬毛。喜凉爽气候。根系发达，抗旱耐瘠薄。花期 8~9 月。果期 9~10 月。生于山野。分布于辽宁、吉林、河北、陕西、甘肃、山西、内蒙古等地。

7. 甘草 *Glycyrrhiza uralensis* Fisch

别名甜草、甜根子、甜甘草等。

多生长于北温带地区海拔 0~200m 的平原、山区或河谷。土壤多为沙质土。土壤酸碱度以中性或微碱性为宜，在酸性土壤中生长不良。喜光照充足、降水量较少、夏季酷热、冬季严寒、昼夜温差大的生态环境，具有喜光、耐旱、耐热、耐盐碱和耐寒的特性。

【五加科】

8. 人参 *Panax ginseng* C. A. Meyer

别名棒槌、山参、圆参、神草等。

人参为阴生植物，喜凉爽温和的气候。耐寒，怕强光直射，忌高温多雨，怕干热风。适宜人参生长的温度为 20~28℃，地温 5℃时，芽胞开始萌动，10℃左右开始出苗。发芽适宜温度为 12~15℃。种子寿命为 2~3 年。生于深山阴湿林下。主产于吉林、辽宁、黑龙江。现多栽培。

9. 西洋参 *Panax quinquefolia* L.

别名花参、洋参、美国人参等。

适生于海拔 1 000m 左右的山地阔叶林地带。年降水量在 1 000mm 左右、年平均温度约 13℃、无霜期 150~200d、气候温和、雨量充沛是其适宜的生长条件。喜阴湿，忌强光和高温。18~24℃的温度和 80% 左右的空气相对湿度最适宜其生长。对土壤要求较严，适生于土质疏松、土层深厚、肥沃、富含腐殖质的森林棕色土或含沙量 20%、通透性强的沙质土，pH 值在 6.3 以下、坡度在 5°~15°的阴山缓坡地。忌连作。吉林、辽宁、黑龙江、陕西、江西、贵州、云南、河北、山东、安徽、山西以及福建等省皆有种植。

【伞形科】

10. 柴胡 *Bupleurum Chinensis* DC.

别名竹叶柴胡、北柴胡、韭叶柴胡等。

适应性较强、耐旱、耐寒、怕水涝。野生于海拔1 000m以下或丘陵的山坡、林地边缘、草丛及路边隙地。在气候温暖湿润、土壤肥沃疏松、排水良好的夹沙土或黏质土壤栽种较好。可利用山坡、荒地种植。主产于四川等地。

【龙胆科】

11. 秦艽 *Gentiana macrophylla* Pall.

别名萝卜艽、西大艽、左秦艽等。

喜潮湿和冷凉气候，耐寒，忌强光，怕积水。对土壤要求不严，但以疏松、肥沃的腐殖土和沙壤土为好。地下部分可忍受-25℃低温。在干旱季节，易出现灼伤现象，特别是叶片，在烈日直射下易变黄和枯萎。种子发芽宜在较低温度条件下，发芽适温为20℃左右，而30℃高温则对种子萌发有明显的抑制作用。多见于高海拔阳坡。分布于东北、西北、华北、四川等地。主产于陕西、甘肃等省。

【唇形科】

12. 夏枯草 *Prunella vulgaris* L.

别名棒柱头花、六月干、灯笼头、牛抵头等。

生于荒地、路旁及丘陵山坡草丛中，以山区较多。喜温和、湿润的气候。耐寒，适应性强。对土壤要求不严，忌积水。

13. 黄芩 *Scutellaria baicalensis* Georgi

别名黄芩茶、山茶根等。

株高20~60cm。适宜温暖而潮湿的气候。耐严寒，成年植株可耐-30℃的低温。在向阳、高燥、排水良好、中性和微碱性土壤或沙质土壤均可生长良好。耐旱怕涝，低洼积水地易烂根。生于山野向阳的干燥山坡上，常见于路边及山坡草地。分布于东北、华北、西北等地。

【茄科】

14. 锦灯笼 *Physalis alkekengi* L.

别名酸浆实、金灯笼、天灯笼、挂金灯、红姑娘、鬼灯笼、灯笼果、天泡果、水辣子、野胡椒、包铃子等。

一年生或多年生草本。喜温暖湿润环境,喜阴,耐寒。对土壤要求不严,适宜排水良好的沙质壤土或腐殖壤土,黏壤土也可,但过黏或低洼地区生长不良,易引起根部腐烂。

【桔梗科】

15. 桔梗 *Platycodon grandiflorum* (Jacq.) A. DC.

别名六角花、梗草、僧冠帽等。

适应性较强,在海拔 400～1 500m 的丘陵和山地均可栽培。气候以温暖湿润、阳光充足、雨量充沛为宜。土壤以土层深厚、质地疏松、比较湿润而排水良好的夹沙土为好。黏重土或过于轻松干燥的土壤不宜种植。主产于山东、江苏、四川、安徽、浙江、湖南、湖北、广西等地。

【菊科】

16. 牛蒡 *Arctium lappa* L.

别名大力子、老母猪耳朵、黑萝卜等。

深根性植物。适应性强,耐寒,耐旱,较耐盐碱,忌积水。野生于山野、路旁、沟边、荒地、山坡向阳草地、林边和村镇附近。低山区和海拔较低的丘陵地带最适宜生长。种子发芽适温为 20～25℃,发芽率 70%～90%,种子寿命为 2 年。播种当年只形成叶簇,第二年才能抽茎、开花、结果。

17. 菊花 *Dendranthema morifolium* (Ramat.) Tzvel.

别名毫菊、贡菊、杭菊、怀菊等。

适应性较强，耐寒，稍耐旱，怕水涝。在气候温和湿润、阳光充足的环境中生长良好。花期过于干旱，有碍开花；土壤湿度大，易烂根。对土壤要求不严，以含腐殖质多而肥沃、排水良好的土壤，如油沙土及夹沙土最为适宜；黏土或洼地不宜栽种。菊花不宜连作，连作病虫害严重，产量低。主产于河南、安徽、四川、浙江、河北等地。

18. 款冬花 *Tussilago farfara* L.

别名冬花、九九花、西冬花等。

野生款冬花多生于山谷、河边、沟旁、田埂等处。喜凉爽湿润气候及肥沃疏松的沙质土壤。耐寒、怕热、怕旱，气温在35℃以下生长良好，36℃以上时枯萎死亡。冬花的花期是每年12月至翌年2月，然后新叶才萌发，营养生长期为3~10月。在自然状况下多以根茎繁殖。

【天南星科】

19. 魔芋 *Amorphophalus konjac* K. Kock

别名鬼芋、星芋、磨芋、黑豆腐、花秆南星等。

喜阴湿环境。适应性极强，在海拔70m以上的阴坡和高寒地区较恶劣环境中也能生长繁殖。忌阳光，怕旱，怕涝，怕风。宜选土层深厚、排水良好、疏松肥沃的沙壤土或腐殖质土栽培。忌连作。

20. 天南星 *Arisaema consanguineum* Schott

别名南星、山苞米、山棒子、白南星、野苞谷等。

阴生植物。野生于海拔200~1 000m的山谷或林内阴湿环境中。怕强光，喜水喜肥，怕旱怕涝，忌严寒。人工栽培宜在树阴下选择湿润、疏松、肥沃的黄沙土。种子发芽适温为22~24℃。种子和块茎无生理休眠特性，种子的寿命为1年。

21. 半夏 *Pinellia ternata*（Thunb）Breit.

别名三步跳、三叶半夏、三叶老、麻玉果、燕子尾、药狗丹、麻芋子。

根浅。喜温和、湿润气候，怕干旱，忌高温。夏季宜在半阴半阳中生长，畏强光。在阳光直射或水分不足条件下，易发生倒苗。耐阴，耐寒，块茎能自然越冬。在土壤湿润、肥沃、深厚、土壤含水量在 20%~30%、pH 值 6~7 的沙质壤土较为适宜。一般对土壤要求不严，除盐碱土、砾土、过沙、过黏以及易积水之地不宜种植外，其他土壤均可，但以疏松肥沃沙质壤土为好。

【百合科】

22. 知母 *Anemarrhena asphodeloides* Bge.

别名蚳母、连母、野蓼、地参、水参、货母、蝭母。

适应性很强。喜温暖气候，耐寒，耐干旱，喜阳光。除幼苗期须适当浇水外，生长期内，土壤水分过多生长不良，且易烂根。对土壤要求不严格，但以疏松肥沃、排水良好的中性沙土或腐殖质土壤为好。

【薯蓣科】

23. 穿龙薯蓣 *Dioscorea nipponica* Makino

别名穿山龙、穿地龙、地龙骨、穿龙骨等。

野生于山坡、林缘和灌木丛林中。适应性较强。耐寒、耐旱，可耐 -40℃严寒。生长期最适温度为 15~25℃。生长初期要求 8~20℃的稍低气温；开花结果期的 20~28℃高温有提早开花和加速果实增长成熟的作用；休眠期则以较低的温度为适宜。对土壤条件要求不严格，在疏松、肥沃的沙质壤土中生长较好。土壤呈弱酸至弱碱性为宜，即 pH 值为 6.0~8.0。

第二节　林药间作类型

一、林药间作实例

(一) 落叶松间作细辛

1. 立地条件和应用范围　东北地区森林资源丰富，开展林药间作，既保护和开发了具有独特优势的高效益药材，又实现了经济、社会、环境、资源的相互协调。

2. 种植规格和模式　在间伐后的落叶松林内，割除灌、草，全面整地，顺山做床。床宽1.2m，床长10~20m，高20cm，两床间顺山步道宽0.5m，横山作业道宽1.0m。在床上栽植生长两年的细辛苗，株行距为18cm和24cm。夏季进行除草管理。

3. 栽培技术要点

(1) 选地　以透光度适宜、地势平坦、排水良好、土质肥沃的地块为佳。

(2) 整地　整地时割净底柴，再搂出石块等杂物。刨地深度视土层深浅而定，不要刨出老板底，一般深5~20cm。刨完头遍后再用耙子搂一遍，将草木根清出田外，搂平后再细刨一遍，将土中遗留的草木须根刨出，搂净搂平后即可做床。采用农田或园田地栽培细辛，要先把地翻一遍（深20~30cm），打碎土块，施猪粪2 000~3 000kg/667m^2，将粪肥翻入土中拌匀、搂平、整细，再做床。

(3) 播种　播种分撒播、条播、穴播和整果播4种方法。撒播法是在畦面上做成3cm左右深的畦槽，刮平槽底，将拌5倍细沙的鲜种均匀撒在做成的畦槽内，再用过筛腐殖土覆盖2cm厚，要求覆土均匀一致。撒播出苗均匀，每株有一定营养面积，有利

林地间作

于生长。但顶土能力弱，如遇土壤板结不易出苗，而且除草费工。适合在参后地及土质疏松肥沃的林下地播种。条播法是在畦面上按行距10cm横开沟，沟深3cm，每行播种120～150粒，种子间距1cm左右，覆土2cm。每帘约用种子250g。条播法适用于园田地育苗，种子较集中，易拱土出苗，便于松土除草，但产苗数量少。穴播法是在畦面上刨埯播种，行距9～12cm，穴距6cm，每穴播7～10粒种子，覆土2cm，其用种量接近条播法。整果播法是在畦面上刨埯将整果播下，行距9～12cm，埯距8～10cm，播后覆土2cm。整果播法浪费种子，每帘需种700g，用种21kg/667m^2。穴播和整果播法，顶土能力强，适合较板结土壤，但出苗密集在一起影响生长，根易扭结在一起，不易移栽，一般不采用。播种后，畦面上覆盖一层枯枝落叶或稻草，以保持水分，防止畦面板结和雨水冲刷。

（4）苗期管理　细辛播种后，当年只长根不出苗。翌年春天在4月初未出苗前，撤除覆盖物，使畦面通风透光，以提高地温，促进出苗。如遇春旱，可晚一点撤出覆盖物，或撤出后再用喷壶浇水，以助出苗。播后第二年，细辛小苗生长较弱，全年只有两片叶，因此，必须加强田间管理，经常松土除草。在越冬前有条件的地方可盖上一层猪圈粪，以利防寒保墒，又起到追肥作用。在林外育苗可用带叶树枝或旧参帘等搭棚遮阳。

（5）移栽　移栽细辛的时间一般分春、秋两季，即5月上中旬或10月上中旬进行。春栽在芽苞尚未萌动前，秋栽在越冬芽形成后进行。以秋栽为好。采用开沟条栽法，适合栽植人工培育的二三年生苗，在畦面上横向开10cm深沟，行距20cm，株距4～6cm，将根摆成扇形，舒展开，然后覆土4cm即可。随后床面覆盖落叶或稻草，保持土壤湿润不板结，又可防寒防冻。单位面积需用苗4万株/667m^2。如遇干旱可在覆土半小时后浇水，待水渗下后，再覆土到畦平。

（6）病虫害防治 生育期间防治细辛菌核病。可用50%多菌灵100倍液喷雾防治，每隔10d喷1次，连续喷2~3次；食叶害虫可用敌百虫粉剂防治，喷粉1 500~2 500g/667m^2；用胃毒剂与饵料配制毒饵，对地下害虫进行诱杀。

（7）采收 种子直播的东北细辛，一般3~5年收获入药。育苗移栽地块，3~4年收获。一般8月份采收。采收后，去净泥土，每10株1把在阴凉通风处阴干，不能水洗。

4. 经济效益分析 林药复合生态系统林地，所创利润是单纯人工落叶松林的129.1%。

5. 推广前景 林、药复合生态系统既保持了森林生态环境，又提高了林地光、热、水和土壤等自然资源的利用率。林区适合大力发展这种林、药复合生态系统，在增加经济效益的同时，又发挥了森林的防护作用及其他效能。

（二）阔叶林间作细辛

1. 立地条件和应用范围 辽宁省东部山区山高林密，野生药用植物种类繁多，素有"辽细辛"之称的道地中草药盛产于此地，更是细辛家族中的上品。为解决山多地少的生产实际问题，利用林下资源，结合成林抚育进行规范化栽培，取得了显著的经济效益和生态效益，其栽培模式在生产实践中得到了广泛地推广与应用。

2. 栽培技术要点

（1）严选地、细整地

① 选地 坡度小于20°，坡向以阴坡或东、西向半阴半阳坡为宜。抚育林选柞树、刺槐树、色树、花曲柳为主的阔叶林，透光度50%~60%，土壤富含腐殖质，土层稍厚。

② 整地 选地后清除杂草及小灌木，整地深度18cm左右，

刨地 3 遍以上，利于诱导杂草萌发并消除。顺坡向做床，床宽 1.2m，高 15~20cm，长度视地形而定，一般不超过 30m，中间留有 3~5m 植被串带，以防水土流失。作业道宽 40~50cm。

（2）培肥地力

① 基肥　播种或移栽前结合做床，每 $10m^2$（1 帘，下同）施厩肥 100kg、磷酸二铵 1kg 或过石（过磷酸石灰）4kg、草木灰 1kg，与床土拌匀后做床。

② 追肥　陈栽细辛于上冻前压盖头粪或绿肥，厚度 3cm，翌春拌入床内。三年生以下苗 5 月上旬每帘行间开沟追磷酸二铵 1kg、尿素 1kg。高龄细辛（四年生以上）每帘撒磷酸二铵 2kg 于床面上，并结合松土拌入床内。

③ 叶面喷肥　展叶后至结果期喷施 0.3% 的磷酸二氢钾、富尔 655、乐得营养液 3 次。

（3）培育壮苗，合理密植

① 种子处理　成熟种子采收后堆放 2~3d，搓碎果皮、洗净果肉，稍晾至散落即可播种。如较长时间不播，可沙藏，种、沙按 1:3 比例混拌，藏于地窖内阴凉处，但必须在 8 月末前播完，否则会降低发芽率。

② 播种　采用宽幅条播，播幅宽 6cm、行距 6cm，覆土 1~1.5cm，播量不少于 $10kg/667m^2$，用辛硫磷药剂拌种，以防蚁灭虫。

③ 栽植　以选二年生苗为宜，按行距 20cm、株距 8cm 横开沟，每穴双株，覆土 4~5cm，株数不低于 4 万株$/667m^2$。移栽以秋栽为主，春栽为辅。

（4）精细管理

① 覆盖　播种或移栽后都要盖青稞子，盖严盖实，封冻前上防寒土，预防冻拔和风干冻。早春及时撤防寒物并松土，以提

高地温。

② 培土　陈栽细辛要压腐殖土或盖头粪 3cm 厚，翌春结合松土拌入床内。

③ 覆盖落叶　早春松土、除草、追肥后，床面用半腐熟阔叶树叶覆盖，盖严盖实，以保墒情，防止雨水冲刷。

④ 灌水　细辛是需水量较大的植物，春、秋土壤干旱时，有条件的应及时浇水，一次浇透。

（5）防病灭虫

① 农业措施　通过选留无病种栽及种子，及时清理园内病残体，尽可能减少田间农事操作次数等综合措施，防止病原传播。

② 病害防治　细辛一生的主要病害为菌核病和黑斑病，危害严重。菌核病的防治分 3 个阶段进行。移栽前种苗消毒，用药剂浸泡种苗 2~4h；春季揭覆盖物后，小苗出土前进行床面消毒；秋季 9 月份也要进行床面消毒，以防秋芽感病。另外，在生长期内发现中心病株要及时挖出并灌根处理。药剂防治可用速克灵 + 扑海因 + 菌核净 500~800 倍液。黑斑病的防治在 5 月中旬至 6 月末，选用世高、代森锰锌、斑病除等药剂交替喷施，每隔 6~7d 喷施 1 次，遇雨补喷。

③ 防虫　结合松土，每帘拌入 0.1kg 辛硫磷或用 1:20 毒谷防治地下害虫。喷 800 倍液敌百虫防黑毛虫。

（三）红松、人参、桔梗间作

1. 立地条件和应用范围　吉林省辉南森林经营局 1990 年秋在榆树岔林场和爱林林场利用参后还林地栽培桔梗进行了尝试，取得了可喜的成果。红松、人参、桔梗间作，是指在将要作货的人参畦两侧栽上红松，当人参作货起出后栽种桔梗。以下以桔梗的栽培为例。

2. 栽培技术要点

(1) 选地、整地　播种地块一般选择温暖湿润、土壤肥沃(沙质壤土)、排水良好、坡度为 5°~15°的向阳坡,当年起参后的还林地(最好靠近水源)。然后做畦翻土,畦随参床面而定,作业道用原来的作业道。若个别地段的床土瘠薄可施入底肥,以腐熟的猪圈粪为佳,每平方米半土筐粪。

(2) 选种　自然生长的桔梗种量少。购进的优良品种要做发芽试验。发芽率在 70%以上方可播种,播量为 $1kg/667m^2$。根据该地区气候条件,采用秋季直播,在秋季起参后的 20~30d 进行播种。

(3) 播种及田间管理　在整理好的畦面上开横沟,行距 20cm,沟深 1~1.5cm,用 10 倍于种量的细沙土拌种,然后均匀地撒到沟里,覆土厚 0.5~1cm,轻轻镇压,以保墒。桔梗的田间管理较粗放,当幼苗出土后长到 3cm 和 10cm 左右时进行两次除草。间苗、定苗后,株距保持在 8~10cm 为佳。

(4) 桔梗的收获　人工栽培桔梗生长快,周期短,成熟期为两年。起货时间最好选在 9 月上旬(因为这时起货既好扒皮又不耽误灌溉)。然后置通风干燥处晾晒干。一般每 $0.66hm^2$ 可得干货 300kg 左右。为了保证能长期稳定的生产,可在起货前采集种籽,起货后将种籽直接播种下地。

3. 经济效益分析　人参单产 $1.55kg/m^2$,质地坚实;红松成活率为 98%,保苗率 91%,长势良好。桔梗总投入 2 150.6 元,其中整地播种费 402 元,除草用工 748.6 元,管理费 300 元,种籽和其他消费 700 元。共起作货干品 1 287kg,产值 2 722 元,投入与产出比为 1:3.6。如果利用参后还林地栽培桔梗两年,可获利最少 2.5 万元$/hm^2$。

4. 推广前景　红松、人参、桔梗间作大有可为。实践表明:

一是不浪费土地资源，缩短树木生长周期；二是因地就简，合理利用，节省费用支出；三是参后地肥效高，土壤疏松，利于桔梗的生长。参后还林地种桔梗比荒地直播桔梗的产量要高一倍以上；四是方便管理，每年只需两次除草，连桔梗带幼树，既加速了苗木生长，节省劳力开支，又增加了土地的综合利用能力；五是可防止水土流失，增强了土壤的保墒能力，以确保苗木的正常生长，可谓一举多得。

（四）成龄林间作魔芋

1. 立地条件和应用范围 湖北省当阳市郭家场林场 $533.3hm^2$ 的山林，成熟龄林超过 $100hm^2$。结合魔芋耐阴喜肥、高产高效、市场开发前景广阔的特点，采取成龄林间作魔芋模式，实现了资源保护与经济发展双赢。

2. 栽培技术要点

（1）地块选择　海拔 500~800m 的中低山区，东晒偏西阴，房前屋后的果园，或靠山通风透气好，有一定水源（便于抗旱）的地块可选用。海拔在 800m 以上的高山区，适宜在林间空隙中进行聚土垄作栽植。

（2）土壤选择　含铁量高的山谷，选用钾肥含量较高、疏松的土壤，最好是石骨泥（主要是通风透气好），土层较深的偏坡地。不宜选择大黄泥（板结，黏性较大，魔芋不宜生长）等土壤。

（3）整地　一般在播种前，深挖 0.75m 左右（不足 0.75m 的土壤，移土保证 0.75m，土层较薄的地块搞聚土垄作）；林间套作采取铲地卷皮（树叶、表皮肥土壤）垄作，垄厢在 1m 左右宽，最低保持 0.75m 深的垄厢。

（4）施肥　施足底肥是魔芋块茎膨大的关键。底肥最好是牛肥和地卷皮或农作物秸秆堆放通过一段时间腐烂后，在播种前按 3~4t/667m² 混施于土壤中。

(5) 播前消毒

① 土壤的消毒　播前一个月，施优质生石灰 75kg/667m²，均匀撒施、深翻熟化。

② 种子消毒　一是在播前将种子在阳光下暴晒；二是用农用链霉素，用 1 000 万单位的农用链霉素两袋加水 60kg。浸泡半小时，晾干栽植。

(6) 适时播种　播种的最佳季节应选择在春季。播种密度应根据种芋的大小而定，同时应分龄栽植，便于管理。栽植的深度，块茎的表层土壤应保持到块茎茎身一半为宜。栽种时施腐熟农家肥 1~1.5t/667m²，播种后切记不宜人、畜踩踏。

3. 经济效益分析　75kg 魔芋种子在林下空地进行套种试验，当年就受益。预计 3~5 年内，全场可全面推广成龄林林下间作魔芋等作物，每年可为林场带来直接经济效益 10 万余元，林地效益将成倍增长，林场的经济效益和社会效益也将全面凸现。

(五) 林参间作

1. 立地条件和应用范围　吉林省长白县平均海拔 1 443m，平均最高气温为 32.5℃，最低气温为 -36.6℃，属温带大陆性气候，具有一定的海洋性气候湿润的特点。这种独特的地理环境和气候特点造成了昼夜温差大，光照时间长，紫外线通透度大等现象，利于人参的干物质积累和蛋白质的合成。大部分地方的植被分布呈针、阔叶混交林，在参地还林时所选用的树种多为落叶松、樟子松、水曲柳、红松、红皮云杉、紫椴和黄菠萝等 12 种。用这些树种进行合理混交，能适应当地的自然条件，使其迅速生长成林。

2. 选地　栽培人参的地方，一般选择在缓坡、气候湿润、土壤腐殖质含量高、排水良好、渗透力强、土壤疏松肥沃，A层达16cm以上、全土层厚达50cm以上的地方，林地生产力得分较高，立地等级在Ⅱ级以上。

人参地经过全面细致整地，在种参时除了施底肥，还要追肥。处于交通方便的地方，利于集约经营。

3. 栽培技术要点

（1）栽植方法及技术要求

① 栽植方法　一般要求在春季种参和参换床同时栽植，采用窄缝栽植法。

植苗时把苗木栽植在参床两侧坡面1/2处，这样可以保证苗木在人参防寒和撒防寒土时不至于被土埋上，又能够得到充足的营养面积。行距可按床距，株距要按植苗密度来确定。但栽植点不能紧靠柱脚，因为不仅柱脚腐烂后苗木易感染病虫害，影响苗木的成活和生长，而且紧靠柱脚，柱脚摇动易透风，撤柱脚时又易损伤苗木。所以，栽植点落在柱脚附近时，可前后调整株距，离开柱脚10~15cm即可。

② 技术要求及管理要求　林参间作时要及时除草、松土、培土、踏实。在人参管理时，要注意保护苗木，防止碰伤苗木和土埋压苗木。起参或撤棚架子时，严防损伤苗木，要及时对苗木培土扶正，保证苗木正常的生长。起参后，要对参地进行平整，平整时要注意保护苗木根部，防止根系裸露，避免水土流失。对病虫害要高度重视，做好预测预报工作，早发现早防治，以防为主，积极采取防治措施。林参间作时，起参后，在不影响苗木生长的同时，还可以利用参地有利的立地条件，在其中种粮种菜，达到多种利用的效果，最大程度发挥参地的有利立地条件。

（2）整地　土壤是实现林参双丰收的先决条件，林参间作必须进行全面细致的整地，这是常规造林很难办到的。参床厚度要达到 35~45cm，虽然作业道较瘠薄，但植树点在参床两边侧坡的 1/2 处，这里土壤疏松、土层深厚、通气良好、水分充足、极利于幼树苗生长。秋天种植人参，翌年春季栽树，在时间上可使林参生产两不误，同时还利于植树穴水分和养分的贮存。

（3）良种壮苗　间作所需用的是落叶松、樟子松、红松等松类苗木。自采种子培育时，首先是选松塔，选充实饱满的松塔，然后将塔尖、底塔部的瘪子去掉，将选出的种子，再用水漂洗法精选一遍，经雪藏后再进行播种。水曲柳、黄菠萝也是自采的乡土树种，其种子充实，幼苗易成活、适应性强。生长两年时再精心选苗木，去除病弱苗和受伤苗木。

（4）合理混交　参床两侧植树时采取带状混交的方式，一般为针叶树种 6 行、阔叶树种 4 行。林参间作树种的比例大都是长白落叶松占 35%、樟子松占 35%、水曲柳占 9%、红松占 8%、红皮云杉占 7%、紫椴和黄菠萝等占 6%。

（5）栽植与管理　林木初植密度最低要达到 333 株/667m^2，即行距 2m，株距 1m。7~10 年林木郁闭后，开始清林整理，17~18 年再依法申请适当间伐。人参栽植要保证质量。要求栽正，不漏根，不悬空，不卷根，根系舒展，踏实不透风，深浅要适宜。一般要求埋土高出苗木地表 1~2cm，株距要均匀，成行成线，便于管理。在人参管理时，要注意保护苗木，防止碰伤苗木和土埋压苗木。起参或撤棚架子时，严防损伤苗木，要及时对苗木培土扶正，保证苗木正常的生长。起参后，要对参地进行平整，平整时要注意保护苗木根部，防止根系裸露，避免水土流失。

注意合理追肥。人参的生长对土壤养分的消耗较大，在对人参施肥的过程中要兼顾两侧树木的营养情况，要适时进行土壤养分的化验测试，本着"缺什么补什么"的原则，尽量达到土壤养分的平衡。在人参生长期可偏重于人参对养分的需求,人参采收后(人参床使用期大都3~5年),再对所营造的树木进行追肥。在施肥过程中,应注意施肥点与树根要有一定距离。

(6)防治病虫害　在起参还林后,落叶松毛虫对落叶松的生长危害最大,发生较为普遍,易发生在背风、向阳,郁闭度0.6左右、林龄在10年以上、面积较大且连片的人工纯林内。落叶松毛虫越冬幼虫大都在每年4~5月份开始活动、上树为害,6~7月在树上结茧化蛹,7~8月羽化成虫。因此,应积极营造针阔混交林,不至于造成成片灾害。如果面积小,虫口密度大,劳动力充足,可组织人力在5~6月份防治幼虫;6~7月份上树采茧取蛹;也可在5~6月或8~9月施放杀虫烟剂毒杀幼虫,或采用集团型黑光灯诱杀落叶松毛虫。

4. 经济效益分析　林参间作既可使成片的低产残次林、灌木丛逐步改造成优质工程林,又可为子孙后代创建一个美好的绿色环境,同时也为人参产业的发展提供大量原料,并可取得可观的经济效益、社会效益及生态效益。

(六)杉木间作菊花

1. 立地条件和应用范围　湖北省宜昌市夷陵区西陵峡,周边的基岩为花岗岩,山高坡陡,水土流失严重。2001年实施退耕还林以来,夷陵区在该重点地区营造了大面积的杉木生态林。近几年,在花岗岩风化地区的退耕造林地中间作栽培药用菊花获得成功,林药间作逐渐成为该区域退耕农民增加收入的一个新途径。

2. 种植规格及模式　在退耕造林地中间作菊花,采用边整地边栽植的方法。沿等高线水平方向放线,行距40cm,株距20cm,杉木幼林每个行间栽植菊花7行,两边距带状杉木各30cm。菊花移栽前即放线时一并清除杂草。挖穴规格6cm×

6cm×6cm。

3. 栽培技术要点

（1）杉木栽培　沿等高线水平方向带状栽植杉木，株距2m，行距3m，栽杉木1 665株/hm^2。挖穴规格30cm×30cm×40cm。杉木采用一年生健壮、无病虫害苗木，栽植深度以埋土线超过苗木原土印1~2cm为宜，踏实压紧，冬春抢墒造林，可免浇定根水。

（2）菊花栽培

① 苗木繁殖　苗木繁育采用扦插育苗。4~5月选择粗壮、无病害的新枝作插条。取其中段，剪成10~15cm的小段，用植物激素处理插条，然后将插条插入苗床，行距20~25cm，株距6~7cm，压实浇水，约20d即可发根。每隔1个月追施1次人、畜粪水。苗高20cm时即出圃移栽。菊花的最大特点是它的根茎部分在气温<-24℃时不会冻死，而且春季发芽特别早，所以育苗时可利用它的这一特点。往年的老蔸在春季发芽长出枝条到50~60cm时，剪下嫩枝条进行扦插。一般1个老蔸发芽的新枝条可扦插繁殖30~50株幼苗，当年扦插，当年移栽。

② 移栽　扦插苗于5~6月移栽。选阴天或雨后或晴天的傍晚进行。在整好的畦面上，每穴栽1株，栽后覆土压紧，抢墒定植，可免浇定根水。

③ 田间管理

A. 除草　菊苗移栽成活后，到现蕾前要进行4~5次除草。每次除草宜浅不宜深，同时要进行培土，防止菊苗倒伏。

B. 追肥　菊花喜肥。结合整地施用腐熟厩肥30~37.5t/hm^2，或饼肥1 500kg/hm^{2}作基肥。除施足基肥外，生长期还应进行3~5次追肥。第一次菊花栽种后即施入作为活苗肥，其他次结合摘顶后进行。每次1 500~2 250kg/hm^{2}人粪尿，加水稀施，并可适当加施尿素，100kg 人粪尿配施 0.5kg 尿素；第二次在植株分枝时，施饼肥和人粪尿；第三次在 8 月底至 9 月初菊花孕蕾时，追施 15t/hm^2 家畜粪或 N、P、K 复合肥 375kg/hm^2；第四次在 10 月现蕾时，以 P、K 为主施 1 次叶面肥。

C. 摘蕾 菊花分枝后，在小满节气前后，当苗高 25cm 时，进行第一次摘心，选晴天摘去顶心 1~2cm。以后每隔半个月摘心一次。在大暑后停止摘心，否则分枝过多，营养不良，花头变得细小，影响菊花的产量和质量。

④ 病虫害防治 菊花病害以叶枯病、根腐病、霜霉病、褐斑病等为主；虫害以菊蚜虫、蛴螬、地老虎等为主。在多雨季节，菊花易发生全株叶片枯萎，根系霉烂，并有根际线虫，严重影响菊花的生长。防治方法为移栽前用呋喃丹处理菊苗和栽种穴，可避免烂根。另外，发现病株及时拔除。雨季及时排除田间积水。其他病虫害按常规方法防治。

⑤ 采收加工 一般于霜降至立冬采收。以花心散开 2/3 时为采收适期。采收菊花要选择晴天。采收后及时加工，防止腐烂、变色。

A. 采收 采收时期为 10 月下旬至 11 月底。当菊花植株顶部头状花序的中心小花 70% 散开时，开始采收花朵。选择晴天露水干后采收，不采露水花和雨水花。在湖北宜昌，一般分 3 次采收。第一次在 10 月下旬或 11 月上旬，称头花，之后每隔 6~7d 将达标花采下，直至采摘完毕。采花时将好花、次花分开放置，注意保持花形完整，剔除泥花、虫花、病花，不夹带杂物。采用清洁、通风良好的竹编筐篓等容器盛装鲜花，采收后及时运抵干制加工场所，保持环境清洁，防止菊花变质和混入有毒、有害物质。

B. 干制加工 加工场所应宽敞、干净、无污染源。加工期间不应存放其他杂物,要有阻止家禽、家畜及宠物出入加工场所的设施。允许使用竹子、藤条、无异味木材等天然材料和不锈钢、铁制材料、食品级塑料制成的器具和工具,所有器具要清洗干净后使用。塑料器具不能在烘制加工时使用。加工过程中保持菊花不直接与地面接触。加工、包装场所禁止吸烟和随地吐痰。加工干制采用天然、机械等物理方法,不得在加工过程中添加化学添加剂,不得用硫磺熏制。

4. 经济效益分析 菊花根系特别发达且分蘖能力强,植株生长快,在退耕造林地栽植后能迅速覆盖造林地行间空地,有效遏制水土流失,取得良好的生态效益。菊花栽植后当年即可受益,年产干花 $3\sim3.75t/hm^2$,年产值可达6万元$/hm^2$以上,其中茶厂加工 $3\sim3.75t/hm^2$ 干菊花的费用在2万元$/hm^2$左右。

5. 推广前景 林菊间作模式既可充分发挥林间前两年的土地资源,产生良好社会、生态、经济效益,同时,菊花的种植管理又为树木提供了肥水供应,消除杂草等良好的生长条件,且翌年会萌生大量菊花苗,在售苗或间苗后,菊花产量依然不低,仍可有较好的收益。一举数得是一个很好的林药种植模式。

(七)杉木、柳杉与黄连间作

1. 立地条件和应用范围 四川盆地西缘什邡县云华乡黄连坡,海拔1 665m,平均气温10℃,年均降水量1 250mm,无霜期215d,相对湿度85%,土壤为泥质岩石山地黄棕壤,pH值5.9。实现了杉木、柳杉间作黄连。

2. 种植规格及模式 杉木造林不少于4 950株$/hm^2$,一般选用二年生壮苗。4月份可移栽黄连苗,7~8月高温季节停止移栽,立秋至处暑是最佳移栽时节。一般选用"一年青连秧",即头一年播种的黄连苗。移植黄连苗 6.0×10^5 株$/hm^2$ 左右,株行距各约10cm。

3. 栽培技术要点

（1）选地　人造杉林地，以树冠接连、树高 3.3m 左右为度。坡度在 20°～25°。以选腐殖质深厚、富含有机质、上松下实的土壤为佳，不宜选黏重的死黄泥、白鳝泥土。

（2）整理阴棚　人工培育的杉木林，应选幼林地，基本上达到树枝相连即可。有的地方若出现天窗，只需用树枝插于黄连四周即可起到遮阳作用。

（3）整地做畦　整地之前，用木耙把表土上的残枝、落叶、石块耙出林外，林内竹根、小树根以及茅草根要除净，要注意挖时对树根不能伤得太狠，切忌深挖。对于人工培育的杉林只要浅挖 1 次，拣去杂草根和石块，树周围缺土的还要培土，不能让根露在外面。下一步开沟做畦，自上而下开直沟，沟宽 23cm、深 10cm，沟底的泥土提放在两边畦上。

（4）移栽　移植前施足底肥，林下栽的黄连应选 12 片叶以上的二年生秧苗。

（5）田间管理

① 拔草追肥　畦面保持无杂草，做到除早除小。栽后第一年、第二年以施 N 肥为主，后期以施 P、K 肥为主。

② 培土上泥　当黄连苗成活后，用饼粕肥 $25kg/667m^2$ 拌熏火土薄薄地撒一层于畦面上。秋后结合施牛、马粪拌一些细土撒于畦面，以后几年的每年夏秋季视其情况各上泥培土一层。

③ 拣枯枝落叶　每年秋、春季将凋落的树叶仔细扒到黄连的株行距中间，上面撒少许泥土。

④ 削枝间伐　黄连栽后第一年只需透光 20%～25%；第二、第三年需透光 35%～40%；第四年透光需增加到 60% 左右；第五年全部亮棚以促进地下干物质的积累，这样就需要逐年削枝。在头二三年，削除部分树枝不会对树木生长有影响，第四年削枝

要增多。人工培育的杉木林可根据林业技术规程，结合杉木林生长情况进行适当间伐、削枝，间伐时间应在林木停止生长、黄连尚未打苞发芽时进行，一般以在冬季进行为宜。

4. 经济效益分析 杉木与黄连间作既提高了土地及光能利用率，又改变了因树种单一而过分消耗地力的状况。过去连续营造杉木林，地力衰减问题一直未得到解决。而杉—连间作，以耕代抚，降低了育林费，对黄连施肥，有利于林木生长，可取得明显的经济效益和生态效益。1988年云华乡板坪村全村仅黄连产值即达15万元。黄连每年还产鲜叶 $1.5 \times 10^4 \mathrm{kg/hm^2}$，沤制了大量的有机肥料。在相当的自然条件下，造林栽连比搭棚栽连能节省木材 $52.5 \mathrm{m^3/hm^2}$ 以上，省工28.7%，从而降低了成本。

5. 推广前景 中国的杉木、黄连人工林药复合生态系统与日本的人工柳杉林间栽黄连相比，具有育秧快，黄连生产周期短及单位面积产量高等优点。在中国适宜栽培杉木、黄连的地区广泛，其生长发育需要的生态环境条件也大致相同，既可在现有林中间种，也可在新造林地种植，发展黄连与林业生产相互促进，而且杉木、柳杉、黄连的栽培、经营管理技术均较简单，同时对于绿化荒山、保护和发展森林资源、治理山地水土流失、保持生态平衡均有重要的意义和作用。所以，杉木黄连、柳杉黄连以及杜仲黄连或具有其他结构和功能的混农林业复合生态系统，都可以在中国适宜的地区大力推广。

（八）退耕林地间作金银花

1. 立地条件和应用范围 宁夏西吉县套子湾流域历年退耕林地上可间作金银花。该地区海拔高度2 000m以上。年平均气温5.3℃，≥10℃积温1 823.7℃，无霜期133d，年平均降水量427.9mm。土壤为湘黄土，属于典型的黄土丘陵干旱地区土壤类型。该区山多坡陡，水土流失严重，自然灾害频繁，林木覆盖度极低。

可选用"大毛花"、"鸡爪花"两个金银花品种进行林药间作。它们具有易成活、抗干旱、耐瘠薄、抗逆性强、生长旺盛、枝条粗壮、丰产性强等特点。

2. 种植规格和模式 面积共约 245.3 hm^2，整地方式为 "16543" 集流水平沟方式。按树、草种的不同混交方式可分为四类。一是水平沟内栽植山毛桃，隔坡种植紫花苜蓿；二是水平沟内栽植山毛桃，隔坡为空地；三是水平沟内栽植山杏和沙棘，隔坡为紫花苜蓿；四是水平沟内栽植山杏和沙棘，隔坡为空地。金银花间作部位在隔坡，不同模式的间作情况见表 5-1。

表 5-1 退耕林地金银花间作方式

模式	面积($667m^2$)	树种	株行距(m)	草种	株行距(m)	间作方式
I	1 240	山毛桃	1×4	紫花苜蓿	1×4	灌+草+金银花
II	804	山毛桃	1×4	/	1×2	灌+金银花
III	780	山杏×沙棘	2×4	紫花苜蓿	1×4	乔、灌+草+金银花
IV	854	山杏×沙棘	2×4	/	1×2	乔、灌+金银花

3. 栽植技术要点

(1) 栽植技术 一般多在 4 月上旬，结合退耕林地补植补造同时进行金银花栽植。采用"三埋二踩一提苗"的栽植方法。栽植深度以埋住根茎界以上 5cm 为宜。栽前用泥浆蘸根，栽后要截杆，长度以 10~15cm 为宜。隔坡种植紫花苜蓿的地块，间作的金银花株行距采取 1m×4m，167 穴/$667m^2$，每穴 3~4 株；隔坡为空地的，金银花株行距为 1m×2m，334 穴/$667m^2$，每穴 3~4 株。

(2) 水肥管理 每年进行 1~2 次松土锄草，维修水平沟埂，可提高退耕地的集流量，提高土壤湿度，起到保墒作用。

每年可进行两次施肥,第一次施肥在4月初,为春施催芽肥,以化肥为主,$10kg/667m^2$;第二次施肥在秋后,以农家肥为主,$500kg/667m^2$。

(3) 松土除草　对表土进行深翻,松土深度为20~25cm。结合深翻清除当年杂草,原则上要求拍碎土块,并整平耱实,拾净杂草根茎。每年在6~9月进行两次。

(4) 整形修剪　每年修剪2~3次。冬春修剪时,将老的干枝和地面蔓生的不开花或少开花枝条剪去,培养直立的"伞形"树形,对内膛枝过密的要疏剪,清除徒长枝,使其通风透光,对年久未修剪的老花墩平茬短截,留杆长度25cm,促其发新枝,以利于培养造形;夏季修剪从5月底开始,把花墩当年生长的旺枝剪去1/3或1/2,促其2次发新梢,延长花针的采收期。西吉县由于气候冷凉,周年两次修剪适合当地的气候特点,如进行3次修剪,花枝过冬易风干。

(5) 虫害和兽害防治　金银花的主要虫害是蚜虫。春末夏初抽枝发叶期,花蕾未出,是防治蚜虫的最佳时期,可用40%氧化乐果乳油1 000~2 000倍液喷雾防治;鼠、兔防治可采用人工和药物相结合的防治方法。

(6) 采收晾晒　金银花的采收时间在5月底至6月初。头花采收量占全年采收量的70%左右,以后隔月采摘2~3次。花蕾呈绿白色、花苞即将开放时为采收适期,要立即采摘。

要及时把采摘的金银花摊在场地晾晒,厚度为2cm左右。在晾晒过程中应尽量少翻动,以免发黑。有条件的可用烘箱烘干,晾晒(烘干)到八成时即可打包分装,并做一些简单的初加工。

4. 经济效益分析　金银花的经济价值主要体现在市场价值、药用价值、保健价值3个方面。在《神农本草经》上,将金银花列为上品,有"久服轻身,长年益寿"之说。金银花的系列保健品近年发展很快,涉及饮料、花茶、化妆品、保健酒类,深受消费者的亲睐。西吉县在退耕林地间作金银花试验,采取林草药复合模式,取得显著的经济效益(表5-2)。金银花间作当年无明显收入,从第二年开始,金银花的收入为352元/667m^2,投入产出比为1:4;第三年收入为1 138元/667m^2,投入产出比为1:12,是第二年的3倍多。可见,金银花进入盛花期后,经济效益相当可观。

表5-2 退耕林地间作金银花的经济效益概算

项目 年度	投入(元/667m^2)						收入(元/667m^2)			
	种苗	农家肥	化肥	农药	人工费	合计	干花	干枝	干叶	合计
2004	24	50	20	5	20	119				
2005		50	20	5	10	85	320	80	8	408
2006		50	20	5	30	105	1 080	120	16	1 216

注:种苗费0.07元/株,农家肥0.1元/kg,化肥2.0元/kg,干花40元/kg,干枝4元/kg,干叶0.8元/kg。

5. 推广前景 金银花为多年生常绿灌木,具有水土保持和医疗保健的双重作用。通过在退耕林地间作金银花试验,证明金银花适合宁南黄土丘陵干旱区的环境条件,所产生的生态效益和经济效益显著。所以,在退耕林地间作金银花对退耕还林后续产业的可持续发展能起到积极推动作用,具有较大的应用推广前景。

(九)农田防护林与黄芩等药材间作

1. 间作、套作、轮作

(1)间作 落叶松、杨树处于幼林时,可将林带空闲垄整好播种黄芩。树高5m左右后可间作水飞蓟、牛蒡子、草木樨。树高8m以上,可与五味子等间作。

(2)套作 在间作的基础上,选择红花、桔梗、知母、草木樨,种植在树行里两棵树之间。

(3) 轮作 经过一个生产周期后,调换前茬可提高产量并利于药用植物生长。下茬可选用红景天、龙胆草、桔梗、红花、草木樨等。

2. 栽培管理技术

(1) 选地 选择农田林及路旁杨树和落叶松树种。以树高 1~3m、林带宽 5~10m、1~4 年的新造林为宜。老林地和低洼地不宜种植药材。林带走向,以南北为好。

(2) 整地 一般以秋整地为好。清除林间杂草及草籽。有条件的可翻耕林地空闲垄(指树行间距)。深翻 20cm,做垄 70cm,施农家肥 2 000kg/667m^2,一般不用化肥。

(3) 栽培技术 间作的药用植物可用种籽直播。5 月 1 日前后,天旱时,可在整好的林地垄面上浇水,下渗后再播种。在垄上开 13cm 宽,深 2cm 的浅沟,按 10cm 宽条播两行,将种籽均匀撒入沟内,覆土 1cm,搂平后放木板轻加压,保持畦面或垄面湿润。

(4) 田间管理 播种后,苗高 3~5cm 时,浅锄表土疏松垄面。间苗时按株距 10cm 左右留苗。结合二遍锄草适当追施农家肥,根部培土两遍。要保持田间无杂草。旱时要浇水,雨季及时排除积水。不收种子的要在开花期去掉花蕾,以保证根部药用质量;收种子的要及时随熟随采收。

(5) 病虫害防治 根腐病发病初期用 50% 多菌灵可湿性粉剂 1 000 倍液喷雾,间隔 7d 喷 1 次,连喷 3 次。对于地老虎和蛴螬等害虫,可用敌百虫粉 0.5kg,炒香的麦麸子 50kg,拌好后放到发生虫害的地块,进行毒饵诱杀。

(6) 收获加工 对于间作 2~3 年的黄芩,春、秋两季可采收。刨出全根,去掉茎叶、须根、泥土,晒干捆成小把,即可入药。质量以质坚，条粗，内色黄者为佳。

(十) 林地间作半夏

1. 繁殖技术 半夏一般用地下球茎和珠芽繁殖，也可用种子繁殖。

(1) 球茎繁殖 寒露前后采挖球茎时，选择较小的作种。用湿土埋藏在阴凉通风处，到翌年清明前后，按行株距 10cm×6cm 移栽于大田中。移栽深度 3cm 即可。地温 15~20℃ 条件下，半个月可出苗。用种球 40~50kg/667m^2。

(2) 珠芽繁殖 夏秋间，当地上部分枯萎后，叶梗下的珠芽恰好长成，即可采下作种。按 6~8cm 开穴，穴播 2 个，覆土 3cm，稍压实，施入适量的 P、K 肥，保持干湿适宜。珠芽繁殖是当前半夏繁殖的主要方法，发芽可靠，成熟期早。

(3) 种子繁殖 在清明前后整地做畦，按 8~10cm 的行距，把种子播于畦内，覆土 2cm 左右，踏实后再浇水，使种子均匀着地，上盖麦草或稻草，保持湿润。出苗后揭去草。用种 1.5kg/667m^2 左右。

2. 栽培技术

(1) 选地整地 半夏根系较短，喜肥，以富含腐殖质的沙质壤土种植为好。翻耕土地前，施腐熟的有机肥 2 000kg/667m^2、三元复合肥 50kg/667m^2 作基肥，深翻 20cm，耙细整平，做 1.2m 宽的高畦。

(2) 科学施肥 施肥应以重施底肥，巧施追肥，常施根外肥为原则。一是重施底肥。整地时施 N、P、K 三元复合肥 50kg/667m^2，人、畜粪 2 000~3 000kg/667m^2；二是巧施追肥。在 6 月上旬或中旬进行第一次追肥。追施尿素 5.0~7.5kg/667m^2，并施圈肥 500~1 000kg/667m^2，施肥后培土。7 月份进行第二次追肥，并摘除花蕾；三是常施根外肥。每隔 15~20d，根外喷施一次磷酸二氢钾等叶面肥，以促进块茎和珠芽膨大。

（3）合理浇水　半夏喜湿，若水分不足，湿度不够，易出现枯苗现象，对产量影响极大。尤其在 5~9 月，要及时浇水，保持土壤湿润，促进块茎生长。

（4）及时除草　苗出齐后，应及时清除杂草。行间浅锄，深度不能超过 3cm。对于株间杂草可人工拔除。

3. 病虫害防治　病害主要有叶斑病、病毒病以及块茎腐烂病，可用多菌灵、百菌清等防治，并在干旱时注意遮阳浇水，雨季时应注意排水，以免积水引起块茎腐烂。虫害主要为红天蛾和青虫，可用杀虫剂防治，也可以人工捕捉。

4. 采收及加工　用块茎和珠芽繁殖的半夏，可于当年或翌年采收。用种子繁殖的，则需在 3~4 年后采收。一般于 9~10 月半夏地上植株枯萎后挖出块茎，洗净，搓去外皮，晒干即可。鲜、湿半夏有剧毒，加工时要特别小心，如用手接触过多，发生中毒现象时，最好使用生姜水涂抹，2d 后症状可自行消失。

（十一）林地间作南五加

1. 林地选择　应选择海拔 800m 左右、阳光充足、排水良好及地下水位较低、已造林两年的林地种植。土壤以肥沃的夹沙壤土或泥沙土为好。在山坡退耕地整地时，造梯垦复、带状垦复或穴状垦复均可，忌全垦整地，以免造成水土流失。

2. 繁殖

（1）分株繁殖　南五加植株地下茎发达，茎周围每年萌生幼株。在定植时选生长健壮、无病虫害的丛生植株，剪开分蘖株，选取 50cm 以上的植株作为定植苗栽植。这种方法成活率高，生长快，种植 3 年即可采收五加皮。

（2）扦插繁殖　选无病虫害、组织充实、粗 0.5~1cm，青褐色主杆，剪取 15~20cm 具 2~3 个芽节的插条扦插。插条上端剪成平口，下端剪成楔尖形，近节处下剪较易生根。把剪好的插条放在阴凉处，暂时浸入清水中或用湿草、湿布覆盖保温。若翌日扦插，则应埋入湿沙中，用时取出。扦插前用1gABT生根粉加95%酒精0.5kg溶解，再加0.5kg蒸馏水（或凉开水）配成1kg（1 000mg/kg）原液，然后再稀释到100mg/kg，浸条2~8h。1g生根粉可处理插条3 000~5 000根。配制原液和稀释时，忌用金属容器。插床要用清洁的细沙，铺30cm厚，按株行距6cm×15cm斜插，插条入沙2/3，浇水至湿透为止。上盖塑料薄膜，保温、保湿，促生根。

（3）定植　3月份选取健壮、无病虫害、50cm以上的分株繁殖苗或扦插繁殖苗进行定植。挖苗时尽量带土，若远距离定植，需用塘泥或泥浆蘸根。定植时用ABT生根粉处理可促进生根，提高成活率。定植时要离树1m。栽植时，理直苗根，填细土入根隙，再把苗轻轻上提，使根系舒展，再填土压实。穴表要低于地面0.5cm，并浇定根水。天旱时，需用草覆盖穴面。单位面积林地间作南五加300蔸/667m^2，每蔸植苗1~3株。

3. 田间管理　南五加生长期间要经常松土除草，每年4~5次。雨后及时松土，以保持表土疏松，地内无杂草。南五加喜肥，幼苗定植20d要施稀人粪尿一次，以后每半月或每月施用一次，半年后，每隔2~3月施用一次。施用猪牛粪肥时应充分沤熟，否则易造成虫害。不得施用化肥和农药，确保按GAP栽培技术规范种植，生产有机五加皮。

4. 采收加工　夏、秋季均可采收。采收时，挖取根后，除去须根、泥土及地上部分，立即用刀剥皮或趁鲜时用木棒敲砸，使其皮与木部脱离，抽出木部，洗净后晒干，放干燥处贮存。采收时留幼株，并保留部分根茎留存在土内。

二、果药间作实例

(一) 仁用杏间作黄芩、丹参、板蓝根

1. 立地条件和应用范围 河南省洛阳地区适宜造林的土地面积广阔，且土壤中的 K 含量高，达到 100mg/kg。仁用杏属于喜钾植物，适于在此地区生长。此种果树具有耐寒、喜光、耐瘠薄的特点，适合在半干旱少雨的丘陵坡地栽植。洛阳地区的气候干旱，农田多为丘陵坡地，浇水困难。对于间作的药材，采用育苗移栽为主，直播为辅的种植方式，可保证其成活率，且能缩短其生长周期，以尽早得到效益。

2. 种植规格及模式 黄芩和丹参一般是在每年的 3、4 月份移栽。定植的株行距是 $25cm \times 30cm$，$6\,000 \sim 7\,000$ 棵$/667m^2$；板蓝根一般采用直播方法，用种量为 $3.5kg/667m^2$，播种深度 2cm 左右。土壤消毒要在整地之前进行，施 $1kg/667m^2$ 的呋喃丹，同时施土杂肥 $5\,000kg/667m^2$，或复合肥 $80 \sim 100kg/667m^2$。然后深翻，耙细，以有效防治蛴螬、地老虎、金针虫等地下害虫。给土壤消毒之后，可以栽种药材。应掌握好密度。种植时不仅要考虑药材的密度，还要注意药材和杏树的距离。

3. 仁用杏栽培技术要点

（1）品种选择 在立地条件较好的平原区栽植仁用杏，品种以"龙王帽"为好。此品种适应性强，树势强健，幼树成形快，进入结果期早，大小年不明显，丰产性强。"一窝蜂"也有较强的适应性，耐干旱瘠薄，树体矮小，适于密植，极易丰产，是山区发展的优良品种。

（2）精心栽植 仁用杏从落叶后至翌年萌动前的休眠期均可栽植。在平原区株行距 $3m \times 4m$ 或 $2.5m \times 4m$。在山地可适当密植，株行距一般为 $2m \times 3m$ 或 $2m \times 4m$。栽前先挖 0.8m 见方

的定植穴，每穴掺入有机肥 25~50kg、磷酸二铵 0.5~1kg，与生土混匀，离树根 20cm 左右施于树根四周。将生土回填至离地表 30cm 时，在树穴中央栽植苗木，树根周围回填熟土，最后填平踏实，围穴浇透水。

（3）整形修剪　仁用杏自然生长时多呈自然圆头型，人工栽培时也以圆头型为好。这种树形容易整形、修剪量小、成形快、结果早。在栽培条件较好的地方也可用疏层型和自然开心型。仁用杏幼树生长旺盛，对主枝延长枝要短截，一般是剪去当年新梢全长的 1/3~1/2，对延长枝以外的长枝和有饱满芽的中长枝可以缓放不剪，让其萌生短果枝和花束状果枝，尽量结果。盛果期的各级骨干延长枝可以缓放不剪，使其枝头成为结果枝，稳定树势；对衰弱的主侧枝和多年生结果枝组和下垂枝，应在强壮的分枝部位回缩更新或抬高角度，使其恢复树势；对树冠下部及内膛枝，注意更新复壮。进入衰老期的树，对骨干枝进行回缩，对位置适当的徒长枝，可培养成骨干枝或结果枝，对新梢则尽量短截促发新枝。

（4）花果管理　由于杏树本身存在着许多不利于坐果的性状，因此要采取措施提高坐果率以增加产量。第一是花期放蜂及其他访花昆虫。第二是人工辅助授粉。第三是调控花期以避开早春低温冻害。秋季喷布（50~100）$\times 10^{-6}$ 的赤霉素，在早春刚刚解冻时灌水及树干涂白等均可不同程度地推迟花期，避开冻害。第四是在花前 1 周和盛花期喷 0.1%~0.2% 的硼砂或 0.2% 的尿素，可提高坐果率和产量。幼果膨大期可根外追施 0.3%~0.5% 的尿素或 0.3% 的磷酸二氢钾，以补充营养减少落果。

（5）土、肥、水管理　仁用杏园每年可进行 2~3 次的中耕除草，改善土壤透气性，减少土壤水分蒸发，提高早春地温。施肥要以基肥为主，宜在果实采收后进行，也可在早春或早秋施入。幼树1年一次，株施有机肥15~20kg。初果幼树株施有机肥25~50kg。成年大树2~3年一次，株施有机肥60~100kg。基肥以厩肥+过磷酸钾+N、K复合肥为好。如有条件，萌芽前、坐果后、果实膨大期以及果实采收后，根据实际需要追肥。前期以N肥为主，后期N、P、K配合施用。施基肥、追肥后要及时浇水，越冬前再浇一次越冬水。

（6）病虫防治　仁用杏栽培中较易发生的病虫害有杏仁蜂、杏象甲、金龟子、桃小食心虫、流胶病、杏疔病等。防治方法是冬季清理枯枝落叶及杂草。早春发芽前喷施5%机油乳剂，展叶后交替喷施甲基托布津和20%速灭杀丁0.01%的溶液等药剂。

4. 经济效益分析　年底可以采收药材。黄芩可产干药约250kg/667m^2，产值在2 000元/667m^2左右；丹参产干药约300kg/667m^2，产值在1 500元/667m^2左右；板蓝根的干叶在当年的6、7月份就可采摘，产150kg/667m^2左右，加上年底产的约300kg/667m^2干药，产值在1 500元/667m^2左右。仁用杏栽后2~3年可开花结果，4~5年进入盛果期，可产杏仁100kg以上，产值1 500多元/667m^2，杏仁的最高单产170kg/667m^2，价值2 500元/667m^2以上，被广大农民称为"不吃草的羊，不占地的粮，金豆豆小银行"。在2~3年后，仁用杏就可进入盛果期，树体也随之增大，这时林间就不再适合栽植药材了。可以在其间种一些绿肥来控制行间杂草的生长。

5. 推广前景　截至2005年，洛阳市栽植仁用杏的总面积已经达到了1 000hm^2左右。

（二）核桃、金银花复合间作

1. 立地条件和应用范围　核桃与金银花间作是陕西省山阳县退耕还林地推广的一种典型林药间作模式。金银花根系浅且发达、耐瘠薄、适应性强、适生范围广，植株生长迅速，具有水土保持功能好、短期内又具有良好经济效益两大优势。克服了核桃纯林见效慢、水土保持功能差的弊端，达到了快速改善生态与农民增收的双赢目标。

2. 种植规格和模式

（1）株间穴状间作　目的树种核桃按 4m×5m 株行距，33 株/667m^2。距离核桃植株 1.5m，按株行距 1.5m×2m，145 穴/667m^2，每穴 6 株，间套金银花。

（2）行间带状间作　核桃按 4m×7m 株行距栽植，17 株/667m^2。金银花距离核桃树 4m，按 1.5m×2m 株行距，131 株/667m^2，带状定植。

3. 栽培技术要点

（1）园址选择　由于金银花的适应性较强，对土地、气候等条件要求不严。因此，核桃—金银花间作园地的选择应以上层目的树种—核桃的生物学特性为主。山地建园宜选择开阔向阳、山势起伏不大、坡面较整齐、坡度小于 30°、土层深厚疏松、80cm 以上厚的沙质黄棕壤的坡座子建园。

（2）核桃的栽植与管理

① 地块选择　选择海拔在 800m 以下、坡度在 30°以下、土层 80cm 以上、栽植以核桃为主的退耕还林地块作为间作地块。也可以选择同等立地条件的地块进行纯栽。

② 保水整地　栽植在头年秋季进行，有石头来源的地方，一律按照"品"字形等高线绕山转，株距 4m，行距 5m，整成石坎台田。台田根据坡度大小修成宽 1.5~2.5m 台面。没有石头来源的地方，按同样大小整成土坎台田。石（土）坎台田整修之后，在台田中央开挖 80cm×80cm×80cm 栽植坑。结合整地每个栽植坑施腐熟农家肥 10kg，回填表土，待翌年春季栽

植、秋季补植。

③ 品种选择及栽植　以香玲、中林1、中林5、辽1、辽3、辽4等优良核桃品种为主。选用地径为1.2cm以上Ⅰ级嫁接或良种实生苗木。春季栽植前，一律用高分子保水剂对苗木进行蘸根处理。采用覆膜抗旱法栽植。

④ 栽后管理　一是嫁接苗萌发后注意及时抹芽。二是及时中耕除草。三是及时防治病虫害。四是当年秋季对缺苗的要及时补植。五是栽植翌年冬季定干，株距0.7~1m。

（3）金银花的栽植与管理

① 品种选择　栽植品种以山东蒙花1号、蒙花2号的一年生至二年生优良品种为主。规格是苗高30~50cm，地径0.4cm以上，无病虫危害，无机械损伤。

② 间套时间　核桃栽植当年，结合秋季核桃缺苗补植同步进行。

③ 整地　株间穴状间作距离核桃（目的树种）1.5m，按照株行距1.7m×1.7m，整修成半径40~50cm的外高内低半圆形台田，然后再在台田中心开挖40cm见方的栽植穴。结合整地，每穴施用1.5kg农家肥。

④ 栽植　选择蒙花1号、蒙花2号等优良品种，边整地边栽植，每穴丛植3~6株。栽植时以根茎原深度为宜，注意踏实，提苗展根。缺苗时可在雨季补植，确保密度。以秋季栽植为主。栽植前，一律用高分子吸水剂进行蘸根处理，栽植时做到苗端、根展、土扎实，用农用薄膜覆盖。

（4）成园抚育管理（栽植第二年以后）

① 春季　第三年至第五年，结合深中耕除草，每株核桃施复合肥0.1kg，每穴金银花施农家肥2.5kg。5年后，每株核桃沟施或穴施复合肥1.5kg，每穴金银花施农家肥5kg。

② 夏季 搞好中耕除草和病虫害防治。金银花要通过摘心促花，增加产量。

③ 秋季 第三年至第五年，每株核桃沟施农家肥25kg，5年后，每株施50kg；对金银花施P肥4~8kg/667m^2、尿素5~10kg/667m^2。

④ 冬季 对核桃、金银花修剪。核桃按照自然开心型方式修剪，15年前主要是定干整形，促进幼树提早结果；15~30年内，整成丰产树形；30~50年以清理树体为主，修去枯梢、交叉枝、回缩过长枝，使树冠枝条分布均匀，达到持续高产。金银花栽植后1~2年，修剪定留30cm左右的主干，经过几年修剪，就可使主干变粗，使植株直立成墩。整形因树而异，可整成自然圆头形、开心形或伞形。修剪时要剪去过密枝、病虫枝、枯萎枝、沿地蔓延枝，改善墩内通风透光条件。对于不开花的徒长枝，要回缩修剪，降低生长势，平衡营养，促进抗旱开花；对生长弱的枝条要重剪，促其重生壮枝多开花。

(5) 采收加工 由于金银花的花期集中在4~10月，且三季开花，因而采摘时应抓住良好天气，及时采收，成为丰产丰收的关键。成熟的花蕾顶端呈乳白色，基部呈绿白色，这时为最佳采收期。成熟的花蕾一般在傍晚前开放，开放的花蕾虽然漂亮好看，但其药用价值却大大降低。因此必须赶在开花前采摘，随熟随采。采收的最佳时间是每天的傍晚开花前，药用价值最高。采后置于通风处摊开阴干或低温迅速烘干，避免有效成分的损失。

(三) 山杏与秦艽间作

1. 立地条件和应用范围 山杏为落叶小乔木，喜光、抗寒、耐旱、耐瘠薄、生长快、根系发达、保水性能好，是甘肃省康乐县退耕还林的主要生态经济兼用型乡土造林树种。造林4~

林地间作

5 年开花结实，10~15 年进入盛果期，寿命较长。秦艽为多年生低秆草本药用植物，喜凉爽、湿润气候，耐寒，适宜土层深厚的土壤。

2. 种植规格和模式 用山杏二年生苗。苗高 100cm、地径 1.5cm，造林株行距 2m×2m。穴状整地，定植穴规格 0.5m×0.5m×0.5m，春季造林。间作的秦艽用一年生苗。苗高 10cm、苗径 0.5cm，翌年移栽，步犁开沟，隔犁移栽，株行距 15cm×40cm。

3. 栽培技术要点

(1) 选地 选择气候湿润、凉爽，土层深厚，土壤肥沃的黑土、沙壤土。

(2) 山杏造林技术 用二年生 I 级苗（苗高 40cm 以上，无病虫害，无机械损伤，根系完整）造林。春、秋两季均可进行。造林株行距 1.5m×2m（进入盛果期，当郁闭度在 0.6 以上时进行第一次隔株间挖，株行距为 3m×2m；间挖后郁闭度 0.6 以上时再进行第二次隔株间挖，株行距为 3m×4m）。穴状整地，定植穴规格为 0.5m×0.5m×0.5m。造林时苗木要打浆，栽植时要做到根系舒展，不能卷曲窝根，根颈入土要达到 2~3cm，定干高度 80cm。

(3) 秦艽种植技术 4 月上旬选一年生壮苗移栽。边整地边移栽。结合整地施复混肥 $10kg/667m^2$，有条件的可施土粪 $1\,500kg/667m^2$ 作基肥。按株距 15cm×行距 40cm 步犁开沟，摆于沟内，覆土稍踏，耙平，以根不露出地面为宜。也可用种子播种，于早春按行距 40cm 步犁开沟撒播，沟深 3~5cm，播种量 $0.5kg/667m^2$。

(4) 田间管理 山杏按自然圆头型整形，及时进行补栽、修枝、松土、除草。秦艽的播种苗高 7~10cm 时，按株距

15cm间苗、定苗。每年6~7月喷波尔多液防治叶斑病。每年7~8月上旬各追肥1次,追施复混肥10kg/667m²,以雨后撒施为宜。

(5) 采收加工　秦艽移栽后3~5年即可采收。10月上中旬茎叶枯黄时挖根,除去茎叶、泥土,晒干即可。

4. 经济效益分析　有数据表明,在每1m²追肥5g、10g、15g和对照(不追肥)4种处理中,种苗、肥料、病虫害防治、田间管理(整地、种植等)等3年总投入,依次为506元/667m²、513元/667m²、520元/667m²和499元/667m²;3年总产出分别是3 351元/667m²、3 507元/667m²、3 581元/667m²和3 294元/667m²;3年的纯收益各为2 845元/667m²、2 994元/667m²、3 061元/667m²和2 795元/667m²;每年的平均纯收益则是948元/667m²、998元/667m²、1 020元/667m²和932元/667m²,3种追肥量的处理分别较对照多收入16元/667m²、66元/667m²和88元/667m²。经济效益十分显著。

5. 推广前景　秦艽是多年生低秆中药材,间作后3年就有可观的收益。山杏4~5年开花结果,并郁闭成林,此时山杏收益逐年增加,待退耕还林政策兑现结束时,山杏已进入盛果期,就有一定的收益。可见,山杏与秦艽间作的生态效益、经济效益和社会效益显著,可在退耕还林类似地区推广种植。

(四) 苹果间作薄荷

1. 立地条件和应用范围　1999~2001年,山东省临沂、德州市和河北省沧州市的159个村进行了苹果园间作薄荷的试验示范,取得了显著的经济效益和生态效益。

2. 种植规格和模式　苹果品种为红富士,三年生。授粉品种为新红星,砧木品种是平邑甜茶。薄荷品种是亚洲-39。苹果行间间作薄荷。间作方式见表5-3。

表 5-3 苹果园间作薄荷亚洲 -39 的方法

树龄（年）	行株距（m）		薄荷行数	苹果树与薄荷面积比例	薄荷密度（株/hm²）
	苹果树	薄荷			
3	3×2	0.5×0.2	5	5:5	50 000
4	3×2	0.5×0.2	4	6:4	40 500
5	3×2	0.5×0.2	3	7:3	30 000

3. 薄荷栽培技术要点

（1）薄荷育苗 初冬耕地，施有机肥加适量过磷酸钙，整畦灌水。选用秋白根作种根，均匀栽于畦面，覆盖细土 2~3cm，上铺 2~3cm 碎草，草上再压一薄层土。封冻前灌一遍越冬水。春节后气温回升至日均 2~3℃时，畦上搭设塑料薄膜拱棚，棚内温度控制在 25~32℃。苗高 20cm 时揭膜炼苗 3~5d 后即可移栽。

（2）幼苗移栽 4 月中旬将炼好的壮苗栽于冬前整好的畦内。依土壤肥力高、中、低分别按 50cm×20cm、40cm×20cm、30cm×20cm 行株距开沟施肥，施三元复合肥 300kg/hm²，覆土后整畦灌水。畦面覆盖地膜，然后打孔栽苗，栽后浇水，确保成活。

（3）管理要点 在华北地区气候条件下，4 月下旬苗高 20~30cm 时摘心，促发分枝（6 月中旬，平均分枝 12 个/株，中下部分枝平均长度 50cm 左右）。6 月下旬薄荷植株顶部进入初花期，即可进行收割蒸馏。第一茬收割后根据行株距的不同在行间挖宽 20~30cm、深 10cm 的施肥沟，施三元复合肥 300kg/hm²，把挖出的根茎全部拾出供作饲料，并将收割后的薄荷根隔株去除，减小密度。霜降前株高 80cm 左右时，收割第二茬进行蒸馏。

4. 经济效益分析 苹果园间作薄荷品种亚洲-39，能培肥苹果园土壤，提高苹果的产量和品质。病虫害发生较轻，鼠害明显减少，能够减少喷药次数，维护果园良好的生态环境。具有明显的经济效益和生态效益。在江苏、宁夏、河北等地推广面积4 533.3hm^2，累计增加产值20 116万元。

（五）板栗间作天麻

1. 立地条件和应用范围 为了提高种植板栗的经济效益，河南省西峡县林业局于伏牛山南坡深山区进行了板栗、天麻间作栽培。

2. 栽培技术要点

（1）间作林地 选择海拔400~1 500m、阴坡、中下位、坡度10°~25°的坡地。板栗为树龄10年以上、胸径10cm以上的中成熟林，密度500~600棵/hm^2，郁闭度0.7~0.9，森林小气候明显。土壤为黄棕壤至棕壤土，局部土层厚40cm以上，土质以粗沙土或沙质土壤为好，pH值5.5~6。种植穴距树基1m外。土层厚处，穴长、宽各70cm，深35cm，播种2层（根据林地条件，穴可大、可小，土层薄处可只种1层）。

（2）菌材 选择直径5~10cm的板栗、茅栗、栓皮栎、麻栎等栎类新伐带皮木材为菌材，晾晒15~20d（抑制生命力）后，截成长50cm的木段，表皮砍10~12个深达木质部的鱼鳞形伤口，以利蜜环菌的侵入。菌枝粗1cm左右，长2~3cm。播种前将两者放入0.25%的硝酸铵水溶液中浸泡20min，捞出晾干。每穴用菌材约15kg，菌枝约1kg。

（3）天麻种 用有性繁殖的健壮、无破损、无霉烂、无病斑的1~3代新鲜白麻种，单个麻重10~15g，每穴用种0.5kg。

（4）播种时间 11~12月板栗落叶，天麻进入休眠期，挖出上年所种天麻，分出箭麻、白麻和米麻。箭麻和大白麻加工后出售，小白麻和米麻做种用。挖出的二年菌材已腐朽，可做肥料；一年菌材菌丝分布均匀，生长健壮，可做老菌材用（代替蜜环菌种）。就地取材，随收、随种。

(5) 播种　用三下窝种植法。穴底松土 5cm 深，具有一定坡度，以利排水。放入一层湿板栗树叶，压实后厚度为 3cm。把菌材间隔 4~5cm 顺坡摆入穴内（防止积水）。把 1 瓶蜜环菌和 0.5kg 菌枝，均匀地撒在菌材间隙，把 0.25kg 天麻种均匀摆播在菌材空隙中，生长点向外。用土填平空隙，并高于菌材层 5cm 厚，压实。同法在上面种第二层，直到土与地面平，压实，把土堆成拱形。盖上 15~20cm 厚的枯枝落叶及杂草，保温保湿，防止大雨冲刷，穴周围挖排水沟。

(6) 轮作　每间作两年换 1 次位置，休穴两年后再间作。这样既恢复了地力，避免杂菌及白蚂蚁大量繁殖积累而危害蜜环菌，又能使挖穴时斩断的侧根更新复壮，促进板栗树生长；同时能有效地抑制蜜环菌的过量繁殖积累，对树木而言，蜜环菌始终处于劣势地位，不至于危害树木生长。这样，在人为控制下，趋利避害、共生共存。

3. 经济效益分析　每公顷种植穴数根据土层厚度及树的分布情况而定，一般可种 600 穴左右，每穴可产新鲜天麻 3~3.5kg。按折干率 4:1、投入产出比为 6:4、混等天麻 27.5 元/kg 计，每公顷可增加收入 5 360 元。

三、桑药间作实例

(一) 桑园间作牛蒡

1. 桑园地块的选择及管理　选好桑园地块。牛蒡喜阳光，耐旱怕涝。桑园周围应没有树林及高大建筑物，土层深厚，排水良好，地下水位低于 1.5m。以 pH 值在 6.5~7.5 的中性或沙质土壤为宜。土质过干，土壤板结，低洼桑田不宜种植。

10 月上中旬，晚秋蚕大量用叶后，用稻草等物将桑树枝条结扎成束。并将过短的下垂枝、匍匐枝等无效条剪除，以利操作。然后，将桑园中杂草、枯叶等清除干净，疏通排水沟，待施肥、整地。

5月份，春牛蒡采收，将桑园杂草清除，种植夏季牛蒡。种好后，疏通排水沟，做好田头沟、腰沟等，沟沟相通，以防大雨时积水和牛蒡沟塌陷。夏蚕要适当增养，用足用好疏芽叶，疏除下垂枝、卧伏枝，并适当多采枝条下部叶片，以利通风透光。夏季桑树生长旺期，垂向行间的枝条可用细绳、细竹向桑树中间拉拢扶正、尽量减少遮光，并在中秋蚕大量用叶期，将其在1m长左右剪除，收获部分条叶，剪口下留叶2~3片。直立枝条，按常规方法收获。

2. 桑园间作牛蒡的方法

（1）整地、施肥、打沟 桑树清园后，施入腐熟过筛的土杂肥 2~3t/667m², 饼肥 50~100kg/667m², 磷酸氢二铵 30kg/667m², 硫酸钾 20kg/667m², 或牛蒡专用肥 50kg/667m²。施肥后深翻 20~25cm。整平后，在桑行中间放线，再顺线用机械打沟，深 0.2m，宽 1m，把沟上土踏实。宽 1m 多的桑行，可间作一行牛蒡。

（2）选用良种，适期早播 牛蒡喜湿润、耐冷抗热。播前用50℃的温水浸泡种子 6~8h, 捞出凉后即可播种。1/15 公顷播种量 0.2kg。播前先开沟，沟深 3cm，株距 6cm。每穴下种 1~2 粒。播后复土 1.5cm，轻轻拍实。秋季播好后即用地膜覆盖，膜宽 60cm，中间用树枝或营养钵弓起 10cm，两边用土压实，以防风揭膜。为防缺苗可同时用营养钵培育部分太平苗。齐苗后移栽补缺，注意不要伤断主根。

3. 病虫害的防治 牛蒡播种期间，地下的害虫主要有蝼蛄、蛴螬等。播时可用甲胺磷 0.3kg/667m²，加水 4kg，拌细粪 40kg，于开沟前顺线撒施，开沟时即翻入土中，或做成麦麸毒饵

2kg，播种时撒于播种沟内，和种子一起埋入土中。牛蒡主要病害有细菌性黑斑病和白粉病。可分别用70%甲基托布津1 000倍液和20%粉秀宁乳剂1 000倍液防治。施药时，尽量避开蚕期，且喷头朝下。压低喷雾，不要污染桑叶。

（二）桑园间作白术

1. 间作桑园的选择及管理

（1）间作桑园的选择　白术喜凉爽，怕高温多湿，故应选择地势高燥、排水良好、疏松肥沃的中性沙质壤土的桑园进行间作。土质过于黏重、土壤板结、地势低洼的桑田不宜种植白术。

（2）间作桑园的管理　从桑树落叶后至土地封冻前，用稻草等物将桑树枝条扎成束，剪除下垂枝、卧伏枝，以利桑园操作。然后除净杂草和枯叶。施农家厩肥2 500kg/667m^2、腐熟饼肥50kg/667m^2、草木灰100kg/667m^2、过磷酸钙100kg/667m^2。深翻20~25cm。再整细搂平，疏通排水沟，待种植。

2. 白术的栽植及管理

（1）栽植适期　霜降后至土地封冻前，以及翌年解冻后至3月初，都可在桑田种植白术。

（2）栽植方法　桑行施肥整平后，离桑株30~40cm开穴栽植白术，株行距20cm×25cm，栽深5~6cm，一般每桑行可栽白术3行左右。

（3）追肥　桑树夏伐后，施人粪尿1 500kg/667m^{2}或尿素20kg/667m^2。7月份摘蕾一周后，施腐熟饼肥100kg/667m^{2}或优质粪干2 000kg/667m^2。

（4）除蘖摘蕾　春天术苗返青后，每株保留一主茎，将其他萌蘖及早去除。7月中旬，当白术进入花期后，要将花蕾在开放前全部摘净，以促根茎肥大，增加产量。摘花蕾宜在早晨露水干后进行。

（5）病害防治　白术主要病害有立枯病、根腐病等。栽前可用50%多菌灵1 000倍液浸苗消毒10min。发病时可分别用50%托布津1 000倍液浇根。

3. 术桑共栖期　5~8月份是桑树生长旺季，桑树与白术的争光矛盾较为突出。为保证白术生长有足够的光照，必须妥善安排好桑叶的采收期。如春蚕四龄用叶，不能只限于三眼叶，而应首先将伸向行间的枝条伐掉，给白术留出一阳光带。蚕五龄用叶期，应随用随剪伐，不要等到采完叶再伐条。夏蚕要适当增加营养，用好疏芽叶。此期要疏除下垂枝、侧卧枝等，并适当多采枝条下部叶片，以利通风透光。夏季生长旺季，垂向行间的枝条可用绳或细竹，向桑树中间拉拢扶正，尽量减少遮光。中秋蚕大量用叶期，将倒向行间的枝条留1m左右后剪除，收获部分条叶，其他枝条按常规收获。

4. 白术的适期采收加工　霜降后，当白术茎叶枯黄时即可选晴天采收。收后立即晒干或烘干，以防霉变。

（三）桑园间作丹参

1. 立地条件和应用范围　为了提高桑园的综合效益，江苏省姜堰市蒋垛镇小面积试验桑树丹参间作模式，获得初步成功。土壤类型属中沙土，肥力中等。

2. 种植规格和模式　桑树品种育71-1。桑园规格为宽窄行（1 000株/667m²），即行株距为0.67m×0.5m，南北行向，宽行为丹参间作区域。养蚕布局保持全年春、中秋、晚秋3期蚕不变。丹参品种为常见的紫丹参。丹参入园前进行种根催芽繁殖，清明前夕，种根上部起白色芽嘴，种根开始萌发，即移栽入园，立冬后即收挖丹参。

3. 栽培技术要点

（1）苗床种根催芽　立春前后，选取向阳的土地，耕松、耙细、整平，做成 1.5m 宽的高厢，作为苗床。在苗床上开横沟，沟心距离 20cm 左右插上丹参种节。种节选用粗壮的根条（粗如中指），折成每节长约 8cm 的短节。边折边插，芽苞向上，不可倒插，插入的深度 7cm 左右，按根节上端与沟底平面相平或稍高为宜，然后撒一层薄薄的草木灰，再盖上约 3cm 厚的细土。插植种根后，要保持苗床土地湿润。

（2）整地移栽 清明前夕，丹参种根上部起白色芽嘴，种根开始萌发，即可整地移栽。此时正是桑芽萌发时期，须注意操作时不可伤及桑根及桑芽，以免影响春叶产量。根据丹参根条长、入土深的特点，选择南北向中沙土桑园，在宽窄行的宽行（行宽为 2m）中间作丹参。整地可兼顾桑园春耕同时进行，做到耕深耙细，前后犁耙 2~3 次，深 30cm 左右。移栽前可先让土壤吸收一部分水分，保持一定的湿度，移栽时先在两行桑树间居中做成 1.6cm 宽的高厢，按行距 40cm，株距 30cm，深度 5cm 左右打窝，每厢居中 4 行，厢向与行向均与桑树一致。萌发的种根边移边栽，每窝栽一株，边挖窝边下肥，边移栽边盖土。栽后淋适量的清粪水，然后盖 3cm 厚的细土。

（3）管理 4 月下旬，丹参幼苗出土后，要进行除草追肥。因春蚕饲养在即，杜绝化学除草。丹参生长期中，一般追肥 3 次，提苗肥可与桑园施夏伐肥同时进行。第一次在 5 月下旬施提苗肥，用人、畜肥 1 000kg/667m^2 和化肥 20~30kg/667m^2。第二次在 8 月上旬施长根肥，用复合肥 20~30kg/667m^2。第三次在 9 月下旬施壮根肥，用复合肥 40~50kg/667m^2。每次施肥前最好用小锄头在行间开一小沟，以便肥料直入根部，然后盖土，防止肥效散失。

对丹参抽出的花薹应注意及时摘除，以促进根部生长。

丹参的病害主要是根腐病，7~8 月高温地面积水的情况下易发生，可于发病期用 50% 多菌灵 1 000 倍液灌溉防治。

（4）桑叶收获　春大蚕期与丹参提苗期重叠，秋大蚕期与丹参长根、壮根期部分重叠。为减少田间作业时间，大蚕期特别是春大蚕期用叶宜条桑收获，既省工又减少丹参损苗现象。

（5）丹参收获　丹参收获时效性较强，立冬前后为最佳。若过早收，根体不充实，水分多，不易干燥；过迟，根头萌动或返青，消耗养分，质量下降，影响收益。收获前可先行将桑树束枝，以便于收挖丹参，丹参根条入土深，根质脆而易断，所以采挖宜选择晴天，土壤湿润时小心进行（必要时可补湿）。丹参收挖结束，即可从事桑园冬翻工作。

4. 经济效益分析　桑园平均增收 700 元/667m^2 以上。

（四）桑园间作浙贝

浙贝即浙贝母，为百合科多年生草本，以鳞茎入药。主产于浙江，江苏、江西、湖南、安徽、上海等省（市）也有栽培。浙贝喜温暖凉爽的气候，不适宜高温干燥的环境，稍耐寒。

1. 栽培技术

（1）选地和整地　浙贝对土壤要求较高，需选择地势高爽、土层深厚、排水良好、土质疏松肥沃的桑园土壤。重黏土、强沙性土壤、瘠薄和涝洼土壤不宜栽种。中秋蚕期大批采叶后，在行间耕翻。由于浙贝是浅根系植物，根部分布于 20～30cm 耕作层土内，故应翻深 30～40cm，施入腐熟的栏肥 2 000kg/667m^2，整理好桑畦，做到畦平土细。

（2）适时栽种　浙江桑园栽种浙贝的适宜时期为 10 月中下旬。桑园耕翻后，在行间距桑树 30cm 处开种植沟，沟距 20cm，沟深 8～10cm，沟内施饼肥或 P、K 肥料，饼肥用量 150kg/667m^2，P、K 肥各 15g/667m^2。然后选择鳞茎抱合紧、芽头饱满无损、无病虫害、中等大小的鳞茎作种。株距10cm，鳞茎芽眼向上，摆入沟内，用细土覆盖。用种量250kg/667m²左右。

(3) 施肥　浙贝喜重肥，地上部生长和鳞茎主要膨大期（2月下旬至5月上中旬，占整个鳞茎膨大的95%以上）时间短，因而在施肥上应采取以下措施。

① 重施冬肥　冬肥在12月下旬施用，这是浙贝几次肥料中最重要、施用量最大的一次。冬肥不仅对改良土壤、提高土温、保护芽的越冬有重要作用，且为翌年浙贝生长和鳞茎膨大时所需的养分作充分的物质准备，增产效果十分明显。冬肥以缓效肥为主。先在畦面开3cm左右浅沟，施人粪尿1 000kg/667m²，再施入饼肥100kg/667m²，覆土后，再用栏肥2 000kg/667m²均匀地撒施、覆盖在畦面，用清沟泥盖压。应注意栏肥不能有结块，否则会影响出苗。

② 早施苗肥　浙贝出苗后需肥量逐渐增大，而种鳞茎内养分已消耗一半以上，远不能满足幼苗生长所需的养分，故及时施足苗肥是保证浙贝正常生长的必要条件。苗肥要施得早，立春后苗一出齐马上施下，以速效N肥为主，施人粪尿1 000kg/667m²、尿素10kg/667m²。浙贝生长需较多的K，故苗肥施下后2~3d再增施草木灰300kg/667m²，增产效果显著。

③ 巧施花肥　花肥在3月下旬摘花后施用，可进一步促进茎叶生长，延缓枯萎期，促进鳞茎膨大。花肥的种类和数量与苗肥相似。但花肥的施用应视田间长势和土壤肥力而定，生长旺盛的要少施，否则，易引起病害的发生。一般清明后不再施肥。

2. 田间管理

(1) 中耕除草　在追肥前要进行中耕。中耕应浅锄，防止深锄伤及地下鳞茎。桑园间作浙贝由于肥水充足，适于杂草孳生，特别是开春后浙贝植株尚矮小，抑制杂草的能力较差，应及早除去杂草，防止草荒。出苗前要清理畦面，削去杂草，出苗后要做到见草就拔。

（2）灌溉排水　浙贝从出苗到枯萎（2~5月）期间需水最多，要保持土壤湿润，干旱时需及时浇水。春雨季节不能使桑园内积水，应及时排除，以防积水过多引发鳞茎腐烂。

3. 经济效益分析　桑园间作浙贝，一般可产浙贝干品110kg/667m^2，产值达3 000元/667m^2，净收入达1 400元/667m^2，为桑园蚕茧净收入的1.4倍左右。

本章参考文献

1. 安树康.2008.山杏与秦艽间作技术初探.林业实用技术，（8）：43~44

2. 曹广才，张金文，许永新.2008.北方草本药用植物及栽培技术.北京：中国农业科学技术出版社，221~222

3. 陈光启，宋学淑，王凯军.1995.红松、人参、桔梗间作试验初报.吉林林业科技.12（6）：19~22

4. 陈强，王峰海，吴守君.2003.黄芩与农田防护林间作技术.北方园艺，（5）：77

5. 董兆琪，池桂清.1989.林、药间作生态系统效益的初步研究.辽宁林业科技，（6）：46~50

6. 龚洵胜.2005.林地间作南五加技术.种植世界，（8）：13~14

7. 黄跃进，江文，李兴军.2001.根、根茎类中药材植物种植技术.北京：中国林业出版社，162

8. 梁全宝，路宗智，郭生虎.2006.宁南山区退耕林地间作金银花试验初探.宁夏农林科技，（5）：33~34

9. 刘晓鹰，王光淡.1992.杉木、柳杉与黄连间作的初步研究.生态学杂志，10（4）：30~34

10. 刘政.1997.桑园间作牛蒡技术.北方蚕业，（18）：21

11. 田开清,程琼,田开春等.2007.退耕林地菊花间作技术.现代农业科技,(5):51~53

12. 王嘉祥.2004.薄荷幼龄果园间作栽培技术研究.江苏农业科学,(3):67~68

13. 王兴福,李岩,黄晓光.2008.辽细辛林药间作.特种经济动植物,(11):39

14. 余振忠,阮班海,朱建华等.2007.核桃——金银花复合间作模式效益分析.陕西林业,(2):34

15. 张连学.2004.中草药育苗技术指南.北京:中国农业出版社,76,187,204

16. 张晓丽,杨俊彦,宁玉林等.2005.天麻与板栗间作技术.特种经济动植物,(2):26

17. 张学贵,杨在盛,姜玉明.2003.林参间作中的树木栽培.林业实用技术,(3):37

第六章 林草间作

第一节 林草间作的意义

复合经营体系是以生态、经济效益和社会效益的综合发展为目标,通过调整系统的组成和时空结构,提高生产力,发展经济,提高人民生活水平。有学者将农林复合系统分为农林系统、林牧系统、农林牧系统等,所谓林牧系统就是现在林草复合的一种表现形式。

林草复合经营方式历史悠久,并具有许多成功的模式。但长期以来并没有得到足够的重视,也并未从科学的角度给予系统的总结和提高。直到20世纪80年代以来,随着世界人口的爆炸性增长,发达国家对资源的过度消耗和发展中国家的人口压力及对基本生活资料的需要,正在高速度地消耗人类赖以生存的自然资源,并导致生物多样性的减少和环境的污染及退化,进而影响到经济的增长和人民的生活。在严酷的现实面前,人们被迫进行现实的反思,并开始探索一条能促进可持续发展的土地利用模式。正是在这样的背景下,林草复合经营这一古老的土地利用模式才被重新认识,并呈现出蓬勃的生机和巨大的发展潜力。

一、退耕还林还草地区发展林草间作的意义

林草复合经营是农林复合系统的一部分,是一种土地利用系统和工程应用技术的复合,是有目的地把多年生木本植物与草本植物用于同一土地经营单位并采取时空分布或短期相间的经营方

式。草类作为生态系统中的初级生产者之一，在退化生态系统恢复重建和环境污染治理等工程中的作用日益受到重视。树木及形成的林分是农业的重要组成部分，它所产生的作用和效益，促进了农、牧、渔、副等其他农业部门的发展。林业在农业生产中起着改善生态环境，促进粮食增产的重要作用。将林与草有机结合，配置成各种优化模式，能为人类生产和生活奠定生产物质基础，给社会经济发展和人类生存带来显著经济效益、生态效益和社会效益。

由于历史原因，20世纪50年代后期，全国出现了大范围的毁林开荒，20世纪60年代中期至70年代中期，又多次发生毁林开垦。江河流域、山脊、山梁、塬地、沙地等森林植被遭到了破坏，大量的林地变为农地、牧场、矿场，致使水土流失加剧，泥沙含量逐年增加，江河、湖泊、水库淤积抬升，行蓄洪水能力下降，森林保水蓄水的生态功能弱化。严重的水土流失导致地表破坏，使大量的水分、养分和表土流失，土壤肥力降低，粮食产量低而不稳。除水蚀外，风蚀也是该地区土壤侵蚀的主要形式。在风蚀水蚀交互作用下，增加河道输沙量，加剧了水土流失，严重影响了当地群众生活和生产的正常进行，造成经济落后，群众生活贫困。同时，大量泥沙淤积下游河道和水库，减少了水库的有效库容，污染了入库水质，直接影响到中下游地区人民的生活用水质量和生命财产安全。长期以来，长江、黄河中上游地区由于毁林毁草、陡坡耕种，已成为世界上水土流失最严重的地区之一，每年流入长江、黄河的泥沙量达20亿t以上，其中2/3来自坡耕地。90年代初，农业丰收，粮食价格上涨，种粮效益明显等因素，又导致新一轮毁林开垦现象的发生，使原本脆弱的生态环境再一次受到威胁。据统计，新中国成立初期，长江上游地区的森林覆盖率为30%。人们盲目毁林毁草开荒放牧、以林草换粮食，造成水土流失和土地沙化，成为西部最突出的生态环境问题。1998年，长江、松花江流域发生了历史上罕见的特大洪涝灾害，其直接原因是气候异常、降雨集中，但长江上游的水土流失是引发和加重洪涝灾害的重要原因，使国家和人民生命财产受到重大损失。灾后，国家提出"封山植树，退耕还林，退田还湖，平垸行洪，以工代赈，移民建镇"32字的治水和生态建设综合措施。针对森林资源保护管理存在的突出问题，生态环境日趋恶化，洪涝等自然灾害频繁发生的局面，国务院下发了《关于保护森林资源制止毁林开垦和乱占林地的通知》。1999以来，国家先后将长江上游的云南、贵州、四川、重庆、湖北、湖南和黄河上中游地区的山西、河南、陕西、甘肃、青海、宁夏、新疆及新疆生产建设兵团、河北及吉林、黑龙江作为退耕还林试点区；2001年又把洞庭湖、鄱阳湖流域、丹江口库区、红水河梯级电站库区、陕西延安、新疆和田、辽宁西部风沙区等水土流失、风沙危害严重的部分地区纳入退耕还林试点范围，共包括中西部地区20个省、区、市和新疆生产建设兵团的224个县。

自20世纪70年代以来，由于人口剧增、粮食短缺、资源危机、环境恶化等全球性问题的出现，林草复合经营及农林复合系统的实践意义和理论价值倍受世界上众多国家，特别是发展中国家的普遍关注和日益重视。许多国家开展林草复合经营的学术交流和试验探索，为林草复合经营研究开创了一个新局面。人们认识到林草结合有利于防风固沙、保持水土、涵养水源、净化空气、提高植被覆盖度，而且林草复合能够提高光能利用率，改善土壤结构，增加土壤肥力，提高土壤的抗冲刷能力，增强土壤的渗透性和蓄水能力。林草复合经营还可促进林木生长，缩短林分郁闭年限，提高林地生产力。因此，林草复合经营在解决农林争地矛盾、挖掘生物资源潜力、协调资源合理利用、保护和改善生

林地间作

态环境、促进粮食增产及经济的持续发展等方面具有重要作用。大力开展林草复合经营,是实现中国农业可持续发展的重要措施之一,也是改善生态环境的有效途径之一。

植被控制水土流失的效益是明显的。但是由于植被生长发育等状况的不同以及人为等因素的不同影响,其水土保持效益也就有所不同。人工草地能快速产生水土保持作用,而且具有短期高效的经济效益。在退耕地上建立优质高产人工饲草料基地,单位面积干物质产量可较天然草地提高 5~20 倍,粗蛋白含量可提高 3~4 个百分点。牧草适口性好,家畜生产性能显著增加,畜牧业经济效益提高一倍以上。草地畜牧业发达国家的经验是人工草地面积占天然草地面积的 10%。目前美国的人工草地占天然草地的 25%、俄罗斯占 10%、荷兰、丹麦、英国、德国、新西兰等国占 60%~70%。而中国人工草地面积仅为天然草地面积的 2%。与发达国家相比,中国的退耕还林还草工程区大多属于典型的老、少、边、山、穷地区。农业科技含量低,中国科技进步对农业增长的贡献率 1997 年仅为 42%。劳动生产率低,中国每个农业劳动力年生产农产品仅能养活 3~4 人。农村人口比重高,全国约有 9 亿农民,占全国总人口的 70%。农村劳动力严重过剩,最保守的估计为 $(1.2~1.5) \times 10^8$ 人,而且农村实有劳动力每年还增加 500×10^4 左右。城市化程度低,城市人口仅占全国总人口的 30% 左右。人们对土地的依赖性较大,退耕还林还草面临着改善生态环境和促进脱贫致富的双重压力。畜牧业是该地区的传统主导产业之一,是发展该地区农村经济的基础,也是当地农民主要的经济来源之一。由于中国长期以来实行"以粮为纲"的计划经济型种植业模式,人畜争粮、人畜混粮的情况比较突出,因此,改变种植模式,发展饲草,势在必行。从发展畜牧业角度讲,牧草是畜牧业的重要生产资料和物质基础,草地建设是实现草地畜牧业可持续发展的必备条件，是实现种植业由二元结构向三元结构转变的必由之路。为了促进种植业和畜牧业的可持续发展，就必须从种植业传统的二元结构中解放出来，把饲料生产作为一个长期发展战略，摆上应有的位置，迅速完成向三元结构的过渡和转变。因此，在退耕还林还草工程中，在荒滩、荒坡、河坡、沟埂、弃耕地等闲置地种植优良的水土保持牧草品种，周期短、投入小、栽植密度大。种植牧草不但能够充分发挥土地资源的生产潜力，而且能调动畜牧业的发展，有利于群众增产增收，更能改善生态环境，抑制当地水土流失严重的状况；既是保护人们赖以生存的自然生态环境的需要，也是发展畜牧业生产、提高人民生活水平的需要。"粮－经－饲三元结构"是农业新技术革命的制高点，有人预测"三元结构"将为中国农业带来新的生机。"三元结构"可以合理地调整土地利用结构，增加农业系统的生物多样性，而生物多样性能维持农业生态系统的稳定性和可塑性，对可持续发展战略起着至关重要的作用。

中国森林覆盖率仅为13.92%，且分布不均，林种树种结构配置比例失调，远远不能适应社会经济发展对生态环境的需求。因此，国家把加快植被建造作为退耕还林还草地区生态环境整治的核心内容，要求进一步加大"退耕还林还草，封山绿化"的力度。随着国家西部生态环境建设与退耕还林还草政策的深入实施，植被建设成为恢复脆弱生态环境的主要措施。如：京津风沙源治理工程—晋西北防风固沙水土保持科技示范园区建设项目就是以改善生态环境为重点，在封山绿化的同时，推广应用先进的防沙治沙技术成果和模式，建立多种防沙治沙、保持水土的综合防护体系，其中，果、圃、林、草、园配套开发是主要研究内容。

林地间作

二、其他非退耕还林还草地区发展林草间作的意义

除退耕还林还草地区外，其他地区发展复合林草，可以加大空间垂直布局的力度，构成林草在同一地块上立体和水平错落有序的分布，合理利用光能、空间和土壤肥力等自然资源，使林草互惠互利，增加单位面积的产量。

林草间作能够减少水土流失。造林初期间种牧草，生长迅速，当年种植，当年受益，同时增加了地表覆盖，起到了遮挡降雨、避免雨滴直接打击地面、保土保肥、减少径流、控制冲刷量等作用。林草根系相互盘绕固土，构成了树冠、草丛、枯枝落叶、土层根系4个保土层。

林草间作能够提高土壤的抗蚀能力，保持土壤肥力。由于林草大量的根系、茎、叶、花的残留，在微生物的作用下，使生物和土壤之间循环加快，使土壤中的水分、养分、空气、热量等相协调，林草间作比纯林区有机质流失少。

林草间作可以增加经济效益。林草间作直接效益是收获木材和饲料。单位面积产鲜草量增加，提高了农民的经济收入，按养分价值计算比豆饼少投入。间接效益是树木生长速度加快，促进林木早期利用。牧草还可以喂牛、羊、猪等，既有牲畜产品收入，粪便还可以做肥料培肥地力。因此，林草间种比单纯种植林果经济收入多。

林草间作可以提高社会效益。林草间作地区，大多为荒山荒坡地，土壤质地差、肥力低、植被覆盖小、水土流失严重、牧草缺少。扩大林草间种面积对山区脱贫致富有一定的意义。可在短时间内解决"三料"的矛盾，加快林木生长速度，缩短生产周期。还可以发展养殖业，开展多种经营，从而达到以草促林、以草促农、以草促牧、以草促副的目的。

随着中国农业产业结构的不断调整,"退耕还林还草"政策的逐步实施,农村养殖业的兴起,饲用牧草的种植、开发、利用也随之发展起来。牧草业的发展在中国方兴未艾,有着巨大的市场潜力和广阔的发展前景。它集经济效益和生态效益为一体,不仅适应中国大农业的需要,而且还可促进生态农业的发展。中国的农业目前正朝着多元化、生态化、科学化的方向发展,优质牧草的种植、开发与利用,无疑会在中国农业产业结构调整中,畜牧业、养殖业的发展中起到重要的作用。在保证优质种源的前提下,发展林草间作,种植高产优质饲草,是集经济、生态效益和社会效益为一体的生产项目。

第二节　可间作的牧草种类

目前,中国各地自行开发和引进的牧草品种很多,常见林草间作的牧草以豆科为主,适当搭配禾本科牧草。其中,苜蓿和草木樨因其优质、高产和适应范围广等特点而成为众多地区选择的优良品种。其他比较优良的种植品种主要有沙打旺（直立黄芪）、柠条（羽叶锦鸡儿）、红三叶、红豆草、箭筈豌豆、鹰嘴豆、毛叶苕子等豆科牧草；冰草、无芒雀麦、串叶松香草、皇竹草、黑麦草、高丹草、菊苣等禾本科及其他科牧草。这些都是优质、高产的高营养牧草,可以满足各类畜禽、鱼类生长发育的营养所需,是优质的饲料来源。

一、豆科牧草

（一）苜蓿

是世界上栽培价值和利用价值最高的豆科牧草。具有优质、高产和适应范围广等特点,享有"牧草之王"的美称。既抗旱而又喜湿，播前土墒好和春播前与刈后过一道水对出苗和产量有利，但它不耐渍水，故种在排水优良的土地上最为适宜。适口性好，茎叶中多含皂素，牛羊等反刍家畜不宜多食，否则易罹膨胀致死。它又是一种保持水土的好草，种在20°的坡地上较同坡度的庄稼地，可减少径流量88.14%，减少土壤冲刷量91.14%。

苜蓿在春季日平均气温稳定达到3℃时，即开始返青，从返青至现蕾期（4月下旬至7月上旬），光热因子起着主导作用，一般光热条件完全可以满足苜蓿的生长需要；现蕾期至开花结实期（7月上旬至8月中旬），降水条件则成为主要限制因素。苜蓿的生物产量受气象条件的制约，降水条件是主要限制因子。提高光能利用率亦是提高苜蓿生物产量的有效措施。苜蓿的主要特点是对各种土壤类型均具有良好的适应性。从营养价值来看，（草籽不算）紫花苜蓿和玉米全株相比，粗蛋白要高3倍以上，无N浸出物、矿物质、微量元素等分别高出3~3.46倍。同时，种植1hm²紫花苜蓿相当于6 750kg大豆的营养价值，而大豆在相应耕地上产量一般都在1 500kg/hm²左右，所以种植1hm²紫花苜蓿又相当于种植45hm²大豆的产量。紫花苜蓿又是良好的绿肥作物，它根系发达，有根瘤，能固定空气中的N素，根的大量有机物残留于土壤中，增加了土壤有机质，改善了土壤结构。生长3~4年的紫花苜蓿地，每公顷能留根有机物19万kg，约含N 2 145kg，P 345kg，K 90kg，相当于每公顷施用3万~39万kg的优质粪肥，并可维持肥效2~3年之久，对后茬作物增产具有显著效果，增产幅度达30%~200%。

苜蓿王是从加拿大进口的一个紫花苜蓿优质品种。茎直立，根茎分蘖能力强，能迅速形成健壮密集株丛，刈割后生长速度快，产量高，在华北地区每年可刈割3~5次。

（二）草木樨

豆科草木樨属一年生或二年生草本。是一种优良的绿肥作物和牧草。

草木樨在世界上已广泛分布。草木樨属有 20~25 种，种植于中国的主要有白花草木樨、黄花草木樨、香草木樨、细齿草木樨、印度草木樨和伏尔加草木樨。世界各地栽培面积最多的为二年生白花草木樨。其根系发达，越冬的主根成肉质，入土可达 2m 以上；侧根分布在耕层内，着生根瘤呈扇状；根系吸收磷酸盐能力强，有富集养分的作用。对土壤要求不严，pH 值 6.5~8.5 均能生长良好。耐旱，土壤含水量 10%~12% 时，种子即可萌芽，在年降水量 300~500mm 的地区生长良好。耐寒，出苗后能耐短暂的 -4℃低温，越冬芽能耐 -30℃的严寒。耐盐，在含盐量 0.3% 的土壤上能正常生长。翌年夏季开花结果，植株木质化。不耐潮湿，在低洼易涝地区生长不良。

草木樨硬子占 50% 左右，播种前要进行碾磨处理。飞机播种时，通常做成丸衣种子（包一层泥土和肥料）。中国北方早春顶凌播种或冬前播种有利出苗；东北地区 8 月以后播种会降低越冬率；南方则春、秋两季均能播种。一般以条播为主，行距 30cm 左右。播种量（去荚壳种子）15~22kg/hm^2。播深不超过 2.5cm。在缺 P 土壤上，施用 P 肥可大幅度提高鲜草产量。出苗后一个月内注意防治金龟子等虫害和杂草的为害。第一年一般在重霜以后收割，这时养分转入根部。第二年在现蕾前收割，以利再生，留茬高度以 10~15cm 为宜。春播草木樨当年每公顷可生产鲜草 15.0~37.5t，第二年开花前每公顷可生产鲜草 22.5~75.0t。

鲜草含水分 80% 左右，N 0.48%~0.66%，H_3PO_4 0.13%~0.17%，KCl 0.44%~0.77%。生长当年的风干草，含水分

7.37%，粗蛋白 17.51%，粗脂肪 3.17%，粗纤维 30.35%，无N浸出物 34.55%，灰分 7.05%。饲用时可制成干草粉或青贮、打浆。直接在草木樨地放牧，牲畜摄食过多易发生臌胀病。草木樨根深，覆盖度大，防风防土效果极好。草木樨还是改良草地、建立山地草场的良好资源。在低产地区与粮食作物轮种，可以大幅度提高全周期产量和经济收入；在复种指数高的地区可与中耕粮食、棉花、油料等作物间套种植，生产饲草或绿肥。又因花蜜多，还是很好的蜜源植物。茎秸可作燃料。由于草木樨具有多种用途和抗逆性强、产量高的特点，被誉为"宝贝草"。

（三）沙打旺

又名直立黄芪、斜茎黄芪、麻豆秧等。原产中国，在内蒙古、东北、华北、西北地区广泛栽培。是饲草、绿肥、防风固沙、水土保持等兼用作物。沙打旺为多年生草本植物，高 50~70cm。根系发达，主根粗壮，入土深度达 1.5~2.0m，侧根发达，着生大量根瘤。在半荒漠沙区及黄土高原一带是一种重要的飞机播种改良草地和建植人工草地的牧草。抗旱，抗盐，耐贫瘠。具有防风固沙和水土保持的作用。

沙打旺耐寒、耐旱、耐贫瘠、耐盐碱，喜温暖气候。从发芽出雄至开花成熟，所需 10℃ 以上的积温不能低于 3 500℃。适宜的生长区域为温带，但因抗寒能力强，也能顺利生长在寒温带。在 20~25℃ 时生长最快，适宜在年平均气温 8~15℃，年降水量 300mm 的地区生长。在冬季 -30℃ 的低温下能安全越冬。对土壤的适应性强，在一般草种不能生长的瘠薄地和沙地上能生长，抗风蚀和沙埋。不耐潮湿和水淹，低洼地、排水不良的黏重土壤不宜生长，在粒土和盐水中积水 3d 则引起烂根死亡。

沙打旺种子较小，播种前要精细整地，瘠薄地应施 1 000~2 000kg/667m² 厩肥作基肥，种子硬实率高达 60%，播前要擦破种皮。春季风大、墒情不好的地区,可以在夏季雨后播种。播种时用P肥作种肥可显著增加产量。一般采用深开沟条播,行距30~45cm,覆土1~1.5cm,播量为0.4~0.75kg/667m^2。沙打旺是一种高产牧草,鲜草产量可达5 000~10 000kg/667m^2。营养价值丰富,蛋白质含量较高,适口性好,无论干草还是鲜草,各种家畜均喜采食。

沙打旺苗期生长缓慢,易受杂草抑制,苗齐后应进行中耕除草,返青及每次刈割后都要及时除草,以利再生。有条件地区早春或刈割后应灌溉施肥,能提高产量。如发现菟丝子危害时,应及时拔除。

沙打旺可用于青饲、青贮、放牧、调制干草和草粉,也可打浆喂猪。沙打旺为低毒黄芪属植物,以茎叶草粉喂鸡,草粉比例应在4%以下,以鲜草喂牛、羊等家畜,均未发生过中毒反应,以4%的干草粉喂兔,亦生长正常。

沙打旺也可用作高速公路的护坡草种。

(四) 红豆草

又名驴喜豆、驴豆。花色粉红艳丽,饲用价值可与紫花苜蓿媲美,故有"牧草皇后"之称。中国新疆天山和阿尔泰山北麓都有野生种分布。目前国内栽培的全是引进种,主要是普通红豆草和高加索红豆草。前者原产法国,后者原产前苏联。目前欧洲、非洲和亚洲都有大面积栽培。国内种植较多的省、区有内蒙古、新疆、陕西、宁夏、青海。红豆草是豆科红豆草属多年生草本植物,为深根型牧草。性喜温凉、干燥气候,适应环境的可塑性大,耐干旱、寒冷、早霜、深秋降水、缺肥贫瘠土壤等不利因素。与苜蓿比,抗旱性强,抗寒性稍弱。适应栽培在年均气温3~8℃,无霜期140d左右,年降水量400mm上下的地区。能在年降水量200mm的半荒漠地区生长,只需在种子发芽,植株孕蕾期至初花期，土壤上层有较足水分就能正常生长。对温度的要求近似苜蓿。水肥条件适宜，一年可成熟两次种子。红豆草在自然状态下，结实率较低，一般只在50%左右。红豆草对土壤要求不严格，可在干燥瘠薄，土粒粗大的砂砾、沙壤土和白垩土上栽培生长。它有发达的根系，主根粗壮，侧根很多，播种当年主根生长很快，生长两年在50~70cm深土层以内，侧根重量占总根量的80%以上，在富含石灰质的土壤、疏松的碳酸盐土壤和肥沃的田间生长极好。在酸性土、沼泽地和地下水位高的地方都不适宜栽培。在干旱地区适宜栽培利用，只需在种子发芽，植株孕蕾期至初花期，土壤上层有较足水分就能正常生长。

红豆草作饲用，可青饲、青贮、放牧、晒制青干草，加工草粉，配合饲料和多种草产品。青草和干草的适口性均好，各类畜禽都喜食，尤为兔所贪食。与其他豆科不同的是，它在各个生育阶段均含很高的浓缩单宁，可沉淀，能在瘤胃中形成大量持久性泡沫的可溶性蛋白质，使反刍家畜在青饲、放牧利用时不发生膨胀病。红豆草的一般利用年限为5~7年，从第五年开始，产量逐年下降、渐趋衰退。在条件较好时，可利用8~10年，生活15~20年。红豆草与紫花苜蓿相比，春季萌生早，秋季再生草枯黄晚，青草利用时期长。饲用中，用途广泛，营养丰富全面，蛋白质、矿物质、维生素含量高，收籽后的茎秸，鲜绿柔软，仍是家畜良好的饲草。调制青干草时，容易晒干，叶片不易脱落。1kg草粉，含饲料单位0.75个，含可消化蛋白质160~180g，胡萝卜素180mg。

红豆草作肥用，可直接压青作绿肥和堆积沤制堆肥。茎叶柔嫩，含纤维素低，木质化程度轻，压青和堆肥易腐烂，是优良的绿肥作物。根茬地能给土壤遗留大量有机质和N素，改善土壤理化性，肥田增产效果显著。根系分泌的有机酸，能把土壤深层难于溶解吸收的 Ca、P 溶提出来，变为速效性养分并富集到表层，增加了土壤耕作层的营养素。因此，红豆草又是中长期草田轮作的优良作物。

红豆草根系强大，侧根多，枝繁叶茂盖度大，护坡保土作用好，是很好的水土保持植物。红豆草一年可开两次花，总花期长达 3 个月，含蜜量多，花期一箱蜂每天可采蜜 4～5kg，产蜜量达 6.7～13kg/667m^2。在红豆草种子田放养蜜蜂，还可提高种子产量，是很好的蜜源植物。红豆草花序长，小花数多，花期长，花色粉红、紫红各色兼具，开放时香气四射，引人入胜，在道旁庭院种植，是理想的绿化、美化和观赏植物。

（五）苕子

是巢菜属一年生或越年生豆科草本植物。中国常用的种类主要有光叶苕子、毛叶苕子、兰花苕子等。毛叶苕子主要分布在华北、西北、西南等地区以及苏北、皖北一带，一般用于稻田复种或麦田套种，也常间种在中耕作物行间和林果种植园中。目前种植区域已遍及全国。

毛叶苕子为一年生或二年生草本。高 30～70（100）cm，全身被淡黄色长柔毛。是优良饲料，亦可作为绿肥植物。耐寒性和耐旱性强，以土壤含水量 20%～27% 最宜生长，耐瘠性和抑制杂草的能力均很强，可在 pH 值 4.5～9.0 沙土至重黏土上种植；以 pH 值 5.5～8 偏沙性的土壤最为适宜。喜光。

每公顷鲜草可达 60t 以上。黄河流域秋播宜在 8 月中下旬，淮北为 8 月下旬至 9 月中旬，江淮之间为 9 月中下旬，西北地区套复播为 5 月中下旬，华北地区也适宜早春播种。肥地早播播种量为 30～45kg/hm^2，迟播、瘦地或套播于荫蔽较重的地播量为 45～65kg/hm^2。施用 P 肥作基肥有良好效果；留种田花期喷 B 和 KH$_2$PO$_4$ 往往能增产。鲜草干物率为 9.4%～14%。干物含粗蛋白质 22.6%，粗脂肪 3.2%，粗纤维 28.7%，无 N 浸出物 35.6%，灰分 9.9%。鲜草水分 80.61% ~ 87.9%，N 0.4% ~ 0.67%，P_2O_5 0.07% ~ 0.17%，K_2O 0.38% ~ 0.54%。

（六）红三叶

也叫做红车轴草、红荷兰翘摇。原产于小亚西亚及欧洲西南部，是欧洲、美国东部、新西兰等海洋性气候地区的最重要的牧草之一。在中国云南、贵州、湖南、湖北、江西、四川、新疆等省、自治区都有栽培，并有野生状态分布。红三叶适宜在亚热带高山低温多雨地区种植。水肥条件好的北京、河北、河南等地也可种植。

红三叶为多年生草本植物，生长年限 3 ~ 4 年。直根系，多分枝，高 50 ~ 140cm。因原产于欧洲地中海式气候环境，故喜温暖湿润气候，在夏天不太热，冬天又不太冷的地区最为适宜。最适气温在 15 ~ 25℃，超过 35℃，或低于 - 15℃ 都会使红三叶致死。冬季 - 8℃ 左右可以越冬，而超过 35℃ 则难越夏。要求降水量在 1 000 ~ 2 000mm。不耐干旱，对土壤要求也较严格，pH 值 6 ~ 7 时最适宜生长，pH 值低于 6 则应施用石灰调解土壤的酸度。红三叶不耐涝，要种植在排水良好的地块。

红三叶生长的第二年、第三年要注意增施 P 肥，并清除杂草，保持草地的旺盛长势。一般第五年后要进行更新，或采取放牧利用与刈割相结合的方式，使部分种子自然落粒，形成幼苗，达到自然更新草地的目的。

红三叶营养丰富，蛋白质含量高。据测定，在开花时，干物质中分别含粗蛋白质 17.1%，粗脂肪 3.6%，粗纤维 21.5%，无 N 浸出物 47.6%，粗灰分 10.2%，还有丰富的各种氨基酸及多种维生素。草质柔软，适口性好，各种牲畜都喜食。红三叶是牛、羊最好的饲料，马、鹿、鹅、鸭、兔、鱼也喜食。猪也喜食其青草或草粉，在鸡的预混料中加入5%的草粉，可提高产卵率，并减少疾病发生，促进生长。可以放牧，也可以制成干草、青贮利用。

红三叶在放牧反刍动物时，若单一大量饲用，会发生臌胀病，影响牲畜的增重。但当与黑麦草、鸭茅、牛尾草、羊茅草等组成混播草地时，可以避免臌胀病的发生。

红三叶是著名的优质牧草，各国都予以特别重视，特别是欧洲和美国不断推出许多优良品种。大体上可分为两种类型，即早熟型与晚熟型。前者生长发育快，再生性强；后者开花晚，叶片多。另外丹麦、瑞典等国也培育出多倍体红三叶，生长势强，分枝多，叶片大，草质好，产量高，但种子产量低。目前，红三叶有许多适应不同生境的优良品种，各地可因地制宜选用。

红三叶叶型好看、花色美丽、花期长，是城市绿化美化的理想草种。生长快，根系发达，地面覆盖度高，也是良好的水土保持植物。在公路、堤岸种植，有保水、保土、减少尘埃以及美化环境的作用。

（七）鹰嘴豆

鹰嘴豆为豆科草本植物，起源于亚洲西部和近东地区。是世界上栽培面积较大的豆类植物，全世界栽培面积约 $1 \times 10^7 hm^2$，比全世界甜菜的播种面积还要大。其中印度和巴基斯坦两国的种植面积占全世界的80%以上。中国却没有大面积栽培，只有零星分布，种质资源贫乏，因此，大量从国外引进优良品种，显得格外重要。

鹰嘴豆的根系发达，主根入土深度可达2m，故很耐旱。其根有根瘤，固N能力很强，可固纯N 50kg/hm^2。与小麦等越冬作物套种，主作物不减产，却增加了鹰嘴豆的收入。茎叶更是优良的饲料。

鹰嘴豆的淀粉具有板栗香味。鹰嘴豆粉加上奶粉制成豆乳粉,易于吸收消化,是婴儿和老年人的营养食品。鹰嘴豆还可以做成各种点心和油炸豆。籽粒可做利尿剂、催奶剂,可治疗失眠,预防皮肤病和防治胆病。淀粉广泛用于造纸工业和纺织工业。

(八) 鹰嘴紫云英

黄芪属的一个种,多年生草本植物。又名鹰嘴黄芪。为优良饲草作物,也用作水土保持植物。原产欧洲。中国于1973年从加拿大引进,适宜在华北、西北和西南等地种植。具有粗壮而强大的根茎,根茎芽出土后即成为新的茎枝。茎匍匐或半直立。喜寒凉潮湿的气候,在潮湿的微酸性及中性沙土和沙壤土上最能表现其根茎扩展生长的习性。幼苗生活力较弱,草层建植缓慢,需两年时间才可长成。建成的草地可持续20年。刈割或放牧后再生缓慢。种子硬实率高达60%~80%,播前需进行种子处理,并用黄芪属根瘤菌拌种。整地宜细,为幼苗出土创造良好条件。条播,行距30~40cm。播种量7~8kg/hm^2,播深1~2cm。还可用地下根茎进行无性繁殖。即挖出根茎,截成长20~25cm,带有4~5个根茎芽的小段,埋入土中,深4~5cm,栽后浇水并保持土壤水分,即可成活。由于其根茎发达,耐践踏,适口性好,家畜喜采食,不引起臌胀病,宜于放牧利用,亦可作为水土保持植物。鲜草含干物质22.9%,干物质含粗蛋白质20.52%,粗脂肪3.49%,粗纤维21.4%,无N浸出物43.24%,粗灰分11.35%。

(九) 箭筈豌豆

多年生草本植物。主根明显,有根瘤。喜温凉气候,抗寒能力强。生长发育需≥0℃积温1 700~2 000℃。用作饲草,在甘肃省海拔3 000m以下的农牧区都可种植。从播种到成熟,需

100~140d。播种时温度高，出苗快。气温在 10~11℃时，播种后 12~15d 出苗；在 4℃左右时，20~25d 出苗，但在高温干燥时出苗较慢。苗期生长较慢，花期开始迅速生长，花期前的生长快慢随温度高低而不同，花期以后则依品种不同而异。耐寒性强，但不耐炎热，幼苗能耐 -6℃的冷冻。耐干旱却对水分很敏感，每遇干旱则生长不良，但仍能保持较长时间的生机，遇水后又继续生长，而产量显著下降。再生性强，与刈割时期和留茬高度有关，花期前刈割，留茬高度 20cm 以上时，再生草产量高。对土壤要求不严，耐酸、耐瘠薄能力强，而耐盐能力差，在 pH 值 5.0~8.5 的砂砾质至黏质土壤上生长良好，但在冷浸泥田和盐碱地上生长不良。适宜在 pH 值 6.0~6.8 并排水良好的肥沃土壤和沙壤土上种植。抗冰雹能力强，冰雹可使小麦、玉米、高粱等作物枝离叶碎，而箭筈豌豆叶小茎柔韧，在同等条件下受灾较轻，对产量影响较小。固 N 能力强而早，一般在 2~3 片真叶时就形成根瘤，有一定固 N 能力，营养生长阶段的固 N 量占全生育的 95% 以上。春播的箭筈豌豆在分枝到孕蕾期是根瘤固 N 活性的高峰。

箭筈豌豆是粮、料、草兼用作物，生长繁茂，产量高。一般鲜草产量 1 000~2 000kg/667m^2，高者可达 3 000kg/667m^2。鲜草干燥率 22%，叶量占 51.3%，茎叶柔嫩，营养丰富，适口性好，马、牛、羊、猪、兔和家禽都喜食。箭筈豌豆与青燕麦混播，收贮混合青干草，产量较青燕麦单播提高 43.3%，混合青干草的蛋白质含量较青燕麦提高 4.0%；是增加冬春干草贮量，改进干草质量，提高冬春家畜营养水平的有效途径，应在青燕麦种植地区大力推广。单播收草，在牧区为 5 月上旬，混播不得迟于 5 月中旬。在农区一般在小麦收获后复种或麦田套种。若用于收种，则以早春播种为好。播种方法，单播宜采用条播，行距

20~30cm。混播，可撒播也可条播，条播时可同行条播，也可隔行条播，行距20~25cm。

箭筈豌豆用以青饲、放牧、青贮、调制青干草均可。青贮时要稍晒后与其他牧草搭配。调制干草时，刈割束捆要小，堆放要通风，防止霉烂变质。适宜刈割期应在开花期至始荚期进行。也可刈牧配合利用，于幼嫩时放牧，再生草刈割。放牧宜在干燥天气进行，避免牛、羊过量采食，防止瘤胃膨气。种子成熟后易爆荚落粒，当在70%的豆荚变为黄褐色时即收割，干燥脱粒。种子除用作家畜精料外，脱毒后还可加工成粉条、粉丝、粉面等副食品。

箭筈豌豆用于绿肥和轮作，肥田效果显著，固N能力也较普通豌豆强。与休闲地比，几种有益微生物也大有增加，氨化菌增加112.75%，固氮菌增加40.75%，硝化菌增加147.01%。箭筈豌豆还是谷类作物的良好前作。

(十) 柠条

又叫毛条、白柠条。适生长于海拔900~1 300m的阳坡、半阳坡。主要分布于中国内蒙古、陕西、宁夏、甘肃等地。

柠条为豆科锦鸡儿属落叶大灌木饲用植物。根系极为发达，主根入土深。株高为40~70cm，最高可达2m左右。柠条是中国西北、华北、东北西部水土保持和固沙造林的重要树种之一。耐旱、耐寒、耐高温，是干旱草原、荒漠草原地带的旱生灌丛。在黄土丘陵地区、山坡、沟岔也能生长。在肥力极差，沙层含水率2%~3%的流动沙地和丘间低地以及固定、半固定沙地上均能正常生长。即使在降水量100mm的年份，也能正常生长。柠条为深根性树种，主根明显，侧根根系向四周水平方向延伸，纵横交错，固沙能力很强。柠条不怕沙埋，沙子越埋，分枝越多，生长越旺，固沙能力越强。柠条寿命长，一般可生长几十年，有的可达百年以上。播种当年的柠条，地上部分生长缓慢，翌年生长加快。生命力很强，在-32℃的低温下也能安全越冬；又不怕热，地温达到55℃时还能正常生长。柠条的萌发力也很强，平茬后每个株丛又生出60～100个枝条，形成茂密的株丛。平茬当年可长到1m以上。柠条适应性强，成活率高，是中西部地区防风固沙，保持水土的优良树种。它在经济效益和防护效益上所发挥的巨大作用，越来越引起人们的高度重视。

柠条对环境条件具有广泛的适应性，在形态方面具有旱生结构，其抗旱性、抗热性、抗寒性和耐盐碱性都很强。在土壤pH值6.5～10.5的环境下都能正常生长。由于柠条对恶劣环境条件的广泛适应性，使它对生态环境的改善功能很强。一丛柠条可以固土23m^3，可截流雨水34%。减少地面径流78%，减少地表冲刷66%。柠条林带、林网能够削弱风力，降低风速，直接减轻林网保护区内土壤的风蚀作用，变风蚀为沉积，土粒相对增多，再加上林内有大量枯落物堆积，使沙土容重变小，腐殖质、N、K含量增加，尤以K的含量增加较快。

柠条的枝条含有油脂，燃烧不忌干湿，是良好的薪炭材。根具根瘤，有肥土作用，嫩枝、叶含有N素，是沤制绿肥的好原料。种子含油，可提炼工业用润滑油，干馏的油脂是治疗疥癣的特效药。根、花、种子均可入药，为滋阴养血、通经、镇静等剂。树皮含有纤维，能代麻制品。花开繁茂，是很好的蜜源植物。枝、叶、花、果、种子均富有营养物质，是良好的饲草饲料。特别是冬季雪封草地，就成为骆驼、羊唯一啃食的"救命草"。因此，它是建设草原、改良牧场不可少的优良木本饲料树种。柠条具有广泛的适应性和很强的抗逆性，是干旱的草原、荒漠草原和荒漠上长期自然选择和人工选择出的优良饲用植物。

二、禾本科及其他科牧草

（一）鸭茅

又名鸡脚草。原产于欧洲西部，目前是世界上栽培最多的温带牧草之一。鸭茅为禾本科鸭茅属多年生温带牧草，疏丛型，须根系，密布于10~30cm的土层中，深的可达1m以上。鸭茅可种植利用15年，并可保持6~8年的高产期。鸭茅适宜在湿润温凉的温带气候区种植，最适生长温度为10~28℃。适应的土壤范围广，喜肥沃的壤土和黏土，但在贫瘠干燥的土壤上也能得到好的收成。属耐阴低光效植物，具有较强的耐阴性，宜与高光效牧草或作物间、混、套作，以充分利用光照，增加单位面积产量。在果树下或高秆作物下种植能获得较好的效果。鸭茅草质柔嫩，牛、马、羊等均喜食，幼嫩时，猪也喜食。叶量丰富，叶占60%，茎约40%。鸭茅的化学成分随其成熟度而下降，第一次刈割的草含K、Cu、Fe较多，再生草含P、Ca、Mg较多。鸭茅每年可刈割4~5次，每次刈割时的留茬高度为10cm左右。第一次刈割要选择在抽穗前恰当的时间进行，接下来的各茬就不会有生殖枝产生，从而提高叶茎比例，确保夏季饲草的品质。

（二）菊苣

原产于欧洲，国外广泛用作饲料和经济作物。菊苣为菊科菊苣属多年生草本植物。是菜饲兼用型牧草，适口性极好，所有畜禽都喜食，是优质的青饲料。喜温暖湿润气候，但也耐寒、耐热、耐盐碱。抗病力强，无草害，但在低洼易涝地区多发生烂根。菊苣具有粗壮而深扎的主根和发达的侧根系统，不但对水分反应敏感，而且抗旱性能也较好。菊苣春季返青早，冬季休眠晚，生长速度快，作为饲料其利用期比一般青饲料长。3~8月播种，优质高产，鲜草产量10 000~15 000kg/667m²，干物质中粗蛋白高达32%，茎叶柔嫩，叶片有微量奶液，特别是处于莲座叶丛期，叶量丰富，鲜嫩；抽茎开花期的植株茎叶比为1∶5，粗纤维含量虽高，但茎枝木质化程度低，适口性仍较好，所有的畜禽和鱼类都爱吃。每年4~11月均可刈割，利用期长达8个月，可解决养殖业春秋两季和伏天青饲料紧缺的问题。

（三）无芒雀麦

是世界栽培利用最为广泛的冷季型禾本科牧草之一。用作干草、青贮、青饲、水土保持等，在中国南北各地都能种植。无芒雀麦为禾本科雀麦属多年生牧草。疏丛型，茎直立，具有发达的地下根系，蔓延能力极强，入土较深，可达1~2m。在管理水平较好的情况下，可维持10年以上的稳定高产期。无芒雀麦最适宜在冷凉干燥的气候条件下生长，不适宜在高温、高湿环境下生长。耐寒，能在-30℃的低温条件下生长；耐干旱，在降水量400mm左右的地区生长良好。对土壤适应性很广，耐盐碱能力强。无芒雀麦是一种优良的禾本科牧草，其叶多茎少，营养价值高，适口性好，马、牛、羊等各种家畜均喜食，是优质高产牧草。无芒雀麦耐践踏，适宜放牧又宜刈割，刈割应在抽穗期至开花初期进行，过晚，草质老化，适口性及饲用价值下降。可供青饲、晒制干草或青贮。无芒雀麦分蘖能力强，播种当年单株分蘖可达10~37个，主要处于营养生长，翌年大量开花结实。春季返青早，返青率为100%。蛋白质含量最高为22.93%。株高可达到130~150cm，可与豆科草混播，建植人工草场，放牧和收获牧草兼用。在新茎叶生长的同时，老茎叶不断腐烂，有利于快速提高土壤肥力。秋季枯萎晚，青草期长，可达120~132d。耐寒，耐旱，耐盐碱能力强，对土壤适应性很广，也是很好的护坡和水土保持植物。

（四）串叶松香

又名香槟草，为菊科松香草属多年生宿根草本植物。因其茎上对生叶片的基部相连成环，茎从两叶中间贯穿而出，故名串叶松香草。串叶松香草为北美洲独有的一属植物，种植一次可连续生长10年左右。1979年从朝鲜引入中国，现已在我国广为栽培。其根系发达。喜温耐寒，抗寒、耐高温，抗病能力强。在年降水量450mm以上的微酸性至中性沙壤土上生长良好，抗盐性和耐瘠性较差。花期长，可延续5个月。喜肥沃壤土，耐酸性土，不耐盐渍土。串叶松香草再生性强，耐割。播种当年不抽茎，只产生大量莲座叶。抽茎期干物质含量为88.1%，干物质中粗蛋白含量达20.6%。串叶松香草具有产量高、品质好、有松香味、适口性好的特点，各种畜禽都喜食。产鲜草10 000～15 000kg/667m^2，每年刈割3～5次。因其表现出适应性强、产量高和营养价值好的特点，故而对畜、禽、鱼有极高的饲养利用价值。

（五）中间冰草

为禾本科偃麦属多年生草本。原产于欧洲，中国于1974年引入，在青海、内蒙古、北京及东北等地试种，表现出耐寒、耐旱，生长势好，再生性较好，植株高大等特点。冰草在中国主要分布在黑龙江、吉林、辽宁、山西、陕西、甘肃、青海、新疆和内蒙古等省、自治区的干旱草原地带。

冰草是草原地区旱生植物，具有很强的抗旱性和抗寒性，适于在干燥寒冷地区生长，特别喜生于草原区的栗钙土壤上，有时在黏质土壤上也能生长。但不耐盐碱，也不耐涝，在酸性或沼泽、潮湿的土壤上也极少见。冰草往往是草原植物群落的主要伴生种。在平地、丘陵和山坡排水良好较干燥的地区也经常见到。冰草分蘖能力很强，当年分蘖可达25个至55个，并很快形成丛状。种子自然落地，可以自生。根系发达，入土深达1m。一般能活10~15年。冰草返青早，在北方各地4月中旬开始返青，5月末抽穗，6月中下旬开花，7月中下旬种子成熟，9月下旬至10月上旬植株枯黄。一般生育期为110~120d。

冰草草质柔软，是优良牧草之一。鲜草的营养价值较高，但制成干草后，营养价值较差。冰草幼嫩时，马和羊最喜食，牛和骆驼也喜食。在干旱草原区把它作为催肥牧草，但开花后适口性和营养成分均有降低。冰草对反刍家畜的消化成分亦较高。冰草在干旱草原区，是一种优良天然牧草，种子产量很高，易于收集，发芽力很强，因此，不少省、自治区已引种栽培，并成为重要的栽培牧草。冰草既可放牧又可割草，既可单种又可和豆科牧草混种，干草产量100kg/667m^2，高者可达133.3kg/667m^2。冬季枝叶不易脱落，可放牧，但由于叶量较少，相对降低了饲用价值。由于冰草的根为须状，密生，具入土较深的特性，因此，它又是一种良好的水土保持植物和固沙植物。近年来，国内已将冰草用于公路、铁路和护坡绿化及机场绿化，还可用于建植草坪，美化环境。

第三节　林草间作主要种植技术

在植被建造和培育过程中，不仅要使每个植物群落类型，每块林草地都达到植被建造的群落质量标准，还要按照土壤侵蚀分布特征、植被区划和社会经济发展需要，合理布局，使区域林草植被覆盖率达到一定规模要求。因此，根据不同立地条件和长期的生产实践，各地形成了不同类型的林草间作种植技术和发展模式。

一、黄土高原类型（以甘肃省为例）

世界最大的黄土高原，在中国中部偏北，包括太行山以西、秦岭以北、青海日月山以东、长城以南的广大地区。跨山西、陕西、甘肃、青海、宁夏及河南等省、区，面积约 $40 \times 10^4 km^2$，海拔 1 000 ~ 1 500m。除少数石质山地外，高原上覆盖深厚的黄土层，黄土厚度在 50 ~ 80m，最厚达 150 ~ 180m。黄土颗粒细，土质松软，含有丰富的矿物质养分，利于耕作。盆地和河谷农垦历史悠久，是中国古代文化的摇篮。但由于缺乏植被保护，加以夏雨集中，且多暴雨，在长期流水侵蚀下，地面被分割得非常破碎，形成沟壑交错其间的塬、墚、峁、山、原、川地貌类型，是黄土高原的主体。平坦耕地一般不到 1/10，绝大部分耕地分布在 10°~ 35°的斜坡上。地块狭小分散，不利于水利化和机械化。

综合治理黄土高原，是中国改造自然工程中的重点项目。多年来，黄土高原的治理方针是以水土保持为中心，改土与治水相结合，治坡与治沟相结合，工程措施与生物措施相结合，实行农林牧综合发展。这种治理措施已取得重大成绩。如加大"三北"防护林的建设，加大植被的覆盖面积和覆盖率等措施，尤其对于这个土质比较疏松的黄土高原，森林覆盖率一定要高于全国的平均水平22%，只有这样，才能比较有效地防止水土流失。

以甘肃省黄土高原的几个综合治理典型为例，结合环境治理和种草养畜（舍饲圈养），介绍相关的林草间作的具体种植技术，并对其进行生态效益、社会效益、经济效益综合分析。

（一）甘肃省的立地条件及经济发展模式

1. 甘肃省的立地条件 甘肃省在中国西北内陆地区，黄河上游，位于中国的地理中心，介于 32°31′N ~ 42°57′N、92°13′E ~ 108°46′E。东邻陕西省，南与四川省、青海省接壤，西部与新疆维吾尔自治区相邻,北部与内蒙古自治区和蒙古国交界,东北部与宁夏回族自治区连接。面积 45.44×10^{4}km^2。省境由东南向西北斜长绵亘。全省设 14 个市（自治州）,87 个县（市）,省会兰州。

甘肃地貌复杂多样,有山地、高原、平川、河谷、沙漠、戈壁,类型齐全,交错分布,地势自西南向东北倾斜。山地和高原占全省总土地面积的 70% 以上,西北部的大片戈壁和沙漠,约占 14.99%。兰州以西（即黄河以西）为"河西走廊"。

甘肃深居内陆,海洋温湿气流不易到达,成雨机会少,大部分地区气候干燥,属大陆性很强的温带季风气候。冬季寒冷漫长,春、夏季界线不分明,夏季短促,气温高,秋季降温快。全省各地年降水量在 300~860mm,大致从东南向西北递减,降水多集中在 6~8 月份,占全年降水量的 50%~70%,年蒸发量在 1 100~3 000mm。省内年平均气温在 -0.3~14℃,全省无霜期一般在 48~228d。日照充足,全年日照时间在 1 975~3 300h。全年太阳总辐射量在 4 800~6 400×10^{10}KJ/（m^2·a）。光照充足,太阳能资源丰富,农作物的光合生产潜力大,是甘肃省的气候资源优势。但日温差大。

甘肃省大致可分为 8 个气候区:①陇南南部河谷亚热带湿润区;②陇南北部暖温带湿润区;③陇中南部温带半湿润区;④陇中北部温带半干旱区;⑤河西北部温带干旱区;⑥河西西部暖温带干旱区;⑦河西南部高寒半干旱区;⑧甘南高寒湿润区。

2. 甘肃省林草间作经济发展模式

（1）人工草地及半人工草地模式　甘肃省牧草地居全国第五位,有天然草地、人工草地和半人工草地 3 种。其中,天然草地 1 397.73×10^{4}hm^2,占牧草地总面积的 97.74%;改良草地和人工草地共有 32.21×10^{4}hm^2,只占 2.26%。天然草场主要分布在甘南草原、祁连山地、西秦岭、马衔山、哈思山、关山等地。这些地方海拔一般在2 400~4 200m，气候高寒阴湿，特别是海拔在3 000m以上的地区牧草生长季节短，枯草期长。年均降水量多数地区在400mm以上，唯祁连山西部渐减至200~300mm。这类草场可利用面积占全省利用草场总面积的23.84%，年平均鲜草产量273kg/667m^2，总贮草量约175kg，平均牧草利用以50%计，约可载畜600万羊单位。

① 多年生人工草地　这类人工草地在甘肃的饲料生产中占有重要的位置，占多年生人工草地面积的99.9%，其中苜蓿草地属长周期粮草轮作草种，盛草期3~5年。在河西灌区产鲜草可达3 500~4 000kg/667m^2，陇东塬区和陇中南部产量为2 000~2 500kg/667m^2。还有红豆草、红三叶、猫尾草、老芒麦、披碱草、沙打旺等品种。多品种混播多年生人工草地，开始于20世纪60年代，但到目前为止，推广面积不大，种植不多。草种有猫尾草、红三叶、无芒雀麦、苜蓿等多种不同混播组合，在各地均有面积不等的试种。

② 一年生人工草地　这类草地主要分布在山旱农作区和高寒牧区。在山旱农作区种植品种主要有草谷子、草高粱、苏丹草、燕麦和少量的箭筈豌豆、毛苕子、饲料玉米；在高寒牧区则以黄燕麦和青燕麦为主。

③ 半人工草地　据不完全统计，全省的半人工草地有16.7×10^{4}hm^{2}左右，其中围栏封育的半人工草地8.7×10^{4}hm^2，补种沙打旺、沙蒿、老芒麦。羊群野营圈改良的半人工草地8×10^{4}hm^2。

（2）甘肃省古浪县沙漠治理与林草植被恢复模式　甘肃省古浪县属温带荒漠干旱气候，降水稀少，昼夜温差大。从南部祁连山支脉到北部腾格里沙漠，由干旱逐渐转化为极干旱气候。年平均气温7.6℃，年风沙日120d左右，年沙暴日达47d之多。沙漠化土地总面积1 647km^2，占全县土地总面积的31.2%，是全国荒漠化重点监测县。该县的风沙线长132km，风口多，沙害面积大，沙丘类型复杂，在西北风的作用下，沙丘平均前移速度为3~4m/a。风沙线上有792个村庄，26 700hm^{2}耕地，70km铁路、170km公路受流沙埋压的威胁。土壤沙漠化，加剧了干旱和沙尘暴的发生，风沙危害及其形成的各种自然灾害比较严重。当地通过长期摸索和实践，形成了富有成效的沙漠治理与林草植被恢复模式。

①营造生态经济圈模式　将治理范围划分为经济带、生态经济带、生态带、辐射带。将生态、经济、社会三大动态因子置于同一系统中，使系统内各要素之间形成良性互动，共同发展，体现出系统整体性、渐进发展性、动态扩散性和效益互补性的特点。将经济带园林化，以追求经济效益为主要目的；对于生态经济带，在不破坏沙区原有的地形地貌、天然植被、自然景观的基础上，配套节水灌溉，人工间作葡萄、红枣、麻黄、甘草等经济植物和药材；把无灌水条件的沙漠地带作为生态带，采取封沙育草和无水栽植技术，使沙漠恢复植被，实现防风固沙的目的；通过林场沙漠治理活动，影响周边农村、农民，产生辐射带，使周边农民思想和行为发生改变，增强环保意识，由沙漠放牧变为舍饲圈养；以保护现有林草植被为目的，由采樵伐木，变为参与治沙育林育草。

②营造"四带一体"林带模式　以科学发展观为指导，积极寻求和创造提高荒漠化综合防治的技术措施和方法，开展"四带一体"（前沿阻沙带、固沙林带、外围阻沙带和封沙育林育草带）综合治理模式。以解决荒漠化立地造林技术"瓶颈"为突破口，以实施科技支撑为契机，以提高荒漠化总体治理为目标，

林地间作

大力推广"四带一体"的抗旱造林技术，充分发挥其辐射带动作用，提高育林育草的建设质量和成效。依据的治理模式，以绿洲为中心形成自绿洲边缘到外围的前沿阻沙带、固沙林带、外围阻沙带和封育保护带，组成"阻、固、再阻、封"相结合的防护体系。

A. 前沿防风阻沙带　设置于农田前缘，带宽5.5m。由新疆杨、沙枣和多枝柽柳、梭梭等乔灌木组成，两行一带，带间距1m，正三角形配置。迎风一侧为红柳、梭梭带，中间为沙枣带，背风侧为新疆杨带。红柳栽植密度为株行距0.5m×1m，新疆杨株行距1m×1.5m；沙枣株行距1m×1m。造林前需整地，用推土机推平林带区。

B. 固沙林（草）带　设置于阻沙带之后，带宽为300~500m。先在沙丘迎风坡2/3~3/4以下坡面上设置黏土沙障、草方格沙障，再在沙障内营造沙拐枣、花棒、梭梭混交林；丘间低地营造榆树、柠条、沙蒿等，实行乔灌草并举，将流沙固定。黏土沙障设置为格状，沙障主带略成弧形，与主风向的夹角为90°~100°，障埂高15~25cm，埂宽60cm左右。草方格沙障设置在靠近农田边缘一侧，配置形式为格状。固沙林带的主要目的是固定流沙，减少其流动性。根据试验，干旱区流动沙丘上如果不设置沙障，即使人工植被盖度达到30%，沙面也不稳定。因此，固沙林（草）带必须将植物措施与工程措施相结合，才能建立稳定的人工固沙带。

C. 外围阻沙带　在距固沙防护带外缘8~10m处设置植物活体沙障。植物活体沙障是一种高效、简捷、寿命长的固沙措施，不但能降低风速，减少输沙量，而且可阻挡风沙流中的沙粒，使之在沙障前后堆积。据测定，植物活体沙障通过障前阻沙，障后积沙，将近地表风沙流65%的沙粒控制在沙障前后，形成一条高大的聚沙堤,避免流沙进一步前移对固沙带的埋压。沙障设置在沙丘迎风坡距沙丘脊线 2m 处,用小灌木及沙蒿、油蒿等抗干旱优良的固沙植物设置外围阻沙带。

D. 封沙育林育草带　干旱区封沙育林育草是一项见效快、投资少、植被恢复容易的治沙方法。但是,在干旱风沙区,并不是任何地段实行封育措施后,都能取得好的效果。根据杨自辉等(1998)研究,沙漠化土地植被封育成败的关键是降水量和地下水位。降水量在 110mm 以下,且地下水位 10m 以下的地区封育后植被很难恢复。在地下水位较深的区域,降水成为植被恢复的关键因素,当降水量达到 160mm 左右时,封育后采用人工辅助措施,植被才可以恢复起来。

③ 生物措施模式

A. 封沙育林草　在原生植被遭到破坏或有条件生长植被的地段,天然下种或对有残株萌蘖苗、根茎苗的沙地实行封禁,采用一定的保护措施(设置围栏),建立保护组织(护林站),把一定面积的地段封禁起来,严禁人、畜破坏,使植物靠自然繁衍生息,逐步恢复天然植被,达到防治沙害的目的。

B. 营造防风固沙林　在风沙危害严重的地方,营造防风固沙林,以降低风速,防止或减缓风蚀,固定沙地,以及保护耕地。栽植一些沙生和旱生荒漠植物。

C. 人工促进天然更新　有些灌草植物有较充足下种能力,在因植被覆盖度较大而影响种子触土的地块,进行带状和块状平茬、除草、松土,促进天然更新,能长久固定流沙,是控制和固定流沙最根本而经济的措施。

D. 营造农田防护林　在农田地块四周,栽植一定宽度、结构、走向、间距的林带,通过林带对气流、温度、水分、土壤等环境因子的影响,来改善农田小气候,减轻和防御各种农业自然灾害，创造有利于农作物生长发育的环境，以保证农业生产的稳产、高产。

E. 营造免灌防风固沙体系　免灌防风固沙体系由防风阻沙带、机械沙障+灌木固沙阻沙带、灌草固沙阻沙带、外围封沙育林育草带组成。在防风阻沙带中，增加了柽柳灌木防风阻沙带。同时增加了机械沙障+灌木固沙阻沙带。考虑到避免灌丛下固沙林密度显著下降，难以实现固沙阻沙，通过布设塑料方格沙障、麦草沙障、黏土沙障，增大了林地粗糙度，林地 20cm 高度风速较对照梭梭林分别降低了 45.7%、50.6% 和 31.9%，输沙率分别降低了 97.27%、99.88% 和 80.69%。

(3) 陇南山地立体乔、灌、草模式　陇南为甘肃仅有的亚热带地区。由于耕地少、特产丰富和气候垂直性强的特点，重点发展山区立体生态农业模式。在水热条件好的河谷两岸和平缓的低山坡上建成高产稳产的基本农田，保证粮食需求。将近山陡坡地退耕造林，种植经济林、炭林，发展多种经营。在不适宜种植经济林的地方，种植乔、灌、草以增加植被覆盖率，蓄土保水，改善生态环境，同时将远山作为生态林进行建设。

发挥陇南山区优势，围绕发展特色农业的主线，重点建设特种生物资源的商品生产加工基地。建成以柑橘、苹果、核桃、雪梨等为主的果品生产基地，以花椒、茶叶、生漆、油桐、文冠果、沙棘、杜仲等为主的经济林生产基地，以当归、党参、红芪、大黄等为主的名贵中药材生产基地，以蚕桑一条龙生产加工基地，以木耳、蕨菜等为主的特种食用植物生产基地和以罗布麻、龙须菜、浪麻等为主的纤维造纸原料生产基地，以肉用牛、小尾寒羊、黑紫羔羊为主的食用畜牧基地和以甲鱼、大鲵、罗氏沼虾、蛇类及蜜蜂等为主的特种养殖业基地。

(4) 陇东草田生态农牧业产业化模式　陇东干旱半干旱的

丘陵地区为草原地带性植被。通过利用豆科、禾本科的纽带作用，实现"土地—植物—动物"三位一体的生态农牧业产业化模式，形成多层次的循环利用资源的持续发展模式。在黄土塬上将旱作农田实行草田轮作，用地与养地结合，以提高土壤肥力，并发展农区畜牧业。重点要发展优质冬小麦、小杂粮、黄豆、蔬菜、双低油菜、烤烟、蚕桑、苹果、杏、桃、甘草、黄花菜、白瓜子、干杂果等的生产，并利用草饲料发展牛、猪、羊、鸡的家庭养殖业。

对水土流失比较严重的黄土沟间地的梁、峁和沟谷地要以退耕还林、还草为主要方向，防止水土流失和土地沙化，建立以灌木为主，乔、灌、草结合的农田防护林体系，改善农业生产的条件。以饲料加工为龙头，提高饲料和其他植物的利用率，增加畜产品的产出。

（二）中国荒漠绿洲区草业发展模式、主要种植技术及效益分析

中国的荒漠绿洲，集中分布于鄂尔多斯高原、阿拉善荒漠戈壁、宁夏河套平原、甘肃河西走廊、贺兰山与祁连山麓、柴达木盆地及新疆天山南北等地，总面积约 8.6 万 km^2。目前，由于人为开发利用，绝大部分绿洲被垦殖为农田，形成农田—城镇与外围低平地草地相结合的复合生态系统，空间格局绿洲农田约占 80%，草地约占 20%。

1. 荒漠绿洲区域草业发展潜力　丰富的自然资源与劳力资源是绿洲草业发展的坚实基础。荒漠绿洲是中国西部干旱区特殊的地理景观，其面积虽然仅占干旱区土地总面积的 4%~5%，但却集中了该区 90% 以上的人口与 95% 以上的社会财富。

就自然资源而言，该区具明显大陆性气候特征。年均温 6~9℃，≥10℃ 的积温 2 800~3 600℃。全年太阳辐射总量为 580~

650KJ/cm^2。大部地区年降水量虽≤150mm，蒸发量≥2 000~3 000mm，但由于高山冰川发育，冰雪融水可灌溉盆地，加之黄河外流河水补给，为绿洲农业、草业发展提供了优越条件。特别是太阳辐射总量及有效积温较高，更有利于牧草有机物合成，在灌溉条件下单位面积光合强度比华北地区高37%~75%，产量高50%~80%，尤其适合紫花苜蓿、无芒雀麦等豆科、禾本科优良牧草产业化生产。

此外，绿洲区复杂多变的生境为地区物种多样性的保持与续存提供了场所。据不完全统计，中国西部荒漠绿洲区天然草地可食牧草种类达152科720属2 130余种，可栽培的优良牧草及饲料作物200余种1 000余个品种，其中适合产业化经营的约有60余种400余个品种，分属10科40余属。其中，甘草、苁蓉等是重要经济植物。

2. 荒漠绿洲区草业发展模式

（1）宁夏引黄灌区引草入田、立草为业发展模式　宁夏扬黄灌区，地势高平，多年来由于耕作制度、经营方式落后，区域地表水土流失严重。为克服大面积垦殖带来的风蚀沙化，改善土壤肥力结构，当地积极引黄、扬黄，开展水利建设，扩大浇灌面积。在生态治理中，除建立大面积防风林带外，还在林带中增建50~100m宽的草带，组成林带草网；农田中退耕种植紫花苜蓿、沙打旺以及红豆草等，果园、庭院套种苜蓿、草木樨等优良牧草，实行立体复合种植、集约化经营，林业、草业、农业均收到良好效果。这种结构完善的林网草带、草田轮作、果草间作措施，已成为宁夏扬黄灌区优化的种植业生产模式。

（2）以灌育草放牧型草产业发展模式　内蒙古西部荒漠绿洲区，以河流两侧、山前洪积扇缓坡地带等生态脆弱带为治理区，选择土壤水分相对优越、天然草地植被发育较完整的沙化、退化草场，建立柠条-沙棘混交灌丛带，同时进行带间耕作，播种优良耐旱牧草，改良退化草地。主要方法为：坡体上端，灌丛带垂直于主风向，带宽2~6m，2~4行种植，带间距10~60m；坡体下端，土壤水分转好，绿洲化成分明显，带宽、带间距适当加大，同时带间免耕补播优良牧草；沟间空地，退耕还牧，种植多年生优良牧草，如紫花苜蓿、无芒雀麦、老芒麦等，建成高产质优的人工草地。实践证明，这种建设模式在区域综合治理、畜牧业生产中发挥着重大作用。

（3）荒漠绿洲区大面积高产人工草地建立模式 该模式重点集中分布于甘肃的河西走廊、新疆南部等水热资源相对优越、土地面积广博、地势平坦的地区。主要由企业牵头投资、政府组织、农户参与，采用公司+农户方式集约化发展苜蓿草产业。典型模式如，成都大业集团甘肃玉门、酒泉1 500hm^{2}高产苜蓿产业化发展基地，绿舟草业公司甘肃民勤苜蓿产业基地等。主要产品为脱水苜蓿草捆、草块或草颗粒，产品以出口外销或联合当地政府发展畜牧业为主。

（4）以豆科牧草为主的草地农业模式 根据国家西部开发政策和产业结构调整政策，在家庭承包责任制的基础上，建立以家庭为单元的草地农业生产体系，实行草田轮作、退耕还草、填闲种草等作业方式，发展以苜蓿、沙打旺为主的农区草产业，其中苜蓿草产品主要用于以草代粮，发展当地的畜牧业。

具有代表性的示范区有甘肃庆阳黄土高原草地农业试验区，甘肃平凉黄土高原草地奶牛、肉牛优化生产模式试验区等。

（5）牧草种子及草产品专业化生产基地建立模式 该模式集中分布于甘肃的酒泉、张掖、武威、兰州、白银、庆阳、平凉和甘南等8个（州）市的23个县（市），主要由国家立项投资。

选择土地肥沃、水热资源较好的农区或半农半牧区，采用大面积机械化作业方式，生产高品质豆科、禾本科优良牧草种子和其他草产品。目前，甘肃省已建成牧草专业化种子基地 5 700hm^2，年产各类牧草种子 340×10^4kg；绿洲农区种植多年生牧草面积 80×10^4hm^2，仅次于内蒙古自治区，居全国第二位。其中，紫花苜蓿面积 36×10^4hm^2，高产苜蓿草产品生产基地 1.8×10^4hm^2，年生产脱水苜蓿产品 $0.9 \times 10^4 \sim 1.5 \times 10^4$t。

（三）甘肃九华沟流域林草间作主要种植技术及效益分析

九华沟流域位于甘肃省定西县北部，属于典型的黄土高原丘陵沟壑区。多年来，随着人口不断增长，人类开发活动加强，特别是毁林开荒加剧，导致植被破坏严重，土壤侵蚀加剧，生态系统极度恶化，人民生活极端困难。新中国成立以来，在国家的大量投入和支持下，该流域进行了一系列的生态环境治理，从20世纪60~70年代以梯田建设为主的简单环境治理，到80年代以小流域为单元的山、水、田、林、路综合治理，虽然取得了一定成就，生态环境得到一定改善，但是仍难以转变人们生活极度贫困的现状。90年代以来，在总结实践经验的基础上，九华沟流域以追求环境与经济双赢为目标，坚持把生态环境建设与扶贫开发和社会经济发展结合起来，实施治理工程、梯田建设、项目开发相结合的综合治理开发模式，使综合治理与高效开发相互促进，水土保持与治穷致富融为一体，在保护环境的同时，发展与生态环境友好型的可持续经济，走出了一条在干旱半干旱贫困山区，通过水土保持综合治理，实现脱贫致富的新路子，为同类型区生态环境建设提供了样板。

下面以定西县九华沟流域1997~2000年实施的综合治理开发示范项目为例，分析该流域生态经济系统综合治理开发模式及其效益。

1. 项目实施前九华沟流域自然资源及社会经济概况

(1) 自然条件本底脆弱 地形切割十分严重,土壤肥力低下。流域内梁、峁、沟、谷分明,坡陡沟深。自然坡度 <5°、5°~15°、15°~25° 和 >25° 的面积分别占流域总面积的 6.8%、57.8%、26.8% 和 8.6%。全流域沟壑密度为 2.7km/km^2。土壤多为粉质壤土,适耕性强,但持水能力差,易造成水土流失。耕作层土壤总体上呈现富 K、少 N、缺 P 的状态,肥力低下。

水资源贫乏。多年平均降水量仅 380mm,且集中在 5~9 月份,占全年降水的 78%。其中暴雨径流占 80% 以上,对地面破坏性大,大部分随水土流失外泄,开发利用率极低。作物需水高峰期,常常发生少雨缺水现象,使作物生长极易受到干旱的威胁。

水土流失严重。1997 年治理前土壤侵蚀模数高达 5 400t/(km^2·a)。年土壤侵蚀总量 4 482×10^{4}t,坡耕地每年流失总量 540t/hm^2。按照平均土壤养分含量推算,流域内每年流失土壤有机质 4 302.7t、全 N 318.2t、全 P 227.9t。

(2) 社会经济整体落后 人口密度大,劳动力素质低下。流域平均人口密度高达 80 人/km^2。远远超过国际规定的半干旱地区 20 人/km^2 的标准。巨大的人口压力,使人们的教育、卫生、健康以及经济增长等长期内无法得到改善,人口素质提高缓慢,文盲半文盲率高达 42%。

坡耕地比重大,粮食产量低而不稳。1997 年底,流域耕地面积 3 231.9hm^2,其中,山坡地 1 360hm^2,占 42.1%,水平梯田 1 570hm^2,占 48.6%,川台地 300hm^2,占 9.63%,没有水浇地,属典型的雨养农业区。由于自然条件严酷,农业生产方式落后,粮食产量低而不稳,多年平均单产仅 400~600kg/hm^2。

产业结构单一,发展极不协调。① 农村产业结构以农业为主。1996 年,全流域农业总产值占社会总产值的 90% 以上。

林地间作

② 农业生产结构以种植业为主。1996 年，种植业占农业总产值的比重高达 57.7%，林、牧、副业所占的比重分别为 4.5%、24.5% 和 13.3%。林业在整个农业生产中是一个薄弱环节，牧业主要以耕畜饲养为主，未形成商品优势。③ 副业主要以劳务输出为主。大量宜林地、牧荒地的资源优势条件没有得到发挥。种植业内部以粮食生产为主，饲草和经济作物比例偏小。1996 年，粮、经、饲的种植比例为 1:0.043:0.043。

人均收入和群众生活水平低下。1996 年，农民人均纯收入仅 757 元，为甘肃省平均水平（1 210 元）的 62.56%；恩格尔系数为 57.5%，高于全省平均水平（44.63%）12.64 个百分点，接近国际上规定的临界点 60%。

(3) 自然与人为共同作用导致流域生态经济系统恶性循环

长期以来，本已脆弱的环境，加以粗放、落后的产业结构，导致该区经济贫困以及自我发展能力低下。而人口高速增长和人口超载，导致大量开垦荒山荒地、砍伐植被，进一步造成水土流失、生态退化，最终使人们陷入"生态恶化—经济贫困"恶性循环的陷阱。

在全国已步入全面建设小康社会的重要时期，加快发展已成为必然趋势。从 1997 年开始，九华沟流域以全省水土保持生态环境建设的重点示范项目为契机，在实施综合治理和开发、实现生态与经济双赢的路子上进行了大胆探索，创立了在黄土高原丘陵沟壑区具有普遍推广意义的径流调控理论、"草、灌、乔"结合的退耕还林还草模式，以"梯田＜水窖＜科技"为特色的旱作农业和生态农业发展模式，取得了明显效益。

2. 九华沟流域生态经济系统综合治理开发模式的主要内容

(1) 综合治理开发模式的建设体系　九华沟流域在综合治

理的实践中,根据生态经济学和系统工程理论,坚持"以土为首,土、水、林综合治理"的水土保持方针和"以治水改土为中心,山、水、田、林、路综合治理"的农田基本建设原则,以建设具有旱涝保收、高产稳产生态经济功能的大农业复合生态经济系统为目标,以恢复生态系统的良性循环为重点,注重将工程措施和生物措施相结合。其生态经济系统综合治理与建设重点包括两方面内容:其一,建设水土保持综合防御体系,以充分利用有限的降水资源为目标,建设包括梯田工程、径流集聚工程、小型拦蓄工程、集雨节灌工程、道网工程在内的径流调控综合利用工程,进行山、水、田、林、路综合治理,达到对自然降水的聚集、贮存及高效利用;其二,建设高效农业综合开发体系,以优化土地利用结构,推动社会经济协调发展为目标,结合坡耕地退耕还林、还草,积极发展畜牧业,调整畜牧养殖结构,大力发展牛、羊等草食性畜牧业;调整种植结构,大力发展马铃薯、中药材、林、果等区域特色产业,扩大高附加值经济作物种植面积;推行农业产业化经营,发展农、畜、林、果产品加工业,提高农业附加值;大力推广设施农业、地膜、节水灌溉等实用农业技术,以科技促进农业的新发展。

(2) 以建设水土保持综合防御体系为主的生态经济系统综合治理措施　在特定的生态条件下,九华沟流域在实践中总结出了以径流调控综合利用体系为主的工程措施、植物措施及耕作技术优化组合、合理配置的治理调控方法,形成了以工程养植物,以植物保工程,以生态保经济,以经济促生态,多功能、多目标、高效益的水土保持综合防御体系。

① 径流调控综合利用工程的基本原理　径流调控综合利用工程是以系统工程和径流调控理论为指导,对位配置植物与工程措施,通过对降水的聚集、贮存、引用等措施的优化配套,按照

坡面径流的来源、数量、运行规律，控制坡面径流所造成的水土流失，把除害与兴利有机结合起来，最大限度地提高降水资源化的水土保持工程。按照其组成可分为聚集、贮存和利用3个系统。其中，径流聚集工程是径流调控体系的核心，它是按照坡面径流的形成、汇集与发展规律，以道路为骨架，以生产用地为主体，由上到下，层层聚集，精心优化，对位配置，形成一个衔接严密、相互协调、经济实用的有机整体；径流贮存系统由水窖、蓄水池、涝池和小水库等组成，由于水窖投资少，容易修建，成为最主要的方式；径流利用系统主要是通过小型蓄排工程和滴灌、渗灌、喷灌及小沟暗灌等节灌技术为高效的农林牧业服务。

② 径流调控综合利用工程的配置模式　九华沟流域的水土保持综合治理开发，坚持根据径流调控综合利用工程的基本原理，遵循"分区、系统、有序、开发、对位配置"的治理原则，采取治坡与治沟结合，工程措施与植物措施对位配置，将导致水土流失的主导因子即降水径流，通过径流调控体系和径流开发利用体系变为有效水资源，变害为利，实现水土资源的科学合理利用，为发展高效的农林牧业构筑平台。

③ 径流调控综合利用工程总体配置模式　遵循"因地制宜，对位配置；依据径流，布设工程；利用工程，配套措施；高新技术，综合运用"的原则，进行径流调控综合利用体系的总体布局、优化设计，形成雨水径流的聚集、存储、利用的完整体系，做到有序治理，层层拦蓄，提高雨水资源化利用程度。总体上采取如下措施。

A."山顶戴帽子"　即在流域上部梁、峁顶植被稀少，土壤瘠薄，岩石裸露，这一层带，以种植水保林、造林种草为主，构成防治体系的第一道防线。

B."山腰系带子"　即流域腰部地带耕作层相对较厚，过去频繁的人、畜活动导致植被稀疏，水土流失严重。对这一层带主要通过荒坡修反坡台、陡坡挖鱼鳞坑等方式退耕还林、还草。缓坡以修梯田等方式加强基本农田建设，尽量就地拦蓄接纳降水，形成第二道防线。

C. "沟底穿靴子"　即在沟底打淤地坝，合理布设水窖、谷坊、涝池等小型拦蓄工程，有利于保水、保土、保肥。同时，在村庄、房屋、道路两旁种植树木，鼓励发展庭院经济，栽培经济作物，饲养牲畜，建设沼气池等，构成防治体系最后一道防线。通过上述措施的综合整治，流域形成了上、中、下三个层次横向条带和拦坝挡墙的纵向网状防治体系，各项措施镶嵌配套，初步形成了一个立体式综合开发利用的小流域生态经济体系。

④ 径流集聚工程措施与植物措施对位配置模式　在黄土高原丘陵沟壑区，干旱缺水是植被建造的主要制约因素，成活率差，"小老树"现象普遍。九华沟流域在实践中，创造出了工程措施与植物措施对位配置，以工程养植物，以植物保工程的综合治理模式。具体做法是：按照不同地貌类型和地形部位的生态条件，修建不同形式的田间集流工程，如漏斗式、膜侧式、竹节式、燕尾式集流坑，适地适树，使林木所需生育条件与林地实际的生态条件相匹配。在树种选择、树种搭配上做文章，适度的林灌（柠条、沙棘、紫穗槐等）、林草、灌草配置种植。如在梁、峁顶及支毛沟采取灌、乔结合；荒坡灌、草结合；推广等高隔坡林草或灌草间种和垄沟法种草技术，取得了很好的效果。退耕坡地加大紫花苜蓿、红豆草等优良牧草种植；梯田、沟台地种粮、油作物，四旁挖植树坑发展用材林，既有效利用了水土资源，又起到了高效保持水土的作用。

（3）以建设高效生态农业综合开发利用体系为主的生态经济系统综合开发模式　九华沟流域在实践中坚持生态经济系统原

林地间作

理,将改善水土资源等生产条件与调整农业生产结构结合起来,大力发展生态经济,力图通过对本地恶劣的水土资源等限制性因素的合理转化和利用,使区位、资源的劣势向生态经济优势转变,既为实现生态环境的改善创造良好的经济发展基础提供保障,又使生态经济系统的生态环境效益、经济效益和社会效益都获得较大程度的提高。

① 在"水"字上做文章,发展集雨节灌旱作农业 针对干旱缺水问题,九华沟流域紧紧围绕蓄水、保水、节水,工程措施、植物措施和保土耕作措施并举,大力发展集雨灌溉农业,加强以梯田为主的基本农田建设,改善农业生产基本条件。在屋前、屋后、路旁、田边,凡是有径流条件的地方,挖窖蓄水,既解决人、畜饮水困难,又补灌农田,达到调节降水时空分布的目的;筑坝蓄水,将宝贵的雨水拦蓄在坝内,利用坝库两岸沟台地,建设田间配套滴灌工程,发展小片水浇地;荒山造林,先进行整地,根据不同地形,修筑水平阶、水平沟、燕尾式鱼鳞坑,蓄积雨水,发展径流林业;加大梯田、条田基本农田建设,起到蓄水、保墒、增产的作用;推广地膜覆盖技术,保墒蓄水;推广抗旱良种,达到增产的目的。通过上述措施,形成了独具特色的旱作农业发展模式。

② 以农业产业化为主导,加大结构调整力度,实现经济发展和脱贫致富 在综合整治的基础上,九华沟流域以市场为导向,不断优化调整农业生产结构,创出了一条"结构调整<市场引导<龙头带动>农业产业化"的发展模式。

按照降水集中在5~9月份的自然规律,调整作物种植结构,实行"压夏扩秋,压粮增经,压地上扩地下",扩大经济作物和牧草种植比例;结合退耕还林还草,扩大紫花苜蓿、红豆草等优良饲草种植面积;以饲草种植带动牛、羊等食草类畜牧养殖;并改变传统饲养方式，实行良种设施圈养，推行适度规模养殖。采取"豆类—夏田—秋田—豆类"轮作制，发展粮经、粮草间作套种技术，提高作物对降水及光热资源的利用率，提高土壤肥力。以市场需求为导向，大力发展马铃薯、中药材、食用菌、畜牧、果菜等区域特色产品和支柱产业的产业化经营，发展马铃薯淀粉加工、粮油加工、饲料加工等农副产品加工业，使资源优势转化为商品优势。积极发展第三产业，组织群众开展商业、运输、饮食等服务业，并利用农闲参与公路建设，使流域内的剩余劳动力离土不离乡，得到就地安置，收入显著提高。目前，流域内基本形成粮、经、草、畜全面发展，种、养、加、销一体化发展的格局；温饱型农业逐步向效益型农业转变，推动了农民脱贫致富。

③ 坚持科技兴农，推广应用实用农业新技术、新成果 在治理开发中，九华沟流域以抗旱、增产、增收为目的，大力推广一系列适宜于干旱半干旱山区的农业科技适用技术。如，在林园、果园建设上应用丰产坑栽植、良种壮苗造林、带土移植、地膜覆盖保墒、仁用杏高接换头等技术，使造林成活率达到95%以上。在粮菜种植上发展地膜覆盖、塑料大棚、日光温室、无土栽培等设施农业，应用膜侧沟播、施水沟播、雨水集流和抗旱集雨节水灌溉等技术，大大地提高了土地产出率。在养畜上，推广暖棚圈养，引进繁育小尾寒羊、秦川牛等良种，实行配方饲料，应用标准化畜禽规模养殖技术等，逐步由农本型畜牧业向商品型畜牧业转化。突出科技示范基地建设，按照"企业+基地+农户"的模式，建立脱毒良种马铃薯繁育基地和商品薯种植基地，发展马铃薯淀粉加工业，增加农民收入。通过一系列实用旱作农业技术的推广应用，流域综合治理和开发的科技含量得到普遍提高。

林地间作

④运用生态经济学原理,发展生态农业,提高物质循环 九华沟流域在综合治理与综合开发实践中,一些生态农业模式已展露雏形。

A. 加强农、牧、林业有机结合 大面积的林草控制了水土流失,为种植业提供了良好的生态环境,又为畜牧业提供了草场资源。畜牧业的发展,加速了林草资源的转化,又为培肥地力提供了肥源,实现了以林养牧、以牧促农、全面发展的良性循环。

B. 以"121"集雨灌溉工程为特色的庭院经济 即每户利用场院屋面建 $100m^2$ 左右的集流面积,挖两眼水窖,解决一户的饮水困难,发展一处庭院经济。如以塑料大棚、日光温室种植蔬菜、栽培食用菌,或发展家庭养殖业。

C. 以太阳能和沼气能为主的生态能源开发利用 如发展塑料膜育苗、大棚蔬菜瓜果、日光温室等太阳能利用,提高作物产量;发展"猪—沼—菜"沼气能源开发模式,以动物粪便作沼液生产沼气能源,沼渣、沼液作有机肥料还田,增强土壤肥力,提高作物产量;沼气用作生活用能,改变过去以挖草根、烧畜粪和作物秸秆解决燃料,造成农业生态系统恶性循环的拮据状况;模拟自然生态系统形态结构而设计的农业立体种植(间作、轮作)、养殖技术等。上述生态农业模式都体现了"生态上低输入,经济上可行,物质循环和能量的转化率提高,生态经济系统结构优化"的基本特点,有力地促进了流域生态经济系统的恢复和良性循环。

3. 九华沟流域综合治理开发模式的生态经济效应 经过 1997~2000 年 4 年的综合治理开发,流域内生态效益、经济效益和社会效益均已初步显露。

(1) 生态环境明显改善 水土流失基本得到控制。全流域内综合治理面积由 $37.3km^2$ 增加到 $71.6km^2$,治理程度由 44.9%

提高到 86.3%。年平均径流模数由 17 000m^3/km^2 降低到 1 557.28m^3/km^2，土壤侵蚀模数由原来的 5 460t/km^2 减少到 915t/km^2，减沙效益达 83.06%。依据坡耕地的肥力指标计算，相当于增施有机肥 2 364t、全 N 241t。

坡耕地得到了一定整治，人工重建植被初见成效。通过兴修水平梯田，流域内 91% 的坡耕地得到了整治，其余 9% 的坡耕地已退耕还林、还草，流域整体上实现了耕地梯田化、荒坡绿色化；流域内林草面积由 1 986.7hm^2 增加到 4 739.3hm^2，林草覆盖率由 24% 提高到 57.1%。

（2）经济结构趋于合理，经济效益稳步增长　土地利用结构趋于合理。通过综合治理和生产结构调整，全流域农、林、牧、荒及其他用地比例由 39∶19∶5∶23∶14 调整为 24∶39∶18∶2∶17，农业用地减少 38.5%，林牧业用地增长 137.5%。土地利用率达到 81.35%，比治理初提高 18.8%。

经济结构趋于合理。农、林、牧、副产值结构由 58∶4∶24∶14 转变为 32∶8∶31∶29，林业、牧业和副业产值比重分别增长 4%、7%、15%，从根本上改变了以农为主的单一生产状况。

农产品产量不断增长。由于控制了水土流失，改良了土壤，粮食产量稳步提高，4 年内粮食总产量增长了 18%，人均粮食产量由 427kg 增至 485kg，增长了 13.6%。

经济效益显著提高。土地生产率由 760.5 元/hm^2 提高到 3 051.45 元/hm^2，提高了 3 倍；耕地（粮食）生产率由 877.43 元/hm^2 提高到 1 638.76 元/hm^2，提高了 86.77%；劳动生产率由 5.34 元/工日提高到 24.17 元/工日，提高了 3.5 倍；农业、林业、畜牧业产值分别增长了 15.7%、2.8 倍、1.57 倍。农民人均年纯收入由 750 元提高到 1 486 元，提高了 96.3%。

（3）社会效益显著　创造了新的就业机会。由于治理开发项目的实施,每年为群众创造了 27×10^4 工日的就业机会,可增加经济收入 27×10^4 元,人均增加 406.6 元,占农民人均纯收入增长量的 55.2%,为流域内剩余劳动力开辟了新的就业门路。

交通、通信和电力等基础设施得到改善,群众生活条件明显改观。由于在综合治理中加强了基础设施建设,流域内实现了"五通",即农路通、农电通、电话通、电视通、广播通,道路密度由 0.42km/km^2 提高到 1.8km/km^2,增长了 3 倍多;用电户比重由 98% 提高到 100%。

农民受教育年限增加,劳动力素质普遍提高,文盲半文盲率由 42% 降低到 20%。

脱贫致富步伐加快。流域内 1 486 户贫困户实现基本解决温饱,绝对贫困率下降到 3%,稳定解决温饱的农户达到 855 户以上,返贫现象基本消除。

九华沟流域生态环境综合治理开发模式为同类型区建设生态环境、脱贫致富奔小康树立了典型,起到示范带动作用,社会反响良好,得到了各级领导和国内、外专家的好评。

二、平原林地类型

目前,中国已基本建成良好的平原农田防护林体系,促进了平原地区粮食稳产高产,推动了农村生态文明建设,促进了农村经济社会全面发展。发展平原林业,构筑良好的平原农田防护林体系,对于改善农田小气候,改良土壤,提高肥力,减轻干热风、倒春寒、霜冻、沙尘暴等灾害性气候的危害具有特殊作用。

据国家林业局资料,平原地区已成为国内重要的木材生产基地,活立木蓄积量已达到 $10.03\times10^8\text{m}^3$,木材年产量占全国的 43.7%。近年来,各地不断加快村镇四旁绿化,村镇绿化总面积已达到 335.5 万 hm^2,平均绿化率已达到 28.4%,城区绿化覆盖率已达到35.1%,人均公共绿地面积已达到8.3m²,绿色通道平均绿化率达75%,大大改善了平原地区的村容村貌。2007年,全国平原地区林业总产值已达到$5\,000 \times 10^8$多元,占全国林业总产值的40%。

因此,加快平原林业发展,对于维护国家粮食安全、木材安全,促进农民就业增收,推动农村生态文明建设,实现平原地区经济社会科学发展,具有重大的战略意义。

(一) 平原农林牧复合生态模式及配套技术

农林牧复合生态模式,是指借助接口技术或资源利用在时空上的互补性所形成的两个或两个以上产业或组分的复合生产模式(所谓接口技术,是指连结不同产业或不同组分之间物质循环与能量转换的连接技术,如种植业为养殖业提供饲料饲草,养殖业为种植业提供有机肥,其中利用秸秆转化饲料技术、利用粪便发酵和有机肥生产技术均属接口技术,是平原农牧业持续发展的关键技术)。平原农区是中国粮、棉、油等大宗农产品和畜产品乃至蔬菜、林果产品的主要产区。进一步挖掘农林、农牧、林牧不同产业之间的相互促进、协调发展的能力,对于中国的食物安全和农业自身的生态环境保护,具有重要意义。

1. "粮饲-猪-沼-肥"生态模式及配套技术 基本内容包括:一是种植业由传统的粮食生产一元结构或粮食、经济作物生产二元结构向粮食作物、经济作物、饲料饲草作物三元结构发展,饲料饲草作物正式分化为一个独立的产业,为农区饲料业和养殖业奠定物质基础;二是进行秸秆青贮、氨化和干堆发酵,开发秸秆饲料用于养殖业,主要是养牛业;三是利用规模化养殖场畜禽粪便生产有机肥,用于种植业生产;四是利用畜禽粪便进行沼气发酵,同时生产沼渣沼液,开发优质有机肥,用于作物生产。主要有粮-猪-沼-肥、草地养鸡、种草养鹅等模式。

林地间作

主要技术包括秸秆养畜过腹还田、饲料饲草生产技术、秸秆青贮和氨化技术、有机肥生产技术、沼气发酵技术以及种养结构优化配置技术等。配套技术包括作物栽培技术、节水技术、平衡施肥技术等。

2. "林果-粮经"立体生态模式及配套技术　该模式国际上统称农林业或农林复合系统。主要利用作物和林果之间在时空上利用资源的差异和互补关系，在林果株行距中间开阔地带种植粮食、经济作物、蔬菜、药材乃至瓜类，形成不同类型的农林复合种植模式，也是立体种植的主要生产形式，一般能够获得较单一种植更高的综合效益。中国北方主要有河南兰考的桐（树）粮（食）间作、河北与山东平原地区的枣粮间作、北京十三陵地区的柿粮间作等典型模式。

主要技术有立体种植、间作技术等。配套技术包括合理密植栽培技术、节水技术、平衡施肥技术、病虫害综合防治技术等。

中国"农田林网"生态模式与配套技术也可以归结在农林复合这一类模式中。主要指为确保平原区种植业的稳定生产，减少农业气象灾害，改善农田生态环境条件，通过标准化统一规划设计，利用路、渠、沟、河进行网格化农田林网建设以及部分林带或片林建设，一般以速生杨树为主，辅以柳树、银杏等树种，并通过间伐，保证合理密度和林木覆盖率，这样便逐步形成了与农田生态系统相配套的林网体系。

主要技术包括树木栽培技术、网格布设技术。配套技术包括病虫害防治技术、间伐技术等。其中以黄淮海地区的农田林网最为典型。

3. "林果-畜禽"复合生态模式及配套技术

该模式是在林地或果园内放养各种经济动物、放养动物等，以野生取食为主，辅以必要的人工饲养，生产较集约化养殖更为优质、安全的多种畜禽产品,接近有机食品。主要有"林-鱼-鸭"、"胶林养牛(鸡)"、"山林养鸡"、"果园养鸡(兔)"等典型模式。

主要技术包括林果种植和动物养殖以及种养搭配比例等。配套技术包括饲料配方技术、疫病防治技术、草生栽培技术和地力培肥技术等。以湖北的"林-鱼-鸭"模式、海南的"胶林养鸡和养牛"最为典型。

(二)任丘市平原林草带状造林技术

任丘市地处华北平原,位于河北省中东部,境内洼地星罗棋布,狭长带状岗地穿插其间,形成岗、坡、洼相间的地形。年平均气温12.1℃,年降水量为557.6mm,降水的年际变化大,而且四季降水分配不均,形成了春旱夏涝的气候特点和春季抗旱、夏季排涝的农业生产规律。

春季降水量极少,气候干旱,不利于苗木吸水保湿,土壤瘠薄使苗木难于成活。因此,在实施中需要采取灌足水、施足底肥栽植的办法,以保证苗木的成活。主要技术和措施如下。

1. 林种及树草种的选择 针对任丘市的特点,林种确定为防风固沙林。树种选择速生杨树,草种选择紫花苜蓿。

2. 整地时间及方式 春季整地,速生杨采用机械穴状整地,规格为70cm×70cm×60cm;紫花苜蓿则采用机械全面整地,耕深30cm。施农家肥4 000~5 000kg/667m^2。

3. 造林季节 速生杨树选用优质二年生良种壮苗,春季造林。

4. 种植模式 采用"双行宽带"林草带状配置杨树,株行距为2m×2m,带间距7m;中间宽带套种紫花苜蓿。人工撒播紫花苜蓿,播种时施底肥。

5. 抚育措施 栽植后对幼林连续抚育3年,同时抹芽定干,并加强管护。

6. 灌水 每年至少灌水3~4次。3月下旬树木发芽前浇返青水；5~6月浇促生水，促进枝叶生长和材积积累；夏季（7~8月），干旱时浇水，降水量多时可免浇；11月浇封冻水，促进根系发育。

该模式适于半干旱平原地区推广。造林成活率可达95%。但是，含盐量和矿化度高的水源均不宜使用。

（三）北方地区果园生草种植技术

林下间作牧草可以快速提高林草覆盖度，增加经济收入，是提高林地使用价值的一条新途径，受到了广大林农的欢迎。近年来，在退耕还林等林业工程项目建设中日益受到重视并被大面积推广应用，取得了良好的生态效益和经济效益。但在生产实践中还存在着树草种搭配不科学、林草经营主体不清、树草间距太近、树草间产生恶性竞争、牧草成活率低、草荒和病虫严重、林草综合效益下滑等问题。为进一步提高林草间作的综合效益，对林草间作技术进行了初步研究。

1. 适宜间作的树种、草种

（1）适宜间作的树种　杨树、刺槐、柿树、枣树、银杏、香椿、核桃、杏树、花椒、苹果、李树、石榴、樱桃等。

（2）适宜间作的牧草　紫花苜蓿、百脉根、白三叶、黑麦草等。

2. 林草间作的类型

（1）长期间作型　通过采取一定的措施，控制树木与牧草之间的不良竞争，使牧草与树木长期共存的林草间作类型。

（2）前期间作型　在造林后到幼林郁闭前，利用树行间的土地种植牧草，获得牧草收益，当牧草开始影响树木生长或林下环境变得不适应牧草生长时，逐步铲除牧草的暂时性间作类型。

3. 林草间作的技术要点

（1）林草间作的原则　对长期型间作要林草并重，复合经营，通过综合运用定植技术、园艺措施、加强土肥水管理等方法，缓解树木与牧草争夺水分、肥料、光照的矛盾，使林、草和谐相处，长期共存；对前期型间作要以树为主，以草为副，逐步铲除影响树木生长的牧草。

（2）林草间作规划

① 长期间作型的规划　综合考虑林木生长规律、经营目的、牧草生长所需条件、树木和牧草根系分布特点等因素，确定适宜的树木栽植密度和牧草间作宽度及两者间不产生严重竞争的安全距离。对树冠较小、大部分根系分布较浅的枣树、石榴、花椒等树种，株行距可采用 $2m \times (4 \sim 6)$ m 或 $3m \times (4 \sim 5)$ m 栽植，间作紫花苜蓿、白三叶、黑麦草等牧草；对树冠较小、大部分根系分布较深的柿树等树种，株行距可采用 $2m \times (4 \sim 6)$ m 或 $3m \times (4 \sim 5)$ m 栽植，间作百脉根、白三叶、黑麦草等牧草；对树冠较大的杨树、核桃、银杏等，株行距可采用 $2m \times (6 \sim 8)$ m 或 $3m \times 5m$ 栽植，间作紫花苜蓿、白三叶等比较耐阴的牧草。在林下种植白三叶、黑麦草等浅根性牧草时，树下留出的营养带宽度以 $100 \sim 112m$ 为宜；在行间种植紫花苜蓿、百脉根等深根性牧草，树下留出的营养带应为 $112 \sim 115m$ 为宜。

② 前期间作型的规划　按照林木生长规律、林木经营的目的、牧草根系分布特点、林木根系生长速度等因素，确定适宜的树木栽植密度和牧草间作宽度以及牧草不对树木产生较为严重竞争威胁的安全距离。无论何种树木，栽植后在树木间距宽度大于 3m 的株间、行间均可间作牧草，间作浅根性牧草时要在树下留出 $100 \sim 115m^2$ 的营养盘，间作深根性牧草时要在树下留出 $200 \sim 215m^2$ 的营养盘，防止牧草与树木争肥争水。

③ 牧草间作时期的规划　牧草根系的生长速度比林木根系要快得多，要防止牧草对新栽幼树的成活构成威胁，因此，种植牧草的时间一般应在树木成活发芽后再种植。对干旱地区播种深根性牧草的一般要错开一个生长季节，以秋播为主；对有灌溉条件的地方可适当提前，在树木萌芽时进行播种。

（3）树木栽植技术　苗木要选优质壮苗，枝条发育充实，根系完整，主根系长20cm以上，有10cm以上的侧根5条以上，无病虫害。要尽量缩短苗木离土后的放置时间，苗木根系要蘸泥浆，用塑料袋包装，苗木要及时定干短截并进行树体封蜡。树穴要在墒情好时开挖，随挖随回填土，保持树穴内的水分，挖穴时表土与底层生土分开堆放，定植穴规格一般为长、宽、深各80cm。回填土时，树穴内施入15kg的农家肥、180kg的复合肥和120kg的保水剂，与表土充分混合回填。栽植时，先在穴中央挖40~50cm见方的小穴，浇水5~6kg，在水未完全下渗时，拌成稀泥浆栽植，扶正苗木并使根系舒展，覆上表土踏实，再浇水5~10kg，修整树盘，覆盖上1m²的地膜，细致平整周围的土地。

（4）牧草的播种技术

① 整地　牧草种子细小，播前要精细整地，达到上松下实、地面平整无土块，要结合翻耕整地施入3 000kg/667m² 左右的有机肥。

② 播种时期　紫花苜蓿、百脉根、白三叶、黑麦草等，春、夏、秋均可播种，一般以春播和秋播为好，5~15d 即可出齐苗。夏播要在下透雨后地面不太干时抢播。秋播不宜过迟，以9~10月份为宜，播种时间太晚，不利于牧草幼苗安全越冬。

③ 播种方式　一般采用条播，也可点播、撒播。播种量105~115kg/667m²，播种深度1~2cm。播种前可先将种子晒1d，然后浸泡24h，以提高发芽率。

(5) 管理技术

① 土肥水管理　林草间作后,土壤要同时供应树木和牧草生长所需的肥料和水分。因此,必须加强土肥水管理。树木营养带(盘)在秋季全面深翻或逐年向外扩穴改土;在深翻、扩穴时,要根据树木生长需要施入适量的基肥;牧草在苗期生长十分缓慢,要及时除去杂草;牧草在每次刈割后,要及时追施速效P、K肥和适量的N肥,并注意清除杂草;在天气长期干旱时,要进行必要的灌溉,尤其是前期间作型的树木营养带要浇透水,防止牧草与树木争夺水分。

② 树木的整形修剪　对长期型间作的柿树、枣树、杏树、花椒、苹果、李树、石榴、樱桃等树种,宜采用自由纺锤形、小冠疏散分层形、开心形等小冠丰产树形。要综合运用长放、疏枝、摘心、回缩、别枝、抹芽、除根蘖等修剪方法,控制冠幅,既要保证树木丰产,又要为牧草留出必要的光照空间。

③ 牧草要适时刈割　牧草一般每年能刈割2~4次。紫花苜蓿在第一孕花出现到1/10的花开放时刈割;黑麦草在抽穗成熟期刈割;百脉根、白三叶等在植株叶层高度达到30cm时刈割。

④ 牧草的更新与铲除　多年生牧草一般6~8年更新一次。为防止紫花苜蓿、百脉根等深根性牧草与林木发生较为严重的争肥、争水现象,要缩短牧草的更新周期,一般以4~6年更新一次为宜;对前期间作型要结合深翻改土,逐年向外铲除牧草,限制牧草根系向树木营养带(盘)内生长,防止牧草与树木竞争养分和水分。

⑤ 病虫害防治　牧草的主要病虫害有蚜虫、潜叶蛾、霜霉病、锈病、菌核病等。要在牧草刈割后,用敌敌畏、氯氰菊酯、波尔多液、石硫合剂等高效低毒农药进行防治。

对树木上的病虫害,可采用涂药环、树干注射、喷高效低毒农药等方式进行防治。也可在牧草割后喷洒一部分残留期不超过25d 的农药，要防止牧草上残留的农药对人、畜造成危害。

（四）果园生草技术的生态效益和经济效益

在果园中间作牧草，复合林草可以增加林木的光能利用率，提高林产品的品质，增加经济林的产量，促进林木生长。樊巍等研究发现，连续 5 年苹果-紫花苜蓿的复合系统较清耕区，百叶鲜质量、比叶质量和叶绿素含量分别提高 13.05%、12.60% 和 13.30%，其苹果的硬度和可溶性固形物分别提高 10.24% 和 10.56%。梨草间作其果实总糖比清耕区增加 6.3%。在甜柿林-紫花苜蓿的复合系统中，林草间作的糖酸比比清耕区高 7.07%，其叶片中的 N、P、K 含量也略高于清耕区。林草间作还可促进林木的生长，苹果-紫花苜蓿复合其树干周长比清耕区略有增加，就 3 年平均的新梢生长量而言，复合系统比清耕区增加 8.67%。林木间种草木樨，林木树高比纯林地增加 15.1%，地径增加 9.54%。

林草复合生态系统对土壤的机械组成和质地具有很好的改善作用。章家恩等对幼龄果园间作牧草研究发现，种植牧草的土壤中，粒级<0.01mm 的土粒的质量分数比未种牧草的土壤高。在苹果园中生草区比清耕区 0~40cm 土壤容重下降 6.5%。种植牧草，使土壤结构得到了改善，但就其土壤容重的改善能力和田间持水量改善作用，浅根型的豆科牧草具有较大的优势。

黄土高原渭北地区苹果园生草，改善了 0~60cm 土层的贮水能力。0~20cm 土层土壤水分年平均值稍低于清耕地，但该土层水分变异系数及标准差，明显小于清耕地，而且土壤水分下降较慢。20~40cm 土层生草区水分变异系数及标准差，高于清耕地，水分竞争强烈。在苹果园生草，6~7 月可以增加田间持水量 7.19%，缓解夏季干旱给林草生长带来的不良影响。林草复合生态系统对表层土壤水分还具有一定的缓冲调蓄作用，在干旱季节能够保持一定的土壤水质量分数，但 20～40cm 土层土壤由于根系分布集中，水分竞争激烈。在林草复合种植中，应选择好林草搭配模式，充分考虑林木和牧草的根系分布特点，减少两者对土壤水分的竞争。

同时，在幼龄果园中植被覆盖度低，水土流失率高达 80% 以上。但间作牧草后的果草生态系统水土保持率可提高 50%～80%，而且随着牧草种植年限的增加，其径流量明显降低。幼龄果园间作牧草平均土壤侵蚀量比梯田地表裸露减少 73.46%，平均地表径流量比梯田地表裸露低 47.47%。林草复合其年径流量和冲刷量比纯林种植减少率平均达 37.25% 和 69.4%。

林草复合使土壤中根系的数量增加，增加土壤中腐殖质的含量，提高土壤中营养元素的活性，培肥土壤。苹果园生草能显著地增加 0～20cm 土层土壤有机质，禾本科牧草每年增加 0.1%，豆科牧草增加 0.15%。同时，生草能提高 0～40cm 土层土壤水解 N、速效 P、速效 K 的含量，0～40cm 土层土壤有机质、全氮、NH_4^+ 都高于纯林地。对幼龄果园间作牧草其土壤有机质、土壤全 N、全 K、有效 N、有效 K 和阳离子交换量，与清耕区土壤相比，都有显著提高。在 32 年生的梨园中采用果园间作牧草，果草间作与清耕区相比，土壤有机质含量增加 45.1%。在芒果园间作柱花草，使土壤全 N 含量增加 43.92%，速效 P 含量增加 78.16%。林草复合增加土壤肥力，提高土壤中营养元素的活性，有利于林木对营养元素的吸收。同时，对间作牧草进行刈割还可以显著减轻林草对土壤肥力的竞争，促进林木的生长。

林草复合高矮搭配，充分利用立体空间，增加该系统内光能利用率，减缓内部环境的变化。如苹果—紫花苜蓿组成的林草复合系统，平均反射率高于单作苹果系统，平均透射率较单作苹果系统低 2 个百分点。林草复合系统不仅可以截获和吸收更多的光能，提高对光能的利用率，而且在林草间作区夏季生草区土壤湿度比清耕区高 3%～4%，夏季 0～20cm 土层土壤温度明显低于清耕区，冬季比清耕区温度高 1℃ 左右，生草区土壤温度较清耕区变化平稳，有效缓解了温度的剧烈变化对林草生长的影响。

林草复合增加生产环，调整系统内部的食物链结构，有效控制系统内部病虫害的发生。如在枣—牧草间作园害虫的科与种以及多样性和均匀度，明显（$P<0.05$）大于单作枣园，而个体数则显著（$P<0.05$）小于单作枣园，捕食性天敌种类也明显多于（$P<0.05$）未间种牧草的枣园。捕食性天敌个体数与害虫个体数的比值，捕食性天敌的时空二维生态位平均宽度和不同发育阶段种草枣园捕食性天敌与害虫的时空二维生态位平均重叠程度，其间种牧草的枣园都明显（$P<0.05$）大于未间种牧草的枣园。生草园天敌对主要害虫具有较强的时空追随效应和控制作用。刘德广等对广东东莞荔枝牧草复合系统研究发现，其单位系统的节肢动物群落与单一系统相比，其数量、物种丰富度及均匀性都有所增加，多样性提高。

林草复合不仅有效利用了空间和自然资源，增加了生物多样性，改善了林草复合内部的生态环境，而且提高了捕食性天敌的种群数量。同时增加捕食性天敌控制害虫的稳定性和可持续性，提高生物之间互生互利作用，增加边际效益。

由于林木生长周期较长，2～3 年内较难得到较高的收益。但在幼龄林地间作牧草，由于牧草的生长周期较短，当年就可得到收益。而且，间作牧草可以较快地覆盖地面，减少水土流失。林草间作除林产品的收益外，每公顷林内还可收获一定的优质鲜草，增加土壤中鲜根量，培肥地力，增加单位面积的经济效益。在 32 年生的梨园中采用果园间作牧草，果草间作比清耕区果实单产增加 8.1%，总收益增加了 54.6%。在海南半干旱地区芒果与柱花草间作，其收入比芒果单种增加达 98.53%。刘蝴蝶等对苹果园生草栽培的经济效益研究表明，生草栽培可使单位面积经济收益提高 15.17% ~ 36.22%。李绍密等在湖北省就柑橘与茶园间作白三叶的试验发现，种草区柑橘产量比清耕区每株高 3.69kg；种草区茶叶产量每 $20m^2$ 比清耕区高 1.6kg，仅直接的经济增收就达 2 160 元$/hm^2$。彭鸿嘉等研究发现，林草复合的生态效益和经济效益还高于林农复合。林草复合具有较高的经济效益和生态效益，在林业区有较高的推广价值。

本章参考文献

1. 曹建林，马章通. 2006. 任丘市平原林草带状造林技术. 林果花卉，(2)：29

2. 陈光玲，锁一兵. 2000. 杨树和牧草间作模式研究. 生产率系统，(13)：32 ~ 35

3. 陈火清，汤百在，黄福忠. 2000. 竹林草地养羊配套技术的研究. 中国草食动物，2 (6)：24 ~ 25

4. 段舜山，林秋奇，章家恩等. 2000. 广东缓丘坡地牧草果树间作模式的水土保持. 中国草地，(5)：25 ~ 40

5. 段舜山，莲昆生，王晓明等. 2002. 鹤山赤红壤坡地幼龄果园间作牧草的水土保持效应. 草业科学，19 (6)：12 ~ 17

6. 樊巍，孔令省，阴三军等. 2004. 干旱丘陵区苹果——紫花苜蓿复合系统对苹果生长、产量和品质的影响. 河南农业大学学报，38 (4)：423 ~ 426

7. 高喜荣. 2005. 太行山干旱低山丘陵区林草复合系统能量环境特征研究. 河南林业科技，25 (2)：1 ~ 3

8. 洪涛. 2008. 甘肃省古浪县沙漠治理与林草植被恢复模式的研究. 科技园地，(5)：9 ~ 10

9. 侯军岐，张社梅. 2002. 黄土高原地区退耕还林还草效果评价. 水土

保持通报，22（6）：29~31

　　10. 胡自治.1995.世界人工草地及其分类现状.国外畜牧学—草原与牧草，(2)：128

　　11. 黄培祐.2002.干旱区免灌植被及其恢复.北京：科学出版社

　　12. 李会科，赵政阳，张广军.2004.种植不同牧草对渭北苹果园土壤肥力的影响.西北林学院学报，19（2）：31~34

　　13. 李绍密，陈青，裴大风等.1992.经济林间作牧草的效益研究.草业科学，9（1）：23~26

　　14. 李文华，赖世登.1994.中国农林复合经营.北京：科学出版社

　　15. 李育材.2001.退耕还林还草工作回顾与总体思路.林业经济，(9)：3~11

　　16. 刘蝴蝶，郝淑英，曹琴等.2003.生草覆盖对果园土壤养分、果实产量及品质的影响.土壤通报，34（3）：184~186

　　17. 彭鸿嘉，莫保儒，蔡国军等.2004.甘肃中部黄土丘陵沟壑区农林复合生态系统综合效益评价.干旱区地理，27（3）：367~372

　　18. 屈建军，马立鹏，刘从.2004.甘肃省荒漠化现状、成因及其防治对策.中国沙漠，22（5）：520~524

　　19. 唐军，何华玄，易克贤等.2007.幼龄荔枝园间作热带豆科牧草试验初报.草业科学，24（1）：36~37

　　20. 王海英，刘桂环，董锁成.2004.黄土高原丘陵沟壑区小流域生态环境综合治理开发模式研究——以甘肃省定西地区九华沟流域为例.自然资源学报，19（2）：207~216

　　21. 王启亮，潘自舒，刘冠江.2004.金顶谢花酥梨果草间作增效试验.河南农业科学，(9)：59~60

　　22. 吴发启，刘秉正.2003.黄土高原流域农林复合配置.郑州：黄河水利出版社

　　23. 徐明岗，文石林，高菊生.2001.红壤丘陵区不同种草模式的水土保持效果与生态环境效应.水土保持学报，15（1）：78~80

　　24. 徐泽荣.1992.果园种草的生态经济效益研究.草与畜杂志，(4)：13~14

25. 杨学武.2006.甘肃天祝退耕还林不同配置模式生态功能的综合评价.甘肃科技,22(12):13~16

26. 杨自辉.1993.沙化土地封育草试验.甘肃林业科技,15(3):12~15

27. 章家恩,段舜山,骆世明等.2000.赤红壤坡地幼龄果园间种不同牧草的生态环境效应.土壤与环境,9(1):42~44

28. 章铁,谢虎超.2003.低丘果园生草栽培复合效应.经济林研究,21(1):56~57

29. 张卫东,焦树仁等.2002.内蒙古流动沙丘恢复疏林草地植被治理技术研究.防护林科技,(2):1~4

30. 赵政阳,李会科.2006.黄土高原旱地苹果园生草对土壤水分的影响.园艺学报,33(3):481~484

31. 郑海峰,陈利顶,于洪波.2007.黄土丘陵沟壑区乔灌草植物空间优化配置——以甘肃省定西地区为例.地理研究,26(1):101~110

32. 朱清科,朱金兆.2003.黄土区退耕还林可持续经营技术.北京:中国林业出版社

33. 朱秀端.2002.山地果园绿色覆盖技术.福建水土保持,14(1):15~17